凉山一年生饲草

◎ 柳茜　孙启忠　著

中国农业科学技术出版社

图书在版编目（CIP）数据

凉山一年生饲草／柳茜，孙启忠著.—北京：中国农业科学技术
出版社，2019.10

ISBN 978-7-5116-4473-2

Ⅰ.①凉⋯　Ⅱ.①柳⋯②孙⋯　Ⅲ.①牧草-栽培技术　Ⅳ.①S54

中国版本图书馆 CIP 数据核字（2019）第 237617 号

责任编辑　陶　莲　闫庆健
责任校对　李向荣

出 版 者	中国农业科学技术出版社
	北京市中关村南大街 12 号　邮编：100081
电　　话	（010）82109705（编辑室）　　（010）82109702（发行部）
	（010）82109709（读者服务部）
传　　真	（010）82106625
网　　址	http://www.castp.cn
经 销 者	各地新华书店
印 刷 者	北京建宏印刷有限公司
开　　本	710mm×1 000mm　1/16
印　　张	13.75
字　　数	309 千字
版　　次	2019 年 10 月第 1 版　2019 年 10 月第 1 次印刷
定　　价	88.00 元

前　言

凉山彝族自治州（简称：凉山州，全书同）位于四川省西南部。草牧业在凉山发展历史悠久，在凉山经济发展史上一直处于重要地位。西汉时期，凉山彝族先民就过着"随畜迁徙，无君长，无邑聚"的游牧生活。据《宋史》记载，凉山彝族原本"不喜耕稼，多畜牧"。清光绪末期至二十世纪初，彝族还"以蓄牛马多寡论家之贫富"，形成了凉山地区"畜牧较农事为重"的传统。这些都为今天的凉山草牧业发展积淀了雄厚的物质基础和文化内涵。

饲草是草牧业的重要组成部分，是草牧业赖以生存和发展的重要物质基础。所以，饲草的种植、加工和利用一直是凉山地区草牧业中的重中之重，从 1952 年建州以来，政府就一直重视饲草饲料的生产及其加工利用。1953 年州政府就针对饲草饲料不足的问题，提出"种植牧草提倡割制干草，办理苏联优质牧草种籽的区域性种植试验，并搜集当地优良牧草繁殖推广，同时发动养畜农民利用空闲时间割草晒干，以备冬春草枯时之用"。这些政策措施的出台，对凉山饲草饲料发展起到了积极的促进作用。

从 20 世纪 50 年代初，凉山地区就开展了饲草引种及栽培试验研究，到 1956 年已先后引进饲草及绿肥品种 60 余种，表现良好，产量较高有豆科的白花草木樨、野豌豆、光叶紫花苕、道孚滨豆、紫苜蓿及禾本科高燕麦等。到 80 年代，随着草牧业的快速发展，对饲草的需求也提出了新的要求，面对挑战，凉山草业科技专家迎难而上，坚持饲草引种及栽培、加工、利用技术的试验研究不中断，并开展创新性试验研究。经过多年的试验研究和推广应用，从中筛选了十几种适宜凉山地区生长的优良饲草，现在这些饲草已成为凉山地区草牧业发展中的当家品种。

本书的研究工作就是在上述试验研究的基础上进行的。由于一年生饲草具有生长快、品质优、产量高、营养丰富等特点，在草牧业、粮改饲、种植业结构调整等方面发挥着重要作用，从 20 世纪 90 年代开始，引种一年生饲草，并对其栽培、加工和利用的理论和技术等开展了较为系统的研究，研究得到了许多项目的资助，这些项目包括"中国农业科学院创新工程牧草栽培与加工利用（CAAS-ASTIP-IGR 2015-02）"、"中国农业科学院农业科技创新工程重大产出科研选题（CAAS-ZDXT2019004）"、中央级公益性科研院所基本科研业务费专项"乌蒙山区冬闲田燕麦饲用化利用模式研究（931-25）"、原农业部（现农业农村部。全书同）"现代农业产业技术体系（CARS-35）建设专项"、公益性行业（农业）科研专项

"牧区饲草饲料资源开发利用技术研究与示范（201203042）"、四川省"'十一五'饲草育种攻关—紫花苜蓿引种选育及配套技术研究（06SG023—006）"和四川省"'十二五'农作物及畜禽育种攻关—攀西地区优质饲草新品种选育及配套技术研究（2011NZ0098-11-9）"、凉山州人事局的"凉山州学术技术带头人培养基金，凉人社办发［2012］176号"、凉山州科技局的"凉山州农业创新项目优质高产青贮玉米品种筛选及其配套青贮技术研究（14NYCX0038）"。正因为有这些项目的支持，我们的试验研究工作才能得以持续进行，才能取得第一手实验数据，才能有了撰写本书的基础。倘若没有这些项目的资助，研究工作就难以开展，实践经验和技术就难以获得，从而也就失去了撰书之源。在本书即将付梓之时，对提供项目资助的相关部门表示衷心的感谢。从20世纪90年代，开始试验研究工作，到写成书稿，历时20余年，期间得到许多人的帮助，在此向他们表示感谢。

　　《凉山一年生饲草》是之前出版的《攀西饲草》的续篇和深化，二者为姊妹篇。本拙著重点介绍了凉山地区光叶紫花苕、燕麦、多花黑麦草、圆根、蓝花子等的栽培历史、栽培技术、栽培管理技术流程和凉山地区一年生饲草发展对策及路径等理论与技术。在长期饲草研究和书稿撰写中，我们做了最大的努力，尽量使书稿趋于完善，但由于学识浅薄、研究阅历肤浅，还达不到专家的学术水平和研判能力，书稿中的学术观点还显得非常幼稚，有些甚至还有错误，敬请读者批评指正。

著者

2019 年 7 月

目　　录

第一章　发展中的凉山种草

草牧业在凉山的经济发展史上一直处于重要地位，它是古代凉山农业经济的主体，西汉时期，彝族先民就过着"随畜迁徙，无君长、无邑聚"的游牧生活。《宋史》讲，凉山彝族原本"不喜耕稼，多畜牧"。清光绪末期至21世纪初，彝族还"以畜牛马羊多寡论家之贫富"，形成了彝族地区"畜牧较农事为重"的传统。据民国十八年（1929）《宁属垦务局调查》："昭觉县夷人所牧牛羊等类，昼牧于山，夜则驱回而关于栏内，每月必饲盐一次，其牧牛羊较多者，则以篱篱于野坝中，围成圈形，夜则驱羊于内，其篱内之四角，置一能移动之小篷，篷下如床形，牧童宿于中，并以犬立于旁，以防野兽之为害，牧童亦协力守之"。但是，由于历史上奴隶主之间的相互掠夺，冤家械斗，民族矛盾的肆意破坏，婚丧和迷信活动中的屠杀无度，加之近代中国的内战，国民党政府的腐败，不但不发展畜牧业生产，还随意砍伐森林，放火烧山，造成水土流失，草场逐步贫瘠，又不种植牧草，牲畜到了冬春季无草可食，大批死亡，长期处于"夏饱、秋肥、冬瘦、春死"的恶性循环中，生产水平十分低下。新中国成立之后，凉山草牧业得到长足发展，特别是改革开放以来，凉山立草为业，草牧业得到大的发展，取得了显著的成绩。

第一节　凉山州概况

一、凉山州的行政区划及县市

凉山州位于四川省西南部，古为邛都国地，是一个历史悠久的地区。远在两千多年前的秦汉时期，中央王朝就在这里设置郡县，汉称越嶲郡，唐设罗目县，隶属嘉州。元代大、小凉山分属建昌路和马湖路，多由彝族首领任罗罗斯宣尉司直接管辖，为凉山地区设置土司制之始。明建置建昌卫。清改为宁远府，治所仍在西昌，北部地区清代分属叙府和嘉定府。民国改设行政督察专员公署，州境分属西昌、乐山两公署。1939年成立西康省，州境划入西康。

1950年3月27日西昌解放，解放后随即在西昌成立了西昌专员公署，为了加强少数民族聚居地区的建设，根据中央关于在少数民族聚居区的地方实行民族区域自治的精神，1952年10月1日，成立了凉山彝族自治区，人民政府设在昭觉。1955年4月15日更名为凉山彝族自治州，这时区人民政府改称为自治州人民委员会，自治州与西昌专员公署同属西康省。1955 年 10 月西康省撤销，凉山彝族自治州和西昌专员公署同时改属四川省。1978 年国务院批准，撤销西昌地区建制，将米易、盐边两县划属攀枝花市外，其余县并入凉山彝族自治州，自治州州府由昭觉迁驻西昌，1983 年四川省行政区调整时，将马边、峨边两县调给乐山地区。1979 年西凉合并后，建立西昌市，1986 年撤销西昌县并入西昌市。现今凉山彝族自治州辖西昌市、木里藏族自治县、盐源、德昌、会理、会东、宁南、普格、布拖、金阳、昭觉、喜德、冕宁、越西、甘洛、美姑、雷波 17 县（市）（图 1-1）。州政府驻西昌市。

图 1-1　凉山州地图

二、凉山州的区位特性

凉山州地处横断山脉，青藏高原边缘，位于东经 100°03′ ~ 103°52′，北纬 26°03′ ~ 29°18′，北靠雅安、甘孜两地，南接攀枝花市，东西两面与云南省为邻，东北与乐山、宜宾两地接壤（图 1-2），东西宽 360 多千米，南北长 370 多千米，全州总面积 60 114.68 km²，约占四川省总面积的 10.5%，仅次于甘孜、阿坝两州。自古以来，凉山就是四川省往来于祖国西南边陲各地的重要通道之一，也是丝绸之路的通道。凉山地貌以山地为主，占整个辖区面积的95%以上，山脉走向以南北向为主，境内山川纵贯，金沙江、雅砻江、大渡河、安宁河及其支流分布其间。大多数农区主要分布在海拔1 000~2 500米，属于低纬度高海拔地区。凉山地区以其特殊的地理位置、独特的资源条件，在我国西部大开发中占有非常重要的地位。1995年我国将凉山地区列入"西南金三角"地区农业综合开发"重点区域，是《全国国土总体规划纲要》提出的重点开发地区，也是长江上游生态保护区的重要地带，"十五"期间国家又将其列为生物资源重点开发区，国家级生态经济与资源开发实验区，四川省提出了"大力开发凉山资源"战略。凉山不仅有丰富的矿产及水能资源还有丰富的非金属矿产资源和相当数量的煤炭、森林、牧草资源，凉山地区还是优质稻生产基地之一，蚕桑、烟草等的重点发展区，这些必将大力推动凉山地区的经济发展，成为祖国大西南的一颗明珠。

图1-2　四川省地图

第二节　凉山州*自然概况

一、地貌

凉山州境内地貌复杂，地表起伏大，形成了多样、多类型的自然生态结构，地形崎岖，地势由西北向东南倾斜，相对高差悬殊5 654米，最高点是木里县西部的夏俄多素峰，海拔5 959米，最低点是雷波县东北角金沙江谷底，海拔305米。地貌特征明显，有中山、高山、极高山和山原等。多断陷盆地和宽谷，形成了较大的盐源、会理、越西、昭觉、布拖等坝子，也形成3个四川省屈指可数的内陆湖，有水域面积29 km²的邛海，有水域面积72 km²的泸沽湖，水域面积7.32 km²的马湖。全州境内以山地为主，相对高度一般在1 000~2 500米，占总面积的80%，山原次之，丘陵、平坝、盆地共占5%~6%，值得一提的是安宁河大宽谷河谷平原，最宽可达11千米，海拔高度1 500~1 700米，支流众多，耕地成片，总面积1 800 km²，有四川"西南粮仓"之称，州内最大的盆地盐源盆地海拔2 400~2 600米，面积1 260 km²，为凉山州苹果基地，近年实行果草结合甚有特色。

二、气候

凉山州自然气候独具特点。冬半年受南支西风环流控制，西南环流绕行青藏高原南部。越过西部高耸的横断山下沉增温进入凉山区域，气候温暖干燥，大气成云致雨条件很小，因此凉山西南部冬半年天气晴朗，日照充足，多为碧空晴朗的天气，只有在较强寒潮冷空气南侵时，才偶有雨雪降温，整个冬半年降水量约为全年的10%，黄茅梗东麓地带与西部显著不同，全年盛行偏北风，天气常为低云笼罩，日照缺乏，阴冷潮湿。

凉山的冰雹气候要素也独具特点。4—5月是凉山冬春夏气流更跌消长的季节，天气变化剧烈，凉山州各地的冰雹气候就多在4—5月发生，多数地区光照充足，全年光照时间为1 800~2 600 h，全年太阳辐射能量州内各县一般在110~130 kcal/cm²左右，最高的盐源达145.5 kcal/cm²，充足的太阳辐射能量和充足光照条件，加之充足雨量为温带牧草的种植提供了良好条件。凉山州由于海拔高差悬殊较大，达5 600多米实属少有罕见，地貌复杂多样，气温随纬度变化而不同，加之州内夏温不足，雨水集中，水热配合不佳，时有阴雨低温灾害发生。凉山州的空气湿度偏小，大部地区平均相对湿度在60%~70%，雨季一般为65%~80%，干季多低于60%，特别是3—4月，有些地区极端最小相对湿度可以达到零，蒸发量相应较大，大部地区总蒸发量大于1 600 mm，大于降水量。境内的凉山东北部接近四川盆地边缘，因此全年盛行偏北风，其余地区全年盛行偏南风，季节特点是干季风较大，雨季风较小。

---

* 全书简称凉山州为凉山

表 1-1 凉山州各县（市）地区主要气象要素

县名	年均温（℃）	年降水（mm）	年日照小时（h）	无霜期（d）	≥10℃积温
西昌市	17.0	1 013	2 431	271.9	5 300
金阳县	15.7	796	1 609	297.5	4 900
德昌县	17.6	1 048	2 164	294.5	5 784
会理县	15.1	1 131	2 388	238.9	4 760
会东县	16.1	1 056	2 334	258.3	5 120
冕宁县	14.1	1 096	2 044	234.9	4 800
宁南县	19.3	961	2 258	220.7	6 400
盐源县	12.6	776	2 603	207.5	3 600
木里县	11.5	823	2 288	214.8	3 170
昭觉县	10.9	1 022	1 873	222.4	2 900
美姑县	11.4	818	1 811	240.4	3 100
雷波县	12.0	853	1 227	267.9	3 400
甘洛县	16.2	873	1 671	297.7	5 100
越西县	13.3	1113	1 648	247.1	3 900
喜德县	14.0	1 006	2 046	259.5	4 000
普格县	16.1	1 170	2 099	300.7	4 900
布拖县	10.1	1 113	1 986	202.9	2 400

三、土地

凉山州的土地资源丰富，全州土地总面积约 9 017.20 万亩，占全省土地总面积的 10.5%，常年耕地 470.00 万亩左右，占全州土地总面积的 5.21%，林牧地面积最大，共计 7 680.70 万亩，占土地总面积的 85.17%，水面和城乡居民利用地、交通用地等仅约占 4.98%。按地形地貌气候特点分为四个类型，海拔 1 300 米以下的金沙江干热河谷区，一年可三熟，为粮蔗桑亚热带作物主产区，海拔 1 300~1 800 米的宽谷、沟坝稻麦两熟区，主要作物有水稻、玉米、胡豆、油菜、小麦、烤烟、蔬菜等，是境内的粮油集中产区，海拔 1 800~2 500 米的二半山区为稻麦两熟区，主要作物有水稻、小麦、马铃薯、荞麦、大豆、甜菜等，海拔 2 500 米以上的高寒山区，作物一年一熟，主要作物有马铃薯、荞麦、大豆等。

四、土壤

凉山州主要属川西横断山纵谷南段红壤、红棕壤地区，成土岩有板岩，千枚岩、石灰岩、砂页岩、花岗岩、玄武岩等。境内山脉连绵，河流深切，山高谷深，随着山体的增高，湿度大，气候、植物类型的变化，土壤类型也不相同，具有明显的垂直分布的特点。最低点海拔325~1 300米土壤多为山地红褐土，红壤、褐红壤。1 300~2 200米以红壤为主。由于地形变化大，类型复杂，南部1 300~1 700米分布有山地红壤、褐红壤，1 700~2 200米为红壤、黄红壤，北部1 300~2 200米分布有红壤、黄红壤、幼年红壤。2 200~2 600米分布有山地黄壤、棕壤、棕红壤，2 600~3 300米分布有棕壤、暗棕壤、山地灰化土，3 300~4 500米为亚高山草甸土，4 500~5 000米为高山草甸土，5 000米以上为高山寒漠土（图1-3）。

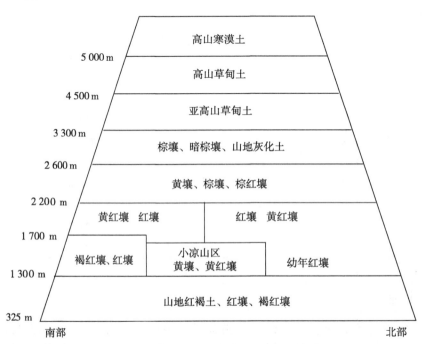

图1-3 凉山州土壤垂直带谱示意图

五、草地

凉山州的草地饲草、饲料资源十分丰富，1982—1985年组织300余人的草地资源调查队，对全州草地资源进行了一次系统、全面的调查，取样方5 494个，采集植物标本49 078份，定名牧草2 105种。确定全州草地面积3 617.4万亩（15亩＝1hm²。全书同），占全州土地总面积的40.11%，其中可利用面积2 946.9万亩，占草地总面积的81.4%，包括天然草地、疏林草地、改良草地和人工种草四大类。按凉山草地特点把草地划分为13类、33组、93型。调查得出1万~10万亩成块草地535块，面积1 286万亩，占草地总面积的35.5%，10万亩成块草地58块，1 253万亩，占草地总面积的34.6%。据调查凉山州草地初级生产能力，年平均亩产鲜草量在100~800 kg，其比例分别为，年平均亩产鲜草量 800 kg 以上占 1.27%，年平均亩产鲜草量 600~800 kg 占 9.1%，年平均亩产鲜草量 400~600 kg 占 36.17%，年平均亩产鲜草量 300~400 kg 占 26.58%，年平均亩产鲜草量 300 kg 以下的占 15.74%，全州草地平均亩产鲜草 396.5 kg。

凉山州因自然地理条件复杂，草地类型复杂多样，独具以下特点：一是草地面积大，生态条件好，植被丰富，生长期长，牧草生长量大。二是垂直性的气候条件，形成交替分布的多种草地类型，适宜多种牲畜放牧。三是具有半农半牧区草地分布特点，有利农户种草养畜的综合利用。四是疏林草地多，林下草地潜力大。五是草地饲用价值高的牧草占有较大比例，有毒有害植物种类较少。总计有可食牧草资源在 28.83 亿 kg，能载畜706.1 万个羊单位。

六、林地

全州林业用地 4 721.1 万亩，占全州总面积的 52.35%，其中林地占 42.1%，疏林地占 1.6%，森林资源比较丰富，其覆盖率为 25.3%。

第三节　凉山人工种草回顾

一、种草概述

五十年代，解放了的凉山在中国共产党的民族政策指引下，在人民政府的领导下，进行土地改革和民主改革，结束了几千年的奴隶制度和封建剥削制度，由奴隶社会跃进到社会主义社会。党和政府采取了一系列发展畜牧业生产的措施，在经济上、科技上、人力上、物质上给予了大力扶持，使畜牧业生产得到了迅速发展。尤其是党的十一届三中全会以来，以经济建设为中心，深化牧业改革，大力开发牧业资源，发展牧业商品经济，落实目标管理责任制，使畜牧业生产得到了快速发展，但随着畜牧业生产的发展和四畜的不断增加，草畜矛盾也愈来愈突出，对天然草地资源的保护、管理、合理利用及人工种植牧草、饲料的开发利用等显得更为重要，为此在进入 80 年代时，凉山州开展了大规模的草原建设工作。

凉山州全面开展人工种草始于 1979 年。从引进牧草品种进行试验，到人工草地的建设，州委、州政府都十分重视，把种草养畜作为振兴民族地区经济的战略决策，作为山区人民脱贫致富的重要措施来抓。经过十几年的努力，使凉山草原建设从无到有，由小到大，不断地发展。提出了建立多年生人工草场，实行草田轮作，落实草地责任制，封山育草，建立牧草种子基地，开展牧草加工利用，种草与养畜配套的总体方案，并把粮草轮作作为解决凉山州草畜矛盾的主要措施来抓。到 1990 年草田轮作面积达到 145.08 万亩，人工种草面积保存有 13.13 万亩。

二、人工种草发展初期

1979 年初凉山州革委召开了全州畜牧工作会议，初步调整了牧业内部结构，草料工作开始纳入各级党政议事日程，逐步得到重视。凉山的人工种草就是在这样的时代背景下从试验示范开始，到推广，现已形成一定规模，几年来累计建立人工种草 30 余万亩，到 1990 年全州保存人工草地 13.13 万亩。

（一）人工种草的兴起

凉山州人工种草建设经历了三个阶段。

1. 试验阶段

从 1979 年开始，凉山州草原站就选择不同海拔高度，不同生态环境的地区，设置 6 个试验点，对引进的 54 个牧草品种进行试验，筛选出白三叶、红三叶、苜蓿、草木樨、光叶紫花苕、多年生黑麦草、马唐等 15 个适宜于凉山地区种植的牧草品种，1980 年又在安宁河流域、西部盐源、木里等十多个县进行了区域试验。

2. 示范阶段

从 1980—1982 年，花了三年时间，将筛选出的 15 个牧草品种集中在乌科、七里坝、螺髻山、夹马石、好谷草种场、州畜科所 6 个样板地进行示范试验，建立人工草场 4 648 亩，取得了显著成效，为全州人工种草树立了榜样。

表 1-2　样板草场情况

县名	草场名称	海拔（米）	围栏面积（亩）	人工草场面积（亩）	主要牧草
布拖	乌科	3 200	1 000	1 343	白三叶
昭觉	七里坝	3 100	1 200	700	白三叶、禾本科
会东	夹马石	2 600	2 000	1 025	白三叶、黑麦草
西昌	螺髻山	2 400	9 600	720	白三叶、马唐、黑麦草
昭觉	好谷	2 200	1 200	800	白三叶、草木樨
昭觉	畜科所	2 130	60	60	白三叶、黑麦草、扁穗雀麦
合计			15 060	4 648	

3. 推广阶段

从 1983 年起，将 6 个样板的经验在昭觉、会东、盐源、西昌、普格等县推广，建设了大青山飞播草场，昭觉县解放沟联营草场，会东县户营草场等共 25 000 亩，打开了凉山人工种草的局面。

（二）种草效果

人工种草在凉山已获较大发展，特别值得肯定的是，70 年代以来在部、省、州各级的关怀和重视下，针对凉山州畜牧业发展的需要，把草业列为牧业基础建设来抓，在广大科技人员的努力下，经过牧草引种试验，成功地选出了适合凉山种植的白三叶、黑麦草、光叶紫花苕、聚合草等15个品种。经过示范推广，在凉山展开了史无前例的人工种草，1982年农牧渔业部还下达了飞播4 000亩的地面模拟试验任务，在取得成功的基础上，1983年部、省正式下达了飞播任务。1983年6月11日凉山首次用飞机成功地在大青山进行了万亩草地的建设工作，全面推进了凉山人工种草的发展，同时把草田轮作的种植作为解决我州冬春草畜矛盾的主要措施来抓，到1990年草田轮作面积达到145.08万亩，人工种草每年可为凉山增加草料10亿kg，极大地提高和改善了养畜条件，由于草业的发展带动了养畜农户的增产增收，各级政府已把种草养畜列为农牧民脱贫致富的项目来抓，效益显著，因此州委、州政府正式把种草列为二亩找钱地建设任务下达各县实施，草业建设得到社会认可，也为南方山区发展草业提供了实践经验，从此草业在凉山崛起。

（三）种草路径

人工种草建设走出了三条路子：一是草山到户，封育改良；二是在常耕地、果园、林地搞草粮（林、果、经）间（套轮）作；三是利用非耕地建设高产优质的人工草地。由于成效好、收益大，因而发展很快。多年生人工种草从无到有，1990年保存有13.13万亩；飞播牧草地也是从无到有，1986年面积达12万亩，围栏草地从无到有，1983年发展到3.4万亩，其中网围刺丝2.3万余亩，草田轮作面积由小到大，已从1980年的10万亩发展到1990年的41万亩，牧草种子生产发展迅速，1990年建设草种繁殖基地4.2万亩，生产草种111万kg，主要以光叶紫花苕为主，还有部分白三叶、黑麦草等牧草种子，1988年至1990年三年时间，建立商品草基地3.4万亩，收干草1 200万kg，出售商品草1 361万kg，创产值480万元。

（四）种草形式

凉山州人工草场建设有户营草场、联营草场和飞播草场三种形式。第一种形式—户营草场，大包干的生产责任制落实后，极大地调动了群众养畜和种草的积极性，草场的大锅饭被打破，户营草场是草场建设的主体形式，它的特点是草场的翻耕、播种、管理、使用均由社员自己负责，种子采用三种办法解决，一是自繁自用，二是州县畜牧部门实行借种还种，三是半价扶持，如光叶紫花苕。第二种形式—联营草场，即是几户村民联合建设人工草场，实行统一规划、统一翻耕、统一播种、统一管理、统一把草场建成后进行分户管理、分户经营、分户使用。第三种形式—建立万亩飞播草场，1983年在西昌、普格螺髻山种畜场交界的大青山建成万亩飞播草场，这是全省的试点草场，它具有一般人工种草所不及的优点，但也有许多限制因素。

盐源县种草在我州山区起步较早，并创造了粮草结合、林草结合、家庭草场与家庭牧场相结合、大面积种草与牧草种子基地相结合等多种形式的草场改造模式，在全州人工种草中起了先导作用，并为在全省大面积推广种草养畜起到了示范作用。为此1985年10月省政府首次在盐源县召开了全省种草养畜现场会，这对全省开展草原建设特别是山区推广种草养畜起到了很好的作用。

（五）政策扶持

1982 年 2 月 21 日—28 日，四川省半农半牧区畜牧业工作会议在西昌召开，会议由副省长天宝同志主持，会上认真研究了少数民族地区畜牧业发展的方向问题，明确了奋斗目标。会后各县都积极贯彻了会议精神，会东县委县政府 8 月 21 日召开了落实草山责任制现场会，全面推广会东江西街金钩大队落实草山责任制的方法。昭觉县委县政府在 7 月 16 日也首次召开了全县的草料工作会议，对人工种草进行了总动员，当年建立多年生人工草场 500 亩，并给予优惠政策扶持种草，规定每种 1 亩人工草地补助种子 5 kg、补助化肥 25 kg。

1982 年胡耀邦总书记到凉山视察，强调把畜牧业上升到重要位置上来，接着 1983—1985 年连续三年州委州政府的一号文件都是把种草养畜作为农村产业结构改革的重要内容。1986 年 12 月农牧渔业部何康部长来到凉山也明确指出"建设草山、发展养羊事业，致富凉山人民"。

凉山州委州政府在 1984 年把种草养畜作为经济翻番的突破口之一进行了农业结构的调整，制止开草地种粮的错误做法，停耕退耕 30 余万亩低产耕地种草还牧。1986 年把人工种草作为建设两亩找钱地的任务。1988 年又把种草养畜作为扶贫的重点项目，成立种草领导小组，把种草养畜纳入干部的目标管理，实行层层管理制度。

（六）科技助推

1981 年 8 月 21 日，凉山州首次在会东县召开了全州草料生产工作会议，各县畜牧局局长、草原站站长及州属场等有关单位参加了会议，并邀请了四川省草原所王成志所长、四川农学院周寿荣副教授、四川省畜牧局草原处的同志参加。会期参观了会东县夹马石白三叶草场、乌科围栏草场、昭觉好谷草种繁殖场、昭觉州畜科所白三叶试验地。这次会议对凉山开展草原建设起到了很大的推动作用。

（七）人工种草的种类

凉山人工草地种植的主要是白三叶、红三叶、多年生黑麦草、紫花苜蓿、光叶紫花苕等优良牧草。在多年生人工草地建设中白三叶草场具有很强的适应性及耐牧性。1980 年 3 月州草原站在野外调查中发现了三片白三叶草场，一片是会东夹马石的两千亩白三叶草场，一片是州畜科所的白三叶草场，还有一片在乌科育种场。这三片看似野生的白三叶草场，都是五六十年代凉山引进种羊时带进来的。其中最成片的一块是会东夹马石的两千亩白三叶草场，它的形成是在 1966 年引进种羊时，同时引进了白三叶和红三叶草种各 10 斤，散播在这块原为山白草的杂灌草场上，十余年来由牲畜及鸟类采食后，随粪便排泄在天然草场上年复一年地传播，使该植被发生演变，形成了以白三叶草为主，兼有红三叶、五叶豆、莎草等牧草的白三叶草场，到 1980 年 5 月调查，白三叶草平均盖度在 60%，亩产鲜草 2 477 kg。

三、发展中的人工种草

（一）坚持立草为业

1990 年以后，凉山州在合理利用草地资源的同时，强化草原建设，加大粮草轮作推广力度，大面积建立优质、高产、稳产人工草地，有计划地改良天然草地。草地建设的显著成效，极大地缓解天然草地的承载压力，保证畜禽养殖饲草饲料的均衡供给，为畜牧业的可持续发展打下坚实基础。人工草地不仅产量高、质量好，同时可改变靠天养畜、林牧争地、人畜争粮的状况，提高土壤肥力，减少水土流失，促进农、林、牧的有机结合。人工草地是根据牧草的生物学、生态学和群落结构特点，有计划地将草地开垦后，因地制宜的播种多年生或一年生牧草，从而生产优质丰富的饲草，以满足畜牧业发展的需要。实践证明，人工草地牧草平均产量是天然草地的 5~38 倍，土壤冲刷量也减少 30%~90%。

凉山州地理环境独特、水热资源丰富、生态环境多样，为人工草地建设提供了坚实的基础。1991—2006 年，全州始终坚持"立草为业、草料先行"和"小草大事业"的思想，坚定不移地走种草养畜的发展道路。1995 年，中共凉山州委提出"九五"计划期间在全州实施草畜"双百万"工程，明确要求到"九五"计划末，全州实现种植优质牧草 100 万亩的目标，州政府首次把人工草地建设纳入州对县畜牧业考核指标，各县市均加大了人工草地建设的力度，2001 年起，又在全州实施草畜"3150"工程，把建立 150 万亩优质、高产人工草地纳入"十五"畜牧业发展计划，大面积组织开展人工草地建设。草畜"双百万"工程和草畜"3150"工程的实施，促进了人工草地建设突飞猛进的发展。到 2006 年全州优质人工草地面积达到 192 万亩，其中多年生人工草地累计保留面积 42 万亩，多年生人工草地保留面积比 1990 年 13.13 万亩增长 219.88%。

（二）人工草地建设牧草品种选择

1991—1999 年，凉山州人工草地建设的牧草品种主要为白三叶，多年生黑麦草和光叶紫花苕。2000 年以后，凉山州草原工作站、凉山州畜牧兽医科学研究所以及部分县市先后引进优良牧草新品种 79 个开展品种比较试验，筛选出 45 个适合凉山州不同生态环境条件种植的优良牧草新品种在全州推广。2004—2006 年，四川省草原工作总站在全省组织开展牧草品种区域试验，凉山州畜牧兽医科学研究所作为全省三个参试单位之一，共引进牧草品种41 个，筛选出适合凉山州推广种植的优良牧草品种 30 余个，主要品种有白三叶、红三叶、紫花苜蓿、草木樨、红豆草、光叶紫花苕、多年生黑麦草、草地羊茅、鸭茅、披碱草、牛鞭草、马唐、皇竹草、矮象草、串叶松香草等优良牧草，特别是高秋眠紫花苜蓿品种的引进和推广，有效提高多年生人工草地的产量和质量，改变了凉山州牧草品种单一的状况。

（三）人工草地建设途径和技术措施

1. 人工草地建设途径

一是利用近山撂荒地、退耕还林、退牧还草等地块，按照统一规划、分户种植、分户管理利用的原则，精耕细作，种植多年生牧草，建立多年生人工草地。二是在经、果、林地或四边地种植优质多年生牧草，建立多年生人工草地。三是退耕种草，利用部分农耕地种植优质多年生牧草，刈割青草饲喂圈养牲畜。

2. 人工草地建设的技术措施

一是合理选择优质牧草品种。适宜于凉山州种植的牧草品种较多，各地根据当地自然条件，选择适应性强、产草量高、抗逆性强的优质牧草品种。仅以紫花苜蓿为例。在河谷、沟坝地区，主要选择种植秋眠级在6~9级的紫花苜蓿品种。二半山区选择种植秋眠级在4~6级的紫花苜蓿品种。高寒山区选择种植秋眠级在2~4级的紫花苜蓿品种。二是精细整地。由于多年生优质牧草种子小、顶土能力低，在播种前对土地整理要求比较严格，采用精细整地、清除杂草，让优质牧草有一个良好的生长环境。三是适时播种。凉山州气候类型多样，适时播种对种子出苗具有十分重要的作用。四是强化管理。使人工草地的利用时间达到最佳期限。五是适时收割，保证牧草的营养价值。

（四）人工草地建设重点地区

根据自然地理条件，凉山州人工草地建设重点地区在安宁河流域、金沙江流域、盐源坝子、布拖坝子及高二半山区。

安宁河流域的西昌、德昌、冕宁、会理、会东以种植白三叶、紫花苜蓿、多年生黑麦草、鸭茅等为主。金沙江流域的宁南、金阳、雷波、会东一部分以种植紫花苜蓿、白三叶、多年生黑麦草等为主。高二半山区（海拔2 500~3 000米）以种植紫花苜蓿、白三叶、多年生黑麦草、光叶紫花苕为主。其他地区以种植多年生黑麦草、白三叶、紫花苜蓿等为主。

四、人工种草的效益

人工种草能产生很高的经济效益。据1980年测定，会东县夹马石围栏的白三叶草场亩产鲜草2 477 kg，较附近撂荒草场的456 kg高出4.43倍，较天然草场的288 kg高出7.60倍。据1982年对昭觉围栏的白三叶草地测定，平均亩产鲜草4 800 kg。天然草地要6亩才能养一只羊，而人工草场只需1亩就可以养一只羊。白三叶人工草地质量好，适口性强，据测，以白三叶草为主的人工草场，含粗蛋白质为16.36%，比天然草场的9.7%高66.6%，单位面积人工牧草的粗蛋白质产量比天然草场提高11倍。如果人工草地采取高质量播种，再与养畜尤其是与饲养优良种畜结合起来，更能发挥出大的效益。如州畜科所以70亩高产人工草地饲养200头进口边区莱斯特羊，平均每亩草地的产值高出当地相同等级耕地的50%。据测，条件基本相同的草场，种植人工牧草后，产草量提高7.58倍，干物质增加7倍，粗蛋白质产量提高12.6倍，能量增加6.26倍。

到九十年代，多年生人工种草产草量高，质量好。据测定，精耕细作，在不施肥的条件下年平均亩产鲜草达4 750 kg，合理施肥情况下，丰产年每亩年鲜草产量达6 170 kg，紫花苜蓿人工草地年平均亩产鲜草6 500 kg，白三叶、红三叶在水肥条件较好的地块种植，年平均亩产鲜草达 8 130 kg，盐源县农户种植的串叶松香草，亩产鲜草 6 000~11 000 kg，亩产干物质 1 000~1 400 kg，亩产粗蛋白质 200~400 kg，是同期种植粮食作物的 4~5 倍。

人工草地保水保土性强，生态效益显著。据凉山州草原工作站、凉山州畜牧兽医科学研究所等单位多次测定，多年生人工草地平均年亩减少水土流失 1.0 t，平均年亩增加土壤蓄水 2.0 t。另据专家测定，当日降雨量超过 50 mm 时，坡地种植多年生人工牧草地表径流量比耕地下降 30%，地表冲刷量仅为耕地的 22%，与林地无显著差异，当日降雨量为 340 mm 时，每亩坡地水土流失量为 450 kg，耕地为 280 kg，林地为 40 kg，而草地仅为 6.2 kg。

五、种草的经验

开展多年生人工草地凉山地区已取得一些经验，首先是组织力量，对土地及牧草种子进行处理，然后再具体实施，最后对建成的人工草地进行管理，以使获得更大的效益。其具体做法：一是播种方式的选择，在翻耕后的土地上进行播种，多数实行的白三叶与黑麦草隔行宽辐条播，其播幅略宽一些，这样有利于生长、有利于管理、有利于牲畜利用。二是选准播种期，凉山种草一般采取雨季播种，各地区进入雨季的时间不同，可不同期播种。三是接种根瘤菌，白三叶、红三叶在播前都要进行根瘤菌接种，这样有利于固氮，提高出苗率。四是适当覆土，黑麦草与白三叶种子混播，它们之间的差异大，要求覆土深度不一，黑麦草覆土 1~2 cm，白三叶种子细小，一般轻轻覆土或不覆土。多年生人工草场建成后，其管理尤为重要，管理得好与坏，直接关系到人工草场的利用效益。近几年以合作牧场的组合形式，即家庭牧场的兴办就是对人工草场进行很好管理的一种形式。1984 年昭觉县实行家庭牧场，分户种草、小块围栏、户平种草 13 亩，牲畜平均每只有人工草地 0.4~0.5 亩，1988 年户平均收入 2 000 元以上，较三年前增加一倍多的收入。

第四节　凉山州粮草轮作

一、粮草轮作的发展

凉山州有丰富的轮歇地、四边地、空闲地等土地资源，适合大面积开展草田轮作。充分利用冬闲地、轮歇地等地块种植一年生或越年生牧草和饲料作物，实行粮（经、果、烟）草轮、套、间作，用地和养地结合，是凉山州草原建设的突出特点。

草田轮作是在总结群众种草养畜经验基础上逐步发展起来的草料生产方式，是一种先进的耕作制度，能在冬春枯草期生产大量的青绿饲料供养牲畜，不与粮争地，因而易于被广大农牧民所接受，发展很快。1990 年，全州草田轮作面积 145 万亩，其中光叶紫花苕

44 万亩,1995 年全州草田轮作面积发展到 190 万亩,其中光叶紫花苕 75 万亩。"九五"和"十五"计划期间,全州组织实施了草畜"双百万"工程和草畜"3150"工程的实施,促进了凉山州草田轮作的发展。1996 年,凉山州草田轮作中光叶紫花苕种植面积首次突破 100 万亩大关,2000 年,全州草田轮作面积 216 万亩,其中光叶紫花苕 144 万亩,2006 年全州草田轮作面积达 240 万亩,其中光叶紫花苕 150 万亩。

二、粮草轮作方式

凉山州草田轮作的形式主要有季节性草田轮作、年际间草田轮作和粮经草间套轮作三种形式。

季节性轮作:是指在一年内秋季粮食收获后再种一季牧草,即人们常说的大春种粮,小春种草,凉山州大部分地区粮食作物多一年一熟,适宜于大面积推广粮食—牧草的季节性轮作。轮作的牧草和饲料作物品种主要有光叶紫花苕、圆根萝卜、胡萝卜、红苕、天星苋、燕麦青等。轮作方式因地区而异,高山采用土豆—光叶紫花苕、荞麦-光叶紫花苕、圆根+燕麦-光叶紫花苕,中山地区采用玉米-光叶紫花苕、土豆+玉米-光叶紫花苕、烤烟—光叶紫花苕,低山河谷、沟坝地区多为玉米-光叶紫花苕、烤烟—光叶紫花苕、水稻—光叶紫花苕。

年际间草田轮作:就是将丢荒的轮歇地先种草,待地力恢复后再种粮食,比较常见的形式有:一草一粮的二年轮作方式,一草二粮的三年轮作、二草二粮的轮作方式。牧草品种以光叶紫花苕、白三叶、紫花苜蓿、一年生黑麦草等牧草为主。

粮经草间套轮作:是在单位面积内,合理地让饲料或牧草与农作物或经济作物构成一个层次分明的结构,加大叶面积,提高光合作用利用率,增加单位面积产量。比较常见的形式有粮食作物及牧草间作、套作、经济作物与牧草间作、套作等。

三、粮草轮作制度

粮草轮作是一种先进的耕作制度,它通过粮-草-畜这根纽带,把农牧业紧密连在一起。凉山地区近年来推广粮草轮作制,面积不断扩大,1985 年达 60 万亩,占农耕面积的 10% 以上。主要形式有以下几种:

(一) 短期粮草轮作制

它是以充分利用高山农耕地在一年内实行粮食-牧草轮作的制度。昭觉县实行大春种粮,小春种草,在一个年度内,利用光、热、水资源在时间与空间分布上的不同特点,进行粮食-牧草轮流种植,并已形成制度。3、4 月至 8、9 月种粮,8、9 月至次年 3、4 月种草。1985 年全县粮草轮作面积占农耕面积的 30%。

昭觉县推广粮草轮作制的成功,与该县生态条件紧密相关。昭觉农业生产上有两大弱点,一是气温偏低,二是土壤瘦瘠。气温偏低带来的问题是种大春作物受到限制,玉米、水稻它所需要的积温达不到,在海拔 2 300 米以上不易成熟,在这类地区再种小麦,茬口衔接不上。所以,大春种植适应于当地气温的粮食作物,一年一熟,力争多产一点,而小春则改种粮为种草，改冬炕地为草地，充分利用这里冬季光照充足的条件，生产一季牧草，做到两全其美，初步实现了粮草结合，良性循环。

（二）长期粮草轮作制

主要是以改造轮歇地、停耕还牧地、撂荒地为特点，实行五年以上粮食与牧草轮作制度。良性循环方式如图1-4所示。

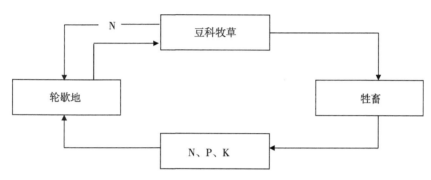

图1-4 良性循环方式

土壤不仅是一个历史自然体，而且是人类的劳动产物。土壤是人类生活中最重要的生产资料。凉山地区土壤大部分都比较瘦瘠，其主要特征是土壤团粒结构很差。团粒结构是农业生产上土壤的理想结构。它能调节土壤中的水、气、热、肥矛盾，改变土壤的耕性，能够起到很强的蓄水保墒作用，对于农业生产具有重大意义。通过实行粮草轮作，特别是长期粮草轮作制，最大的效果，就是使土壤在大面积范围内得到改良，从而使农业生产稳产高产，农业的发展，又反过来给畜牧提供大量饲料。从发展农业的战略高度积极推广粮草轮作制的出发点，就在这里。

（三）粮草间套轮作制

以粮草间套形式出现的轮作制，典型的形式是白三叶地里套玉米，或者玉米地套白三叶等豆科牧草。凉山州畜科所1983—1985年进行白三叶间作玉米，七尺一厢，一厢中套二行玉米，试验结果，三年平均亩产白三叶3 514 kg+玉米414.5 kg，使单位面积的生长量增长一倍，农业产值增长50%以上。这种间套作方式，实际上也是粮草轮作，白三叶是年年生长，在一定的空间，夏秋种粮，冬春又全部变成草地，形成了新的粮草轮作，是一种很有发展前途的轮作形式。

四、粮草轮作的效益

实施粮草轮作，不仅为牲畜冬春季节提供了大量饲草，又能养地肥地，涵养水土，增加粮食产量，经济效益、生态效益和社会效益十分显著。据测定，草田轮作平均每亩产鲜草1 500～3 600 kg，全州240万亩粮草轮作草地，每年至少可提供饲料36亿 kg，可增加养畜 197 万个羊单位。据布拖县日觉村对比试验测定，每亩光叶紫花苕可固氮 6 kg，相当于 12 kg 尿素。在生态效益方面，通过草田轮作，增加了地面植被覆盖度，年平均亩减少水土流失 0.25 t，年平均亩增加土壤蓄水 0.5 t。特别是在冬春季节，实施粮草轮作以后，裸露的地表被一片片绿色的草地覆盖，昔日风卷黄沙起的荒凉景象一去不复返。

第二章 一年生饲草在凉山农牧业中的地位及作用

一年生饲草不仅是全国主要饲草，也是凉山州的重要饲草，不论在养殖业中还是在种植业中，一年生饲草发挥着重要作用。我国常见的一年生栽培饲草有 30 余种，由于受气候、土壤等生态条件影响较少，全国各地均有种植。凉山地区地处高寒山区，冬季气温低，自 20 世纪 50 年代开始优质饲草引种栽培以来，到目前已有 21 种优质一年生饲草在凉山推广应用，其中豆科饲草 1 种，禾本科饲草 19 种，其他科饲草 1 种。主要用于青饲、青贮、调制干草。

第一节 凉山主要一年生饲草

一、我国常用或常见的一年生栽培饲草

中国牧草栽培历史悠久，如苜蓿栽培已有 2 000 多年的历史。在牧草栽培过程中，形成和产生了不少的优良牧草种或种群。随着农业及科学技术的不断发展，特别是畜牧业对牧草需求的不断增加和牧草质量的提升，中国栽培草地也得到了长足的发展。新中国成立初期，孙醒东教授（1954）指出，中国主要的栽培牧草包括多年生和一年生牧草约有 200 种，王栋教授（1956）的《牧草学各论》中叙述了 270 种牧草，其中禾本科牧草 150 种，豆科 50 种，莎草科 8 种，藜科 8 种，菊科 16 种，百合科 8 种，蓼科 5 种，苋科 4 种，十字花科 2 种，浮萍科 5 种，香蒲科 4 种，鸭跖草科 2 种，其他科 8 种。1986 年，任继周院士等对王栋教授的《牧草学各论》进行修订，修订后的牧草种类增至 27 科、328 种。20 世纪 80 年代，中国主要栽培牧草大约有 105 种，其中重要或常用的牧草有 37 种。据农业部统计资料显示，到 2012 年中国常见的一年生栽培饲草有 32 种，其中豆科 8 种，禾本科 22 种，其他科 2 种（表 2-1）。

表 2-1 我国主要栽培一年生饲草

豆科饲草	
中文名	学名
箭筈豌豆	*Vicia sativa*

（续表）

豆科饲草	
中文名	学名
白花草木樨	*Melilotus alba*
黄花草木樨	*M. officinalis*
毛苕子（非绿肥）	*Vicia villosa*
紫云英（非绿肥）	*Astragalussinicus*
楚雄南苜蓿	*Medicago hispida*
山鞑豆	*Lathyrus sativa*
光叶紫花苕	*Vcia villosa var.*

禾本科饲草	
中文名	学名
旗草（臂形草）	*Brachiaria erucaeformis*
青饲、青贮玉米	*Zea mays*
大麦	*Hordeum vulgare*
多花黑麦草	*Lolium multiflorum*
冬牧70黑麦	*Secalecereale cv.* Wintergrazer-70
青莜麦	*Avena chinensis*
御谷	*Pennisetum glaucum*
燕麦	*Avena sativa*
苏丹草	*Sorghumsudanense*
草谷子	*Setaria italica*
稗	*Echinochloa crusgalli*
墨西哥类玉米	*Euchlaena mexicana*
青饲、青贮高粱	*Sorghum bicolor*
高粱苏丹草杂交种	*S. vulgare*
饲用青稞	*Hordeum vulgare*
狼尾草（一年生）	*P. americanum*
马唐	*Digitaria sangurinalis*
狗尾草（一年生）	*Setaria viridis*
高粱	*Sorghum bicolor*
谷子	*Setaria italica*
甜高粱	*Sorghumsaccharatum*

其他科饲草	
中文名	学名
苦荬菜	*Lactuca indica*
籽粒苋	*Amaranthushypochondriacus*

二、我国主要一年生栽培饲草分布

目前我国主要栽培的一年生饲草约有 32 种，主要分布在全国 31 个省区（表2-2）。

表 2-2　各省区市、新疆兵团主要一年生草种

地区	一年生草种
北京	青饲青贮玉米
天津	青饲青贮玉米、小黑麦、燕麦
河北	青饲青贮玉米、冬牧 70 黑麦、墨西哥类玉米、青饲青贮高粱、多花黑麦草、高粱苏丹草杂交种、小黑麦、箭筈豌豆、青莜麦、燕麦
山西	青饲青贮玉米、青莜麦、青饲青贮高粱、草谷子、饲用块根块茎作物、箭筈豌豆、苏丹草、籽粒苋、高粱苏丹草杂交种、冬牧 70 黑麦、墨西哥类玉米、多花黑麦草、小黑麦
内蒙古	青饲青贮玉米、青莜麦、草谷子、饲用块根块茎作物、草木樨、青饲青贮高粱、大麦、箭筈豌豆、燕麦、苏丹草、高粱苏丹草杂交种、墨西哥类玉米、籽粒苋、山黧豆、苦荬菜、毛苕子（非绿肥）、谷稗、稗
辽宁	青饲青贮玉米、青饲青贮高粱、稗、墨西哥类玉米、草木樨、籽粒苋、苏丹草、高粱苏丹草杂交种
吉林	青饲青贮玉米、饲用块根块茎作物、大麦、青饲青贮高粱、苏丹草、高粱苏丹草杂交种、籽粒苋、苦荬菜、谷稗、多花黑麦草、墨西哥类玉米
黑龙江	青饲青贮玉米、稗、籽粒苋、谷稗、苦荬菜、青饲青贮高粱
江苏	多花黑麦草、青饲青贮玉米、冬牧 70 黑麦、墨西哥类玉米、苏丹草、狼尾草（一年生）、苦荬菜、高粱苏丹草杂交种、大麦、饲用甘蓝、小黑麦
浙江	狼尾草（一年生）、多花黑麦草、紫云英（非绿肥）、青饲青贮玉米、苏丹草、苦荬菜、墨西哥类玉米
安徽	青饲青贮玉米、多花黑麦草、高粱苏丹草杂交种、苦荬菜、墨西哥类玉米、箭筈豌豆、冬牧 70 黑麦、苏丹草
福建	青饲青贮玉米、紫云英（非绿肥）、多花黑麦草、印度豇豆
江西	青饲青贮玉米、苏丹草、高丹草、墨西哥类玉米、紫云英（非绿肥）、苦荬菜、狼尾草（一年生）
山东	青饲青贮玉米、冬牧 70 黑麦、墨西哥类玉米、苦荬菜、狗尾草（一年生）、苏丹草、高丹草、小黑麦、多花黑麦草
河南	青饲青贮玉米、冬牧 70 黑麦、多花黑麦草、墨西哥类玉米、籽粒苋、大麦、苏丹草
湖北	多花黑麦草、紫云英（非绿肥）、墨西哥类玉米、饲用块根块茎作物、苏丹草、青饲青贮玉米、高丹草、冬牧 70 黑麦、毛苕子（非绿肥）、箭筈豌豆、燕麦、饲用甘蓝、青饲青贮高粱、籽粒苋、大麦
湖南	多花黑麦草、高丹草、苏丹草、青饲青贮高粱、青饲青贮玉米、冬牧 70 黑麦、小黑麦、苦荬菜、墨西哥类玉米
广东	多花黑麦草、冬牧 70 黑麦、墨西哥类玉米、紫云英（非绿肥）、高丹草、苏丹草
广西	多花黑麦草、墨西哥类玉米、小黑麦、高丹草
海南	高丹草、苏丹草
重庆	多花黑麦草、饲用块根块茎作物、墨西哥类玉米、青饲青贮高粱、高丹草、燕麦、冬牧 70 黑麦、青饲青贮玉米、大麦、紫云英（非绿肥）、苏丹草、籽粒苋、毛苕子（非绿肥）

（续表）

地区	一年生草种
四川	多花黑麦草、毛苕子（非绿肥）、青饲青贮玉米、饲用块根块茎作物、冬牧70黑麦、籽粒苋、高丹草、光叶紫花苕、燕麦、苏丹草、紫云英（非绿肥）、墨西哥类玉米、狼尾草（一年生）、箭筈豌豆、青饲青贮高粱、大麦、小黑麦、苦荬菜、饲用甘蓝、稗、饲用青稞
贵州	多花黑麦草、大麦、箭筈豌豆、冬牧70黑麦、燕麦、苏丹草、毛苕子（非绿肥）、紫云英（非绿肥）
云南	多花黑麦草、毛苕子（非绿肥）、饲用青稞、青饲青贮玉米、箭筈豌豆、高丹草、燕麦、楚雄南苜蓿、青饲青贮高粱、籽粒苋、墨西哥类玉米
西藏	饲用青稞、箭筈豌豆、青饲青贮玉米、燕麦
陕西	青饲青贮玉米、青饲青贮高粱、小黑麦、多花黑麦草、冬牧70黑麦、籽粒苋、苏丹草
甘肃	燕麦、草谷子、箭筈豌豆、饲用块根块茎作物、毛苕子（非绿肥）、小黑麦、草高粱、饲用青稞、大麦、多花黑麦草、草木樨、高粱、墨西哥类玉米、籽粒苋、甜高粱、苏丹草、高丹草、青饲青贮玉米、青饲青贮高粱
青海	燕麦、青莜麦、箭筈豌豆、毛苕子（非绿肥）、青饲青贮玉米、饲用块根块茎作物
宁夏	青饲青贮玉米、燕麦、草谷子、高丹草、谷稗、苏丹草、青饲青贮高粱
新疆	青饲青贮玉米、草木樨、苏丹草、大麦、燕麦、箭筈豌豆、草谷子、墨西哥类玉米、高丹草、大麦、青饲青贮玉米、墨西哥类玉米、燕麦、饲用青稞、青饲青贮高粱、箭筈豌豆、苏丹草

三、凉山主要一年生栽培饲草

凉山地处高寒山区，冬季气温低，牧草枯萎、草料不足，加上青绿饲料缺乏，牲畜掉膘、弱畜死亡比较严重，幼畜成活率低，严重影响牧业发展。为了解决畜草矛盾，从1978年起，开始引种，试种牧草和饲料作物，通过15个引种试验点和一个专门草种繁殖场几年试种，成功地选出在凉山很有前途的白三叶、黑麦草、光叶紫花苕、聚合草等15个品种。由于人工牧草的推广，每年增加草料10亿kg，在缓和畜草矛盾上，起到了积极作用。

1979年在15个县建立观察点，对包括一年生在内的54个饲草品种进行引种试验，筛选出15个适合凉山推广的优良牧草品种。其中豆科类饲草有8种，包括白三叶、红三叶、光叶紫花苕、紫花苜蓿、黄花苜蓿、白花草木樨、沙打旺、紫云英。禾本科类有7种，包括燕麦、多年生黑麦草、鸭茅、猫尾草、盐源披碱草、牛鞭草、马唐，另外还有饲料作物聚合草。可供进行人工种草时因地制宜选用。

凉山天然草地，豆科牧草仅占草地植物的5%左右，所以植物蛋白质紧缺，因此在人工种草中，选择了以豆科牧草为主，大力推广光叶紫花苕、白三叶、红三叶、苜蓿等适应性强、产草量高、质量好的豆科牧草，1998年豆科牧草累计种植面积50万亩，按亩产鲜草1 000 kg计，共产鲜草5亿kg。凉山州选择的15种栽培牧草试验点的环境及产草量见表2-3。

表2-3 15个饲草引种试验点环境及产草量

品种	生活型	海拔（米）	利用方式	鲜草产量（kg/hm²）	种子产量（kg/hm²）
白三叶	多年生牧草	1 000~3 200	放牧、青贮、调制干草	37 500~67 500	75~225
红三叶	短期多年生牧草	1 000~2 500	放牧、调制干草	22 500~30 000	75~150
光叶紫花苕	一年生牧草	1 800~2 200	青饲、调制干草、草粉	22 500~37 500	450~750
紫花苜蓿	多年生牧草	1 000~2 500	放牧	45 000~75 000	225~300
黄花苜蓿	一年生牧草	1 000~2 500	放牧	45 000~75 000	225~300
白花草木樨	一年或两年生牧草	1 200~2 800	青贮或调制干草	75 000 以上	300~450
沙打旺	少年生牧草	1 500~2 100	放牧	30 000	—
紫云英	越年生牧草	1 000~1 800	青饲或晒干打糠	30 000~37 500	150~225
多年生黑麦草	多年生牧草	1 200~3 200	放牧、青贮或调制干草	52 500~75 000	375~450
燕麦	一年生牧草	1 800~3 200	青饲或调制干草	11 250~15 000	450~600
鸭茅	多年生牧草	1 500~3 000	青饲或调制干草	22 500~45 000	150~225
猫尾草	多年生牧草	1 800~3 000	放牧或调制干草	37 500	150~225
盐源披碱草	多年生牧草	2 000~3 000	放牧或调制干草	18 750	225~300
牛鞭草	多年生牧草	1 000~1 800	青饲或调制干草	37 500~75 000	—
马唐	一年生牧草	1 000~2 200	青饲或调制干草	75 000	225~300

自20世纪50年代开始优质饲草引种栽培以来，到目前已有21种优质一年生饲草在凉山推广应用，其中豆科饲草1种，禾本科饲草19种，其他科饲草1种（表2-4）。主要是青饲、青贮、调制干草。

表2-4 凉山主要栽培饲草

饲草中文名	学名	品种
光叶紫花苕	*Vcia villosa* Roth var. *glabrescens*	凉山光叶紫花苕
多花黑麦草	*Lolium multiflorum*	特高、剑宝、杰威
燕麦	*Avena sativa*	OT834、OT1352、天鹅、胜利者、陇燕3号、青燕1号、青海444、伽利略、牧王、燕王、美达
象草	*Pennisetum purpureum*	桂牧1号象草
皇竹草	*Pennisetum sinese* Roxb	皇竹草
高粱	*Sorghum bicolor*	晚牧、大卡
谷稗	*Echinochloa crusgalli*	谷稗
圆根	*Brassicarapa* L.	凉山圆根

第二节　一年生饲草在凉山农牧业中的地位及作用

饲草是家畜最主要、最优美、最经济的饲料。饲草栽培不仅是草地生态系统的主要组成部分，也是农田生态系统的重要组成部分，更是畜牧业生产系统中不可或缺的基础组成部分。早在 20 世纪 50 年代我国草原与饲草科学奠基人王栋教授就明确指出，农、林、牧的有机结合和整体经营是我国农业经营的正确方向。饲草栽培结合到轮作制中是农、林、牧整体经营的中心环节，不仅为畜牧业生产饲草饲料，也为农作物增产准备条件。栽培饲草能改变土壤结构，增进土壤肥力，因而提高农作物的产量和质量；在防止冲刷、保持水土方面，也具有明显的效果。饲草栽培是一种集约的经营方式，即在一定面积上栽培饲草作青饲、青贮、调制干草或放牧利用。栽培饲草的产量可以成倍地高于天然草地，质量也可显著提高，使草与家畜的关系进一步协调，全面提高草地生产能力。一般而言，一个地区，一个国家，饲草栽培的面积越大，畜牧业生产水平就越高，对于靠天养畜的依赖性就越小。

一、一年生饲草是保障凉山草牧业发展的物质基础

在饲草-家畜生产系统中，饲草是基础，具有不可替代的作用。成功的畜牧业生产管理离不开有效的饲草供应，虽然天然草地放牧是最低成本的畜牧业生产系统，但它并不是最有效、最合理的。由于天然草地饲草供应的季节不平衡或饲草质量低等问题，严重制约着畜牧业生产的优质、高效和高值发展。因此，饲草栽培是发展优质、高效和安全畜牧业生产中不可或缺的生产方式，像奶牛业、肉牛业和肉羊业更是如此。由于，栽培草地可提供优质、高产和安全的饲草，同时通过饲草的加工调制（干草、青贮），将生产旺季的优质饲草储藏起来，到饲草生产淡季或冬春季供应家畜，以达到饲草的均衡供应。凉山属亚热带季风气候，草牧业资源丰富，草牧业发展历史悠久，是全省三大牧区之一，拥有可利用天然草原 2 980 万亩、占辖区面积的 32.9%，草地 13 类、天然草原植物 155 科，地方草食畜品种 15 个。草牧业已成为凉山州农业经济结构调整的主要载体。任继周曾对凉山草地畜牧业的发展进行了详细的考察。他发现，凉山地区畜种资源、草地资源、光热资源十分丰富，饲草产量高、品质好，具有发展草食畜牧业得天独厚的条件，发展潜力很大。凉山具有优越的水热条件—光照、水分充足。凉山有明显的旱季和雨季，对饲草生长非常有利。凉山具有丰富的草地资源，天然草地 3 617 万亩、冬闲田和轮歇地达 287.3 万亩、疏林草地大量分布。丰富的土地、草地资源为发展草牧业提供了有利的基础条件。适合发展以一年生饲草和饲料作物为主，兼顾多年生饲草的营养体农业，加之当地农牧民有养殖草食家畜的习惯，草畜结合，为凉山地区草牧业发展提供物质基础。

二、一年生饲草是凉山粮草轮作的重要组成

栽培草地不仅是农田生态系统中的重要成分，也是种植业中建立轮作制度，实现粮草轮作的有效措施，一个高效、可持续发展的种植业系统必须由粮食作物、经济作物和饲料作物所组成，并且粮草轮作是实现农牧业相结合的重要环节。粮草轮作是凉山大规模草原建设的三条路之一，它以合理的配置，惊人的速度在凉山发展着。它的出现已改变了耕作制度及栽培作物的群体结构，取得了很好的效益，从而改变了传统的农牧业生产技术，打开了生态农业的大门，促进了畜牧生产的发展。凉山州一年生饲草粮草轮作模式主要有 3种。一是马铃薯与光叶紫花苕+圆根+燕麦轮作，即在收获马铃薯后种上光叶紫花苕和燕麦，播种时间以七月下旬至八月上旬为宜。二是荞麦与光叶紫花苕轮作。三是玉米与圆根轮作。草田轮作因地域性差异，其配置方式可分为一是高山暖温带区，其方式为：马铃薯-圆根；马铃薯-燕麦；马铃薯-光叶紫花苕；马铃薯-豌豆青；荞麦-光叶紫花苕；玉米-光叶紫花苕；甜菜-光叶紫花苕等。二是二半山温带区，也是玉米主产区，其主要形式是间作，即玉米-光叶紫花苕，其中玉米套光叶紫花苕是在每年的 7 月给玉米施最后一道肥时就把光叶紫花苕种子播下，待到 9 月收了玉米后，苕子的幼苗也就亮出来了，可生长到翌年的 3—4 月，饲草收割后再翻耕种大春。三是河谷亚热带粮食生产区，形式多样，有玉米套光叶紫花苕，马铃薯套玉米套光叶紫花苕，水稻和光叶紫花苕套作，玉米套籽粒苋等形式。粮草轮作中，豆科饲草的加入，不仅可以解决牲畜的青饲料，还起到培肥地力，改良土壤结构，使粮食增产的作用。用光叶紫花苕与玉米轮作，玉米产量达 4 195.5 kg/hm²，比相邻单作的增加产量 1 732.5 kg/hm²，增产 70%，草田轮作产量见表 2-5。

表2-5　不同类型粮草轮作产量

类型	粮食产量（kg/hm²）	产草量（kg/hm²）		营养物产量（kg/hm²）		
		鲜草	干草	粗蛋白质	粗脂肪	无氮浸出物
马铃薯-圆根+燕麦	3 600	18 825	3 544.5	316.5	90.75	1 630.5
马铃薯-光叶紫花苕+圆根	3 810	22 920.75	4 015.5	665.63	147.75	1 817.25
马铃薯-光叶紫花苕+圆根+燕麦	3 645	18 397.50	3 502.5	537	104.85	881.93
玉米套作光叶紫花苕	3 652.5	12 075	1 933.5	657.15	60.45	760.73
马铃薯-光叶紫花苕+圆根	4 170	13 200	3 187.5	639.75	76.80	954
荞麦-大麦青+豌豆	2 280	14 025	2 425.5	340.5	90.23	1 486.5
荞麦-豌豆+燕麦	2 167.5	15 075	2 595	264.75	91.5	1 646.25
异燕麦-光叶紫花苕	2 032.5	18 375	3 307.5	771.75	92.25	1 376.25
马铃薯-圆根	3 127.5	23 025	3 434.25	312.75	91.5	914.25

（续表）

类型	粮食产量 （kg/hm²）	产草量 （kg/hm²）		营养物产量 （kg/hm²）		
		鲜草	干草	粗蛋白质	粗脂肪	无氮浸出物
马铃薯–燕麦	3 060	11 700	3 042	280.5	58.5	751.5

注：粮食产量系在海拔 2 250 米以上地区测定得马铃薯 5∶1 折成玉米。

饲草的主要营养物质含量系根据测定折成玉米。

三、一年生饲草是凉山脱贫致富的重要抓手

凉山存在的贫困问题主要集中在粮食和经济作物种植不占优势的二半山彝族聚居区，而这些地方恰是发展草牧业的用武之地。这些地方海拔较高，天然草地资源丰富，轮歇地、空闲地也很多，水热资源并不缺乏，适合发展以一年生饲草如光叶紫花苕、圆根、燕麦草和饲料作物为主的营养体农业，加之当地农牧民有养殖草食家畜的习惯，只要政府稍加引导，草畜结合，就可以形成草牧业。草牧业产业链长、升值空间大，纵向可延伸到种植、养殖、加工产业链中，提高产品附加值，横向可扩展到观光、休闲、文化领域，促进农牧民增收。因地制宜制定产业规划和扶贫计划，草牧业必将在凉山彝区经济社会发展和脱贫攻坚中扮演更重要角色，在实现乡村振兴的大舞台上发挥更大作用，是凉山脱贫致富的重要抓手。凉山补齐草牧业短板，关键在科技。可从以下几个方面进行重点提升：一是加强草牧业基础生物学研究。为饲草和畜牧品种选育和改良，提高生产力及优质性状奠定坚实的生物学基础。二是加快草畜良种的选育及种质资源圃及繁育基地建设。三是建立"适地适草"人工种草生产和管理技术体系及生产和生态功能双赢的天然草地保护与改良技术体系。四是促进草产品加工技术研发。根据不同的饲草特点，建立起规范的草产品加工与贮藏技术体系。五是集成不同地区的研发成果，探索适应不同地区草牧业试验示范模式及发展技术路线，促进草畜配套、良性循环，提高草原生态产品的生产能力，实现生产与生态协调发展。

第三节 凉山粮草轮作中的一年生饲草

粮草轮作是一种先进的耕作制度，它是以草为纽带，把畜牧同农业紧密连在一起。粮草轮作是在现有的耕地、林地、果园内，利用作物生长间隙，把草加入其中，构成一个最佳的人工植被群体，达到充分利用自然资源，提高单位面积生物量的目的。

一、粮草轮作的兴起

粮草轮作是在总结彝族人民长期以来所实行的利用冬闲马铃薯地种植一季圆根或燕麦、豌豆用作饲料这样一种耕作制度的基础上发展起来的。昭觉县在 1978 年进行了粮草

轮作的总结，并在轮作中加进了凉山试种成功的光叶紫花苕、白三叶等豆科牧草。

昭觉县过去单一抓粮、毁草毁林、广种薄收、水土流失严重、自然灾害频繁、农作物一年一熟，粮食生产低而不稳，1957 年全县牲畜存栏 25.3 万头，1978 年 45.4 万头，22 年时间仅增加 20 万头，平均每年增长 1.8%，1978 年昭觉县在尼地、三岗、竹核等三个公社开始试行粮草轮作试验，即马铃薯-圆根轮作；马铃薯-光叶紫花苕轮作；玉米-光叶紫花苕套作；大麦-豌豆轮作等，当年获得大量青绿饲料。到 1982 年全县通过粮草轮作这一生产形式，年产优质饲草和多汁饲料 1 亿多 kg，畜平青料 250 kg，初步改变了多年来牲畜在冬春季节大量死亡掉膘现象。1982 年四畜存栏 50.4 万头，较轮作前的 1978 年 35.5 万头增长 42%，年产肉量 247.9 万 kg，较 1979 年增长 116%，产羊毛 14.38 万 kg，较 1979 年增长 69%，使这个县的畜牧业产值在农业总产值中的比重由 1978 年的 15.6% 上升到 1982 年的 21.1%。

自粮草轮作制经昭觉总结出来后，20 世纪 60 年代初全州开始了大面积推广，由于粮草轮作，能在冬春季节提供大量的青绿饲料，而且又是在群众原有经验基础上发展起来的，因而广大农牧民乐于实行，发展很快，到 1990 年推广面积已达 145 万亩，年可提供优质青绿饲料 19.7 亿 kg。1987 年四川省畜牧局把粮草轮作作为一个先进的耕作制度推广到全省广大山区，并把它列入全省畜牧业重点科技推广项目。1987 年全省完成 120 万亩草（粮、林、果、经）间（套、轮）作推广项目，凉山就完成了其中的 85 万亩。

二、粮草轮作现状

粮草轮作制能在凉山推广并获得成功，与该地区的生态条件紧密相关。凉山高山地区在农业生产上有两大弱点，一是气温偏低，二是土壤瘦瘠，气温偏低带来的问题是种大春作物受到限制，茬口衔接不上，而草田轮作就是利用这些，改冬炕地为草地，把一年一熟变为二熟或三熟，充分利用这里冬季光照充足的条件，生产一季牧草，做到两全其美，初步实现了粮草结合的良性循环，喜德县 1988 年到 1990 年三年间，推广草田轮作，累计面积达 11.2 万亩，增产粮草 291.5 万 kg，新增产值 150 万元，收获光叶紫花苕干草 1 536 万 kg，产值达 877.7 万元，为高寒山区合理利用资源，大力发展商品经济找到了一条可行之路。

粮草轮作的兴起，为冬春季节牲畜提供了大量的优质青绿饲料。1988 年至 1990 年三年依靠育草基金建设草场，以推广草田轮作为主，特别是增加豆科牧草光叶紫花苕的种植，累计生产优质饲草 40 亿 kg，满足了 200 万个羊单位的饲养需要，开始改变牧业生产上的恶性循环，不仅如此，还促进了草产品的开发利用。1989 年全州建立商品草基地 2 万亩，建立草粉加工点 30 余处，生产优质商品干草 65 万 kg，生产优质草粉 40 万 kg，生产光叶紫花苕种子 60 万 kg。

粮草轮作制已在生产实践中做出了样板，取得了成效。并正在以其强大的生命力推动着凉山耕作制度的改革，将对振兴凉山经济产生深远的影响。1989 年州委书记深入金阳、美姑、昭觉等地调查后深有感触地说：我们在凉山工作了几十年，终于为凉山山区人民找到了一条种草养畜致富的路子。金阳县在荒山上建起了"银行"就是实例。1985年金阳县委、县政府为了贫困山区尽快脱贫致富而提出了"一分地里建粮仓，九分山地建银行"的口号，决定开发全县37万亩荒山荒坡，开发建设"三亩地"。六年过去了，被国务院列为全国重点扶贫县之一的金阳县农村，居然出现了粮增产、钱增收，后劲足，生态优的喜人局面。到1990年全县农业总产值达3 737万元，比1985年增长22.2%，农民人均年收入达299元，比1985年增长2.4倍，五年间全县贫困户由农户总数的77%下降到46.15%。

三、凉山粮草轮作中的一年生饲草

凉山州粮草轮作中运用最多的是光叶紫花苕和圆根。

（一）光叶紫花苕

光叶紫花苕属豆科野豌豆属牧草，越年生或一年生草本。光叶苕子的饲用价值相当于毛叶苕子，牛、羊、猪、兔均喜食。凉山州主要以收割干草或放牧利用。在现蕾期收割，亩产鲜草2 000~3 500 kg，年可收割1~2次。光叶苕子也是良好的绿肥与覆盖作物，在果园可利用其硬籽（通常含10%~15%）特性年年秋季自生，而在3—6月覆盖。也可用为开垦生荒地的先锋作物，有良好的压制杂草及改良土壤效果，在农田作绿肥时，与水稻、棉花、玉米等作物轮作，适时耕翻，农作物增产效果显著。

（二）圆根

圆根是双子叶植物纲、十字花科、芸薹属二年生草本植物。块根肉质呈白色或黄色，球形、扁圆形或呈长椭圆形，须根多生于块根下的直根上。茎直立，上部有分枝，基生叶绿色，羽状深裂，长而狭，长30~50 cm，其中1/3为柔弱的叶柄而具有少数的小裂片或无柄的小叶，顶端的裂片最大而钝，边缘波浪形或浅裂，其他的裂片越下越小，全叶如琴状，上面有少许散生的白色刺毛，下面较密；下部茎生叶像基生叶，基部抱茎或有叶柄；茎上部的叶通常矩圆形或披针形，不分裂，无柄，基部抱茎；侧面生长多个裂状叶片从上向下逐渐变小。凉山地区于8月底播种，11月下旬收获，选择晴天，带叶挖出块根，晾干表皮水分，清除附土，编成辫子，挂置木架风干，用于冬春季节饲喂牲畜。

（三）燕麦

燕麦为禾本科燕麦属一年生草本植物，须根系，入土深度达1 m左右，株高80~150 cm，叶片宽而平展，长15~40 cm，宽0.6~1.2 cm，无叶耳，叶舌大，顶端具稀疏叶齿。圆锥花序，穗轴直立或下垂，小穗着生于分枝的顶端，外颖具短芒或无芒，内外稃紧紧包被着籽粒，不易分离。燕麦是一种优质的草料兼用作物，青饲料每公顷产量15 000~22 500 kg，秸秆每公顷产5 250~6 000 kg。燕麦叶多，叶片宽长，柔嫩多汁，适口性好，消化率高是凉山地区粮草轮作的重要品种。

第三章　光叶紫花苕栽培利用

光叶紫花苕（*Vicia villosa* Roth var. glabresenskoth）又名苕子、稀毛苕子，为豆科野豌豆属越年生或一年生牧草。光叶紫花苕生长速度快，营养物质丰富，不仅是重要的饲草，而且也是很好的绿肥作物。光叶紫花苕富含蛋白质和矿物质，无论鲜草或干草，适口性均好，各类家畜都喜食，可青饲、放牧和刈割干草；用光叶紫花苕压青的土壤有机质、全氮、速效氮含量都比不压青的土壤有明显增加。可见，其饲用价值和生态价值均较高，南北方均喜种植。

第一节　毛苕子生物学概述

一、毛苕子分布概述

学名：*Vicia villosa* Roth. 英文名：Hairy Vetch 或 Russina Vetch，Villose Vetch 别名：冬箭筈豌豆、长柔毛野豌豆、冬巢菜。

毛苕子原产于欧洲北部，广布于东西两半球的温带，主要是北半球温带地区。在苏联、法国、匈牙利栽培较广。美洲在北纬 33°～37° 之间为主要栽培区，欧洲北纬 40° 以北尚可栽培。毛苕子在我国栽培历史悠久，分布广阔，以安徽、河南、四川、陕西、甘肃等省较多。华北、东北也有种植，是世界上栽培最早、在温带国家种植最广的牧草和绿肥作物。

二、经济价值

毛苕子茎叶柔软，富含蛋白质和矿物质（表 3-1），无论鲜草或干草，适口性均好，各类家畜都喜食。可青饲、放牧和刈割干草。四川等地把毛苕子制成苕糠，是喂猪的好饲料。据广东省农科院试验，用毛苕子草粉喂猪，每 2.5 kg 毛苕子草粉喂猪可增肉 0.5 kg。早春分期刈割时，可满足淡季青绿饲料供应的不足。毛苕子也可在营养期进行短期放牧，再生草用来调制干草或收种子。南方冬季在毛苕子和禾谷类作物的混播地上放牧奶牛，能显著提高产奶量。但毛苕子单播草地放牧牛、羊时要防止臌胀病的发生。通常放牧和刈割交替利用，或在开花前先行放牧，后任其生长，以利刈割或留种；或于开花前刈割而用再生草放牧，亦可第二次刈草。

表 3-1　毛苕子的营养成分（%）

生育期	水分	粗蛋白质	粗脂肪	粗纤维	无氮浸出物	粗灰分
干草（盛花期）	6.30	21.37	3.97	26.02	31.62	10.70
鲜草（盛花期）	85.20	3.46	0.86	3.26	6.12	1.10

毛苕子也是优良的绿肥作物，它在我国一些地区，正在日益突显着它的举足轻重的地位。初花期鲜草含氮 0.6%，磷 0.1%，钾 0.4%。用毛苕子压青的土壤有机质、全氮、有效磷含量都比不压青的土壤有明显增加。江苏徐州地区农科所的分析指出，毛苕子茬使土壤中有机质增加 0.03% ~ 0.19%，全氮增加 0.01% ~ 0.04%，有效磷增加 0.46 ~ 3.0 mg/kg，同时还增加了真菌、细菌、放线菌等土壤有益微生物。如以每公顷绿肥 37 500 kg 计，对土壤可增加氮 257.25 kg，磷 26.25 kg，钾 153.75 kg，钙 78.75 kg，相当于施用 123.75 kg 硫酸铵、375 kg 过磷酸钙，750 kg 氯化钾和 187.5 kg 生石灰。

毛苕子还是很好的蜜源植物，花期长达 30~40 d。每公顷毛苕子留种田约 90 000 株，以每株开小花 6 000 朵计，每公顷有小花 3 亿朵，约可酿蜜 375 kg 左右。

三、植物学特征

一年生或越年生草本，全株密被长柔毛。主根长 0.5~1.2 m，侧根多。茎细长达 2~3 m，攀缘，草丛高约 40 cm。每株 20~30 个分枝。偶数羽状复叶，小叶 7~9 对，叶轴顶端有分枝的卷须，托叶戟形，小叶长圆形或针形，长 10~30 mm，宽 3~6 mm，先端钝，具小尖头，基部圆形。总状花序腋生，具长毛梗，有小花 10~30 朵，排列于序轴的一侧，紫色或蓝紫色。萼钟状，有毛，下萼齿比上萼齿长。荚果矩圆状菱形，长约 15~30 mm，无毛，含种子 2~8 粒，略长球形，黑色。千粒重 25~30 g。

四、生物学特性

毛苕子属春性和冬性的中间类型，偏向冬性。其生育期比箭筈豌豆长，开花期则较箭筈豌豆迟半月左右，种子成熟期也晚些。

毛苕子性喜温暖湿润的气候，不耐高温，当日平均气温超过 30℃时，植株生长缓慢。生长的最适温度为 20℃。抗寒能力强，能忍受-4 ~-5℃的低温，当温度降到-5℃时，茎叶基本停止生长，但根系仍能生长。耐旱能力也较强，在年降雨量不少于 450 mm 地区均可栽培。但其种子发芽时需较多水分，表土含水量达 17%时，大部分种子能出苗，低于 10%则不出苗。苗期以后抗旱能力增强，能在土壤含水量 8%的情况下生长。当雨量过多或温度不足时，生长缓慢，开花和种子成熟很不一致，且因发生严重倒伏而减产。不耐水淹，水淹 2 d 会使 20%~30%的植株死亡。

毛苕子性喜沙土或沙质壤土。如排水良好，即使在黏土上也能生长。在潮湿或低湿积水的土壤上生长不良。它的耐盐性和耐酸性均强。在土壤 pH 值 6.9~8.9 之间生长良好，在土壤 pH 值为 8.5，含盐量为 0.25% 的地区和在 pH 值为 5~5.5 的红壤土上都能良好生长。毛苕子耐阴性强，早春套种在作物行间或在果树行间都能正常生长。在北方 4 月上旬播种，5 月上旬分枝，6 月下旬现蕾，7 月上旬开花，下旬结实，8 月上旬荚果成熟。从播种到荚果成熟约需 140 d。南方秋播者正常生育期为 280~300 d。

毛苕子全天都在开花，以每天 14：00~18：00 开花数最多，夜间闭合。开花适宜温度为 15~20℃。开花顺序自下而上，先一级分枝，后二、三级分枝。一个花序的开花时间约需 3~5 d，一个分枝的各花序开花时间约为 20~26 d。小花开放的第 3 d 左右花冠才萎缩，5~6 d 开始脱落。结实率仅占小花数的 18%~25%。

第二节　凉山光叶紫花苕种植史

一、光叶紫花苕的引种回顾

凉山从 1953 年首次引种光叶紫花苕，1955 年由凉山州农试站试种，1956 年昭觉农试站就把它作为秋播牧草之一进行了栽培试验，表现出生长性能良好，并能在凉山地区开花结实，留作种用。

20 世纪 60 年代初原西昌专区农业科学研究所也从云南省农科所引进试种。1965 年西昌地区绿肥工作会议号召推广光叶紫花苕，并以安宁河流域各县为重点。1972 年西昌专区苕子（包括油苕）种植面积曾达到 7 万余亩。近年来以光叶紫花苕为主的豆科牧草种植已经成为凉山地区二半山以上地方种植业的重要组成部分。种植光叶紫花苕，既解决了冬春缺草的矛盾，又提高了地力，促进粮食增产。据调查种过光叶紫花苕对土壤的肥效相当于增施氮肥 7~8 kg。另据测一亩光叶紫花苕根部干物质重量为 66.5 kg，根的含氮量达 3.11%，可积累氮素 2.7 kg，相当于给土壤增施 5.78 kg 的尿素。光叶紫花苕是一年生豆科牧草，它适应性强，能在海拔 1 500~3 200 米的地方生长，耐酸怕碱性土，喜较寒而半干燥的气候。它的营养价值高，适口性好，据实测在开花期鲜草粗蛋白质含量高达 5.55%，干物质中粗蛋白质 23.6%，粗脂肪 2.2%，粗纤维 24%，无氮浸出物 29.8%，粗灰分 8.5%，钙 0.82%，磷 0.35%。每亩产鲜草 1 000 kg 以上，一年可收割 1~2 次，光叶紫花苕的利用方式多样，可以青饲或晒制干草，或打成苕糠贮存，是牲畜越冬的优良饲料。近几年把它作为草田轮作的当家品种加以开发利用，光叶紫花苕产草量高，据实测在初花期亩产鲜草 2 280 kg，如果在马铃薯地里轮作光叶紫花苕，亩产可达 1 500~2 000 kg，最高达 3 000 kg。

光叶紫花苕草质好，它的草粉能代替部分精料补饲牲畜，据州畜科所试验，用光叶紫花苕草粉替代精料补饲绵羊，可获得与补饲精料一致的增重和生长发育效果。在补饲日粮中光叶紫花苕草粉能代替 40%~60% 的精料，是解决冬春季节牲畜的廉价饲料，因此深受群众欢迎。

光叶紫花苕从 1955 年引种到 80 年代初，都是作为绿肥在开发利用，并且面积不大，据 1980 年统计凉山地区光叶紫花苕面积不足 1 万亩。近年来州畜牧局将它作为优良牧草来开发利用，既喂了牲畜又肥了地，两全其美。因此它的面积迅速扩大，到 1990 年已增到 44 万亩，六年间增加了 44 倍。

二、凉山光叶紫花苕的选育

（一）凉山光叶紫花苕的选育过程

光叶紫花苕是凉山粮草轮作的当家品种，为更好地发挥其生产效益和经济效益，保持其独有的品种特征特性，提高种子质量，1990 年，凉山州草原工作站承担了四川省育草基金项目凉山光叶紫花苕种子繁育体系建设项目，1991—1994 年，开展了从原种选育、基础种子扩繁到商品种子生产的体系建设，进行"光叶紫花苕秋季不同播种期种植试验""光叶紫花苕秋季不同播种期重复试验""光叶紫花苕不同播种量对鲜草及种子产量影响的研究""凉山光叶紫花苕区域性（生态适应）试验""影响光叶紫花苕产量的通径分析""光叶紫花苕单株选育试验"等工作。在昭觉县牧草试验基地进行原种繁育，开展光叶紫花苕品系选育、采用单株种植，从 56 个单株中选出 10 个类群，又按类型进行单株种植，通过选优淘劣，获得理想的株型。后又在雷波县石关门牧场进行封闭基础种子扩繁，在普格县进行商品种子生产。经过长期的系统选育和自然选育，光叶紫花苕获得了稳定的生物学特性与遗传性状。1994 年 12 月，经全国牧草品种审定委员会审定通过，正式把凉山州选育的光叶紫花苕登记命名为"凉山光叶紫花苕"地方品种。该品种耐寒力强、产草量高、适口性好、营养价值高，深受广大农牧民认可和肯定。据测定凉山光叶紫花苕粗蛋白质含量 21.91%，粗脂肪含量 2.5%，粗纤维含量 23.67%，无氮浸出物含量 30.02%，灰分含量 0.7%，钙含量 1.07%，磷含量 0.27%。

2000 年，凉山州草原工作站编写的"凉山光叶紫花苕生产技术规程"和"凉山光叶紫花苕种子生产技术规程"，作为四川省地方标准颁布实施，在此基础上，凉山州畜科所编写的"凉山光叶紫花苕生产技术规程"和"凉山光叶紫花苕种子生产技术规程"作为凉山州农业地方标准。于 2006 年颁布实施。

（二）凉山光叶紫花苕地方品种

品种登记号：160

牧草名称：光叶紫花苕

品种名称：凉山

登记日期：1995 年 4 月 27 日

申报者：四川省凉山州草原工作站：王洪炯、敖学成、马家林、刘凌、何萍。

品种来源：由凉山州 30 多年前从云南引进的光叶紫花苕长期种植推广中选育出的地

方品种。

品种特征特性：为一年生或越年生草本，茎蔓生柔软，羽状复叶，尖端有卷须 3 ~ 4 个，小叶椭圆形 6~11 对，托叶戟形，茎叶上茸毛稀少，深绿色，总状花序腋生，着生 23~28 朵小花，排在一侧，花呈紫蓝色，荚果矩圆形，种子球形，黑褐色有绒光，千粒重 24.5 g。根系发达，主根入土深 1 ~ 2 m，适应性很强，能耐 −11℃ 低温，在海拔 2 500 米地区可正常生长发育，能在海拔 3 200 米的地区种植，对土壤选择不严，以排水良好的土壤为佳，鲜草产量高，净作平均每公顷产鲜草 45 000 kg 以上，产种子 450 ~ 750 kg，各种畜禽均喜食。

基础原种：由四川省凉山州草原工作站保存

适应地区：适宜我国西南、西北、华南山区推广种植。

三、凉山光叶紫花苕种子基地建设和草种生产

凉山州草种生产主要是光叶紫花苕，也有少量的其他草种生产。1991—1997 年，州内普格、昭觉、布拖、会东等县每年保留光叶紫花苕种子地均在 4.2 万亩左右，生产苕种 120 万 kg 左右。1998 年，"光叶紫花苕种子生产基地项目"正式通过四川省畜牧食品局立项建设，项目先后在西昌、普格、布拖、昭觉等县市建立光叶紫花苕原种基地 400 亩，种子扩繁基地 5 000 亩，商品种子基地 20 000 亩，建立种子库房 4 座，计 3 200 余平方米，购置种子生产、加工设备 20 余台套，初步形成凉山光叶紫花苕种子生产体系。2004 年，由农业部下达国家牧草种子基地建设项目"四川省光叶紫花苕原种繁殖基地及种子加工厂建设"，总投资 1 310 万元，其中中央投资 1 050 万元，地方配套 260 万元，由四川省草原总站牵头，凉山州畜科所、昭觉县畜牧局、布拖县畜牧局共同组织实施。经过两年多的建设，项目在西昌市经久乡建原种基地 565 亩，在凉山州畜科所内建种子加工、仓库 4 600 m²。在昭觉县塘且乡、齿可布乡、布拖县只洛乡、联布乡建商品种子繁殖基地 10 000 亩，购农机具及质检设备 64 台（套），移动式喷灌设备 1 套，种子运输及交通工具车 3 辆，种子加工成套设备 1 套。年可生产光叶紫花苕原种 2.5 万 kg 和优质商品草种 70.0 万 kg。通过项目实施，研究出凉山光叶紫花苕种子生产技术参数，并根据技术参数制定原种生产技术规程，进一步完善了凉山光叶紫花苕种子生产体系，即从原有种子基地-提纯复壮-原种基地-基础种子-农户（公司），实现凉山光叶紫花苕种子生产区域化、标准化和专业化，加快牧草种子产业化发展进程，从而改变了品种退化和种子缺乏的被动局面。同时，凉山州各县市每年按光叶紫花苕种植面积的 10% 留足种子生产用地。2006 年，全州光叶紫花苕种子生产基地面积达 18 万亩，生产草种 630 万 kg，保证了粮草轮作的用种需要。

除光叶紫花苕以外，昭觉、布拖、西昌等县市有采集白三叶草种的习惯，但采集的白三叶草种成熟度不均匀，纯净度不高，很少进入市场交易。其他牧草种子生产还处在初始阶段，亦很少生产加工。到 2006 年，州内仅有少量的串叶松香草、白三叶、黑麦草、紫

花苜蓿、新银合欢、紫穗槐、扁穗雀麦等草种生产（表3-2）。

表3-2 2006年凉山州草原建设统计

县、市	多年生累计保留面积（万亩）	粮草轮作面积		草种产量（万kg）
		合计（万亩）	其中：光叶紫花苕（万亩）	
全州	42.0	240.0	150.0	630.0
西昌	2.1	14.8	2.3	12.0
木里	1.8	8.1	5.3	18.0
盐源	2.3	14.9	9.2	45.0
德昌	1.6	9.1	4.1	18.0
会理	3.1	10.6	8.3	33.0
会东	2.1	16.7	11.5	50.0
宁南	4.1	7.7	5.1	20.0
普格	2.9	15.8	11.3	48.0
布拖	2.8	19.6	16.8	75.0
金阳	2.5	14.2	9.3	37.0
昭觉	4.0	32.1	26.5	122.5
喜德	1.0	13.3	10.5	41.0
冕宁	2.1	12.1	4.6	8.0
越西	3.2	9.6	8.2	31.0
甘洛	1.1	8.3	2.1	11.5
美姑	3.7	15.9	10.3	41.5
雷波	1.6	17.2	4.6	18.8

第三节 凉山光叶紫花苕的生物学特性

一、凉山光叶紫花苕植株性状

（一）安宁河流域光叶紫花苕分枝期植株性状

凉山光叶紫花苕在西昌于9月12日播种，9月20日出苗，出苗期为8 d，到9月28日达分枝期，播种后28 d达分枝初期，生长28 d、53 d植株高度与主根长比分别为1：0.61，1：0.50，表明光叶紫花苕生长前期根的生长强度较大；生长53 d的分枝数、全株重、茎节数分别比生长28 d的增长55.32%、1394.00%、82.87%，生长28 d株平根瘤菌数为 5.11±4.80 个（表 3-3），有根瘤菌植株占有率 88.61%，平均每株根瘤菌 5.11 个，主须着生率 37.97%，根瘤菌的着生主要在须根，主须共同着生率仅是 37.97%，生长 53 d 根瘤菌 19.33±13.98 个，有根瘤菌的植株 100%，且主须根共同着生率也是 100%，可见根瘤菌的生长同植株前期生长同步，而且主要集中在须根，综上表明光叶紫花苕前期根瘤菌生长势强，有利营养自身积累，对生长十分重要。

表 3-3　光叶紫花苕分枝期植株性状

	性状	分枝初期（生长 28 d）	分枝盛期（生长 53 d）
	样本数	79	140
	株高（cm）	13.69±2.32	28.72±6.82
	主根长（cm）	8.50±2.07	14.44±3.25
	分枝数（个）	3.85±1.27	5.98±1.95
	全株重（g）	0.68±0.24	10.16±4.82
	有菌率（%）	88.61	100
根瘤菌	无菌率（%）	11.39	—
	根瘤菌数（个）	5.11±4.80	19.33±13.98
	主根（%）	12.66	—
根瘤着生位率	须根（%）	37.97	—
	主须（%）	37.97	100
	茎节数（个）	8.71±1.50	15.93±2.92

（二）安宁河流域光叶紫花苕分枝盛期植株根蘖性状

将单株产种性能最高的 5 个单株种子作播种材料，于 9 月 12 日穴播，生长 20 d 幼苗分枝初期测定植株没有根蘖生长，生长 44 d 达分枝盛期根蘖普遍生长，于 11 月 3 日进行测定，分枝盛期株平均分枝长度 25.61~31.14 cm（表 3-4），株平均分枝数 5.57~7.08 个，株平均根瘤菌数 15.10~16.79 个，平均株重 8.33~11.28 g，看出根蘖生长从分枝初期后开始，分枝盛期植株普遍生长。5 个株系的新根蘖枝条平均长度 7.80~11.92 cm（表 3-5），根蘖枝条长度相当于地上分枝长度的 34.64%，表明根蘖生长与地上分枝生长大致趋于同步。从 5 株单株种子继代繁殖新植株中测定得出根蘖着生率为 81.25%~93.10%，说明光叶紫花苕普遍具有根蘖性状，根蘖从主根上着生，从根颈以下长出须根部位的主根长出，经平行生长，伸出地面形成新生枝条，分枝期已有 3 层根蘖着生点，第一层根蘖着生点距离根颈平均在 1.28~1.73 cm 土深处，第二层根蘖着生点在 2.46~3.77 cm 土深处，第三层根蘖着生点在土层 5 cm 以下，三层根蘖的新根蘖长度是由长到短，根数由多到少，由上向下逐渐生长。

表 3-4　光叶紫花苕分枝盛期植株性状

样号	分枝长度（cm）	主根长度（cm）	分枝数（个）	分枝节数（个）	根瘤菌数（个）	株重（g）
1	31.14	14.70	6.03	11.71	15.96	11.28
2	27.36	13.55	5.86	16.17	15.10	8.68
3	29.71	14.85	6.17	21.62	16.79	11.27
4	28.60	15.20	5.57	26.42	16.11	10.84
5	25.61	13.80	7.08	22.41	15.62	8.33

表 3-5　光叶紫花苕根蘖着生性状

样号	样本数	根蘖数（个）	根蘖株（%）	一根蘖着生点			二根蘖着生点			三根蘖着生点		
				根颈至根蘖距离（cm）	根蘖长度（cm）	根数（个）	根颈至根蘖距离（cm）	根蘖长度（cm）	根数（个）	根颈至根蘖距离（cm）	根蘖长度（cm）	根数（个）
1	32	26	81.25	1.54	10.18	2.23	3.16	4.81	1.50	—	—	—
2	29	25	86.20	1.42	7.93	2.00	3.00	10.75	1.50	—	—	—
3	29	27	93.10	1.73	11.92	2.68	3.77	7.37	2.00	5.00	9.60	1.50
4	26	24	92.30	1.28	11.50	2.50	2.46	2.68	1.40	5.10	8.50	2.00
5	24	22	91.66	1.66	7.80	2.00	2.48	2.10	1.60	—	—	—

（三）安宁河流域光叶紫花苕冬季生长植株性状

安宁河流域光叶紫花苕冬季最冷月 12 月至次年 1 月，三个种植密度的总生长高度分别为 33.37 cm（表3-6）、32.48 cm、27.53 cm，平均日生长速度分别为 0.59 cm/d、0.57 cm/d、0.48 cm/d，从生长期不同阶段得出经刈割再生前期生长快，相当于全期日平生长速度的 113.56%、119.30%、129.17%，中前期生长开始下降，相当于全期日平生长速度的 106.78%、100%、91.67%，中期生长降至最低点只相当于全期日平生长速度的 61.02%、57.89%、47.92%，该期平均气温仅 6.1℃，表明随气温下降到 6.1℃后生长速度明显减慢，后期随气温回升生长开始上升，相当于全期日平生长速度的 103.39%、107.02%、110.42%，得出光叶紫花苕冬季最冷月不停止生长，气温下降到 6.1℃后光叶紫花苕生长速度明显有下降趋势，整个最冷月刈割再生过程大致经过前期较快，中期生长较慢，后期随温度升高生长加快的过程。

表 3-6　光叶紫花苕植株自然高度

	密度	低（4.17 kg/hm²）	中（7.68 kg/hm²）	高（17.55 kg/hm²）
	定位测定样本数	32	32	32
刈后 22 d	植株高度（cm）	14.73±3.14	15.04±3.50	13.69±3.27
	平均日生长速度（cm/d）	0.67	0.68	0.62

（续表）

密度		低(4.17 kg/hm²)	中(7.68 kg/hm²)	高(17.55 kg/hm²)
刈后34天	定位测定样本数	32	32	32
	植株高度(cm)	22.31±4.61	21.88±4.32	18.97±4.39
	阶段生长高度(cm)	7.58	6.84	5.28
	平均日生长速度(cm/d)	0.63	0.57	0.44
刈后46 d	定位测定样本数	32	32	32
	植株高度(cm)	26.68±6.49	25.80±4.85	21.70±5.38
	阶段生长高度(cm)	4.37	3.92	2.73
	平均日生长速度(cm/d)	0.36	0.33	0.23
刈后57 d	定位测定样本数	32	32	32
	植株高度(cm)	33.37±8.72	32.48±6.62	27.53±7.04
	阶段生长高度(cm)	6.69	6.68	5.83
	平均日生长速度(cm/d)	0.61	0.61	0.53
总　计	总生长天数	57	57	57
	平均日生长速度(cm/d)	0.59	0.57	0.48

（四）安宁河流域光叶紫花苕自然演替植株性状

1. 安宁河流域凉山光叶紫花苕自然演替植株性状

安宁河流域自然演替的光叶紫花苕现蕾期6个植株性状的变异系数在32.56%~63.16%（表3-7），各性状表型值离差较大，分枝数、叶重、分枝长度、根重、根长和株重的变异系数分别为36.75%、43.57%、63.16%、50.17%、32.56%和49.72%，其中分枝长度、根重、株重的变异系数较高，说明自然演替的光叶紫花苕从性状和产量差异明显，高产性状的选择性明显存在。

表3-7 安宁河流域光叶紫花苕自然演替植株性状

性状	样本量	样本统计量			
		变幅	平均数	标准差	变异系数
分枝数（个）	23	6~23	12.65	4.65	36.75%
叶重（g）	23	8.5~35.5	19.05	8.30	43.57%
分枝长度（cm）	23	28.71~117.67	47.40	29.94	63.16%
根重（g）	23	0.3~1.9	0.89	0.45	50.17%
根长（cm）	23	8~28.5	17.95	5.84	32.56%
株重（g）	23	14.5~79.5	38.90	19.34	49.72%

2. 安宁河流域光叶紫花苕自然演替植株性状相关

安宁河流域自然演替光叶紫花苕除株重 Y 与分枝数呈负相关外（$rx_1y = -0.019$）（表3-8），其余性状叶重、分枝长度、根重、根长与株重均呈正相关，相关系数分别为 $rx_2y = 0.843$、$rx_3y = 0.797$、$rx_4y = 0.601$、$rx_5y = 0.288$；分枝数与分枝长度、根重、根长呈负相关，相关系数分别为 $rx_1x_3 = -0.160$、$rx_1x_4 = -0.021$、$rx_1x_5 = -0.187$，与叶重呈正相关，相关系数为 $rx_1x_2 = 0.030$，以上相关分析表明影响单株产量大小的性状依次是叶重、分枝长度、根重和根长，而唯一分枝数为负相关；叶重与分枝长度、根重、根长相关程度较高；分枝长度与根重、根长相关程度也较高；根重与根长相关程度较高，可见选择高产植株的依据是选择叶量大、分枝长、根重、根长的优株。

表3-8 安宁河流域自然演替光叶紫花苕性状与单株重量相关系数

性状	分枝数（X_1）	叶重（X_2）	分枝长度（X_3）	根重（X_4）	根长（X_5）	株重（Y）
分枝数（X_1）		0.030	-0.160	-0.021	-0.187	-0.019
叶重（X_2）	0.030		0.688	0.447	0.288	0.843
分枝长度（X_3）	-0.160	0.688		0.680	0.156	0.797
根重（X_4）	-0.021	0.447	0.680		0.430	0.601
根长（X_5）	-0.187	0.288	0.156	0.430		0.288

（五）不同地区光叶紫花苕植株性状

1. 低山河谷区、二半山区光叶紫花苕植株性状

凉山光叶紫花苕不同生态区现蕾期平均株重低山河谷区为 38.90 g（表3-9），二半山区为 18.80 g，低山河谷区比二半山区高 106.90%，在低山河谷区生长的凉山光叶紫花苕平均分枝数和平均叶重也高于二半山区，只有平均分枝长度低于二半山区，表明凉山光叶紫花苕在低山河谷区的生物量明显高于二半山区。

表3-9 凉山光叶紫花苕不同生态区单株性状

性状		低山河谷区（海拔 1 550 米）	二半山区（海拔 2 050 米）
样本数（n）		23	32
分枝数（个）	x±S	12.65±4.65	4.88±2.08
	变幅	6~23	2~10
分枝长度（cm）	x±S	47.40±29.94	66.22±17.51
	变幅	28.71~117.67	40.20~140.50
叶重（g）	x±S	9.05±8.30	8.49±7.76
	变幅	18.50~35.50	2.00~44.00

（续表）

性状		低山河谷区 （海拔 1 550 米）	二半山区 （海拔 2 050 米）
株重（g）	x±S	38.90±19.34	18.80±15.20
	变幅	14.50~79.50	5.00~84.00

2. 高寒山区光叶紫花苕植株性状

高寒山区 8 月上旬播种，播种后经过 4 个月生长，进入冬季前进行刈割利用。刈割时 5 个性状的变异均较大，变异系数最低为 26.44%（表 3-10），最高为 91.36%，其中株叶重，主枝叶片数变异系数高达 91.36% 和 64.69%，单株重差异显著。得出在高寒山区影响产量的各性状受环境影响较大，说明在生产中通过选择培育高产光叶紫花苕潜力大。

表 3-10　高寒山区光叶紫花苕植物性状

性状	变幅	平均值	标准差	变异系数
株分枝数（个）	2.0~10.0	4.88	2.08	42.56
分枝长度（cm）	40.2~140.5	66.22	17.51	26.44
株叶重（g）	2.0~44.0	8.49	7.76	91.36
主枝叶片数（个）	5.0~54.0	23.81	15.41	64.69
单株重（g）	5.0~84.0	18.80	15.20	80.84

3. 高寒山区单株产量与性状的相关

株分枝数、分枝长度、株叶重、主枝叶片数与单株重均为正相关，相关系数分别为 0.317、0.865、0.890 和 0.439（表 3-11），其中又以分枝长度、株叶重的相关性最明显，相关系数分别为 0.865 和 0.890，其他相关性状中，除株分枝数与分枝长度和株分枝数与主枝叶片数为负相关，其余均为正相关，其中分枝长度与株叶重为强正相关，相关系数为 0.744，说明选择株叶重和分枝长度长的植株是获得高产的重要依据。

表 3-11　高寒山区光叶紫花苕性状与单株重量的相关系数

性状	株分枝数 X_1	分枝长度 X_2	株叶重 X_3	主枝叶片数 X_4	单株重 Y
株分枝数 X_1	1.000	−0.074	0.310	−0.119	0.317
分枝长度 X_2		1.000	0.744	0.337	0.865
株叶重 X_3			1.000	0.284	0.890
主枝叶片数 X_4				1.000	0.439
单株重 Y					1.000

4. 高寒山区最冷月光叶紫花苕植株性状

在高寒山区昭觉县撒拉地坡乡 8 月中旬播种，于当年 11 月下旬刈割 1 次进入试验期。11 月下旬刈割后于 12 月 27 日开始萌发，生长 40 d，于第二年 2 月 5 日测定植株性状，生长 40 d 的光叶紫花苕的分枝长度为 20.37~21.44 cm（表 3-12），平均为 20.86 cm，平均日生长速度为 0.51~0.54 cm/d，分枝重为 1.12~1.41 g，平均分枝重 1.29 g，中段节长为 1.93~2.03 cm，平均为 1.96 cm，从顶端每节依次的节间长为 2.18 cm、1.77 cm、1.77 cm、1.91 cm、1.96 cm、2.08 cm、2.27 cm、2.33 cm、2.46 cm、2.53 cm。中段茎直径为 0.14~0.15 cm，平均茎直径为 0.15 cm。表现出光叶紫花苕在高寒山区霜雪季节，不停止生长，有强的生长势。

表 3-12　高寒山区冬季最冷月光叶紫花苕植株性状

样点	分枝长度（cm）	分枝重（g）	叶重（g）	茎重（g）	中段节长（cm）	中段茎直径（cm）
样点 1	20.77	1.34	0.91	0.43	1.93	0.15
样点 2	21.44	1.41	0.96	0.45	2.03	0.15
样点 3	20.37	1.12	0.71	0.41	1.93	0.14
平均	20.86	1.29	0.86	0.43	1.96	0.15

＊：中段为从顶端开始倒数第 5 节。

（六）烟地种植光叶紫花苕性状

1. 烟地种植光叶紫花苕的种植密度

烟地一般在 3 月育苗移栽，7 月收割烟叶，烟收后的 8 月整地种植光叶紫花苕，光叶紫花苕出苗生长 90~100 d 可第 1 次刈割养畜利用，经萌发再生刈割第 2 茬后接茬种植烟。调查是结合德昌烟地分布特点，选择海拔 1 400 米、2 300 米烟地实地抽样测定调查。每平方米光叶紫花苕植株着生密度在 403~658 个分枝（表 3-13），平均着生分枝数为 502.94，平均在 10 cm² 着生分枝 5.03 个，可见光叶紫花苕播种后 95 d 达到全部密集覆盖土地。一是表明光叶紫花苕生长十分茂盛。二是在冬春枯草期形成大片绿色人工草地，改良生态环境，净化空气有良好的生态效果。三是保护烟地冬春不因干旱致使土壤养分损失。

表 3-13　烟地种植光叶紫花苕的密度

测定乡	测定样点	分枝数（个/m²）				种植密度（分枝/10 cm²）
		1 重复	2 重复	3 重复	平均	
前山乡（1 400 米）	1	603	652	719	658±58.23	6.58
	2	389	421	388	399.3±18.76	3.99
	3	475	421	356	417.3±59.58	4.17

测定乡	测定样点	分枝数（个/m²）				种植密度（分枝/10 cm²）
		1 重复	2 重复	3 重复	平均	
大山乡（2 300 米）	1	566	402	661	543±131.02	5.43
	2	600	599	419	539.3±104.21	5.39
	3	523	695	464	560.7±120.18	5.60
	4	558	362	289	403±139.11	4.03
平均					502.94	5.03

2. 烟地种植光叶紫花苕植株分枝长度

烟地种植光叶紫花苕出苗生长 95 d 时分枝长度在 96.03~128.58 cm（表 3-14），平均分枝长度为 108.64 cm，完全达到可利用生长高度，日平均生长速度为 1.14 cm/d，充分表明选择光叶紫花苕配套烟地种草是极适宜的饲草品种。

表 3-14　烟地种植光叶紫花苕植株分枝长度

测定乡	测定样点	分枝长度（cm）				分枝日生长速度（cm/d）
		1 重复	2 重复	3 重复	平均	
前山乡（1 400 米）	1	106	99.95	102.8	102.92±3.03	1.08
	2	127	87.35	108.65	107.67±19.82	1.13
	3	95.4	114.90	175.45	128.58±41.73	1.35
大山乡（2 300 米）	1	81.9	104.6	101.6	96.03±12.32	1.01
	2	86.35	120.9	104.8	104.07±17.26	1.10
	3	121.85	118.4	127.45	122.57±4.56	1.29
	4	89.7	98.18	108.00	98.63±9.16	1.04
平均					108.64	1.14

（七）不同产区光叶紫花苕植株性状

1. 不同产区光叶紫花苕植株性状

不同产区光叶紫花苕分枝长度为 43.22~64.83 cm（表 3-15），分枝最长的是盐源光叶紫花苕，分枝长度最短的是昭觉光叶紫花苕。不同产区光叶紫花苕的分枝节数为 14.63~17.50 个，分枝节数最多的是盐源光叶紫花苕，分枝节数最少的布拖光叶紫花苕。不同产区光叶紫花苕分枝茎粗为 0.16~0.22 cm，分枝茎粗最粗的是盐源光叶紫花苕，分枝茎粗最细的是昭觉光叶紫花苕。不同产区光叶紫花苕分枝叶重在 1.33~3.02 g，分枝叶重最大的是盐源光叶紫花苕，分枝叶重最小的是昭觉光叶紫花苕，不同产区分枝节长在 2.93~3.92 cm，分枝节长最长的是盐源光叶紫花苕，最短的是昭觉光叶紫花苕。不同产区光叶紫花苕分枝重为 2. 07~5. 04 g，分枝重量最大的是盐源光叶紫花苕，最小的是昭觉光叶紫花苕。不同产区光叶紫花苕性状差异明显。

表 3-15　不同产区光叶紫花苕植株性状

产区	分枝长度 （cm）	分枝节数 （个）	分枝茎粗 （cm）	分枝叶重 （g）	分枝节长 （cm）	分枝重量 （g）
昭觉	43. 22	15. 12	0. 16	1. 33	2. 93	2. 07
布拖	46. 12	14. 63	0. 19	1. 77	3. 19	2. 98
普格	45. 95	14. 96	0. 17	1. 65	3. 12	2. 58
盐源	64. 83	17. 50	0. 22	3. 02	3. 92	5. 04
小兴场	51. 08	16. 23	0. 17	1. 79	3. 21	2. 72
云南	51. 41	15. 73	0. 17	1. 87	3. 32	2. 95

2. 不同产区光叶紫花苕着生密度

凉山光叶紫花苕播种量为 30 kg/hm²，达到刈割利用期时每平方米株数 6 个产区中最多平均为 141. 33 株（表 3-16），最少平均为 90. 67 株，平均为 106. 39 株，昭觉的株数显著（$P<0.05$）高于布拖、普格、盐源、小兴场、云南产区。普格、云南产区的株数差异不显著（$P>0.05$）。由于产区植株性状的差异，6 个产区每平方米分枝数分别为 1 332. 00个（昭）、765. 33 个（布）、1 082. 67 个（普）、491. 00 个（盐）、1 012. 00 个（小）、1 117. 00个（云），差异显著（$P<0.05$），昭觉产区最多，盐源产区最少，盐源产区的分枝数显著（$P<0.05$）低于小兴场、普格、云南、昭觉、布拖，而昭觉产区的分枝数显著（$P<0.05$）高于盐源，与普格、云南、小兴场、布拖产区的分枝数差异不显著（$P>0.05$）。不同产区凉山光叶紫花苕，株分枝数由大到小的排序为小兴场→普格→昭觉→云南→布拖→盐源。

3. 不同产区光叶紫花苕再生密度

刈割后 30 d 进行再生密度调查，昭觉产区的再生密度最大为 100 株/m²，其次为云南和普格产区，盐源产区最小为 19. 22 株/m²（表 3-16），各产区凉山光叶紫花苕再生密度差异显著（$P<0.05$），盐源产区的再生密度显著低于其他 5 个产区，而昭觉产区的再生密度又显著高于其他 5 个产区，表明在播种后 85 d 刈割盐源产区的再生能力最差，与其他 5 个产区相比属早熟类型，此时刈割已处于生长衰退期，应提前刈割利用，而昭觉产区的再生能力最强，与其他 5 个产区光叶紫花苕相比属晚熟类型，此时刈割正处于生长旺盛期。

表3-16 不同产区光叶紫花苕密度、产草量、再生密度

产区	株数 （株/m²）	分枝数 （个/m²）	株分枝数 （个/株）	刈割后再生株数 （株/m²）
昭觉	141.33±45.08a	1 332.00±108.13ab	10.02	100.00±11.11a
布拖	93.33±14.01c	765.33±138.41b	8.25	68.22±9.90b
普格	107.33±32.08b	1 082.67±164.39ab	10.44	78.44±19.89b
盐源	92.33±19.66cd	491.00±47.89c	5.43	19.22±10.24c
小兴场	90.67±11.72d	1 012.0±65.05a	11.22	65.56±9.34b
云南	113.33±18.18b	1 117.00±123.50ab	9.91	79.56±19.14b

注：同一列标有不同字母表示数据间差异显著（$P<0.05$），同一列标有相同字母表示数据间差异不显著（$P>0.05$）。下同

二、凉山光叶紫花苕产草量

（一）烟地种植光叶紫花苕产草量

对3个不同海拔烟地种植光叶紫花苕的产草量进行测定。不同海拔烟地都是烟叶收后8月整地播种光叶紫花苕，生长95 d进行刈割，海拔1 400米光叶紫花苕的产草量为20 519.25～22 511.25 kg/hm²，平均为21 610.8 kg/hm²；海拔2 000米光叶紫花苕产草量为29 714.85～32 816.4 kg/hm²，平均为31 265.63 kg/hm²；海拔2 300米光叶紫花苕的产量为21 210.60～30 515.25 kg/hm²，平均为24 712.35 kg/hm²。烟地种光叶紫花苕产草量依次为海拔2 000米大于海拔2 300米大于海拔1 400米产量，不同海拔烟地种植光叶紫花苕的产草量为25 134.78 kg/hm²，得出烟地种植光叶紫花苕可获得高的产草量，可在冬春枯草期提供饲草，促进畜牧业发展，烟地轮作光叶紫花苕是一项具有较高经济、生态、社会价值的烟、畜一体的轮作模式（表3-17）。

表3-17 烟地种植光叶紫花苕产草量

测定乡	测定样点	样方产量 （kg/m²）	平均日生长量 （g/d）	鲜草产量 （kg/hm²）
前山乡 （1 400米）	1	2.05±0.22	21.57	20 519.25
	2	2.18±0.46	22.94	21 810.90
	3	2.25±0.39	16.63	22 511.25
茨达乡 （2 000米）	1	3.28±0.17	34.53	32 816.40
	2	2.97±0.73	31.26	29 714.85
大山乡 （2 300米）	1	2.58±0.93	27.16	25 812.90
	2	2.12±0.57	22.32	21 210.60
	3	3.05±0.36	32.11	30 515.25
	4	2.13±0.72	22.42	21 310.65

（续表）

测定乡	测定样点	样方产量 （kg/m²）	平均日生长量 （g/d）	鲜草产量 （kg/hm²）
平均		2.51	25.66	25 134.78

（二）高寒山区光叶紫花苕最冷月产草量

高寒山区光叶紫花苕 11 月下旬刈割一次后，于第二年 3 月上旬刈割，刈割时株高为 48.1~61.8 cm（表3-18），平均为 55.43 cm，每平方米光叶紫花苕株数为 35~51 株，平均为 43 株/m²，株分枝数为 8.40~11.83 个，平均为 10.33 个，产草量为 10 000.00~12 200.00 kg/hm²，平均为 11 133.33 kg/hm²，表明高寒山区冬前（11 月）刈割利用 1 次后，最冷月不停止生长，仍能获得一定产草量。

表 3-18　高寒山区冬季最冷月光叶紫花苕产草量

样点	株数（株/m²）	株分枝数（个）	株高（cm）	鲜草产量（kg/hm²）
样点 1	43	8.40	48.10	10 000.00
样点 2	51	11.83	56.40	11 200.00
样点 3	35	10.76	61.80	12 200.00
平均	43	10.33	55.43	11 133.33

（三）不同产区光叶紫花苕产草量

安宁河流域不同产区凉山光叶紫花苕一次刈割鲜草产量在 16 208.10~21 010.50 kg/hm²（表3-19），其中盐源、云南、小兴场产量相对较高，但差异未达到显著水平。6 个产区光叶紫花苕一次刈割产量差异不显著，表明这种差异是由植株性状特点所引起的，有的产区（如盐源产区）的凉山光叶紫花苕是靠分枝长度、叶重、茎粗而获得较高产量，而有的产区是靠分枝数多而获得较高产量。

表 3-19　不同产区光叶紫花苕的产草量

产区	株高（cm）	茎粗（cm）	鲜草产量（kg/hm²）
昭觉	43.22c	0.16b	17 208.60a
布拖	46.12c	0.19b	16 208.10a
普格	45.95c	0.17b	19 109.55a
盐源	64.83a	0.22a	21 010.50a
小兴场	51.08b	0.17b	19 309.65a
云南	51.41b	0.17b	19 709.85a

（四）不同地区光叶紫花苕产草量

1. 不同地区光叶紫花苕产草量

在平坝河谷区、二半山区、高寒山区分别对光叶紫花苕产草量进行的测定，得出三个地区光叶紫花苕可以刈割 2 次，产量分别为 56 728.35 kg/hm² （表 3 - 20）、59 529.75 kg/hm²、61 330.65 kg/hm²，产量最高的是高寒山区，为 61 330.65 kg/hm²，其次是二半山区，最后是平坝河谷区，高寒山区的鲜草产量比二半山区提高 3.03%，比平坝河谷区提高 8.11%，二半山区光叶紫花苕产量比平坝河谷区提高 4.94%，得出光叶紫花苕在不同地区都能获得高的产量，其中又以高寒山区的产量最高。

2. 根瘤菌接种对光叶紫花苕产草量的影响

在高寒山区未接种根瘤菌的光叶紫花苕的产量为 61 330.65 kg/hm²（表 3-20），高寒山区接种根瘤菌的光叶紫花苕的鲜草产量为 74 537.25 kg/hm²，接种根瘤菌的光叶紫花苕产量比未接种的提高 21.53%，接种根瘤菌播种的光叶紫花苕其产草量优于普通光叶紫花苕播种。

表 3-20　不同地区、不同根瘤菌接种方式光叶紫花苕产草量

地点	鲜草产量		
	第一次刈割（kg/m²）	第二次刈割（kg/m²）	总产量（kg/hm²）
平坝河谷区	2.31	3.36	56 728.35
二半山区	2.41	3.54	59 529.75
高寒山区（未接种根瘤菌）	2.52	3.61	61 330.65
高寒山区（接种根瘤菌）	3.13	4.32	74 537.25

（五）光叶紫花苕不同生育期产草量

光叶紫花苕 8 月 24 日播种，播种后 8 d 出苗，出苗后 11 d 开始分枝，从分枝到现蕾的时间相对较长，为 180 d。从现蕾到开花的时间为 16 d，从结荚到种子成熟的时间为 20 d，种子成熟后 12 d 左右枯黄。从播种到枯黄完成整个生育期的时间为 282 d。从出苗到分枝初期、分枝盛期、现蕾期、盛花期、结荚期、种子成熟期的生长天数分别为 11 d、63 d、204 d、217 d、242 d 和 262 d（表 3-21），鲜草产量分别为 1 125 kg/hm²、9 375 kg/hm²、36 765 kg/hm²、37 530 kg/hm²、16 140 kg/hm² 和 10 860 kg/hm²。表现为随着生育期的延迟，光叶紫花苕鲜草产量先增加后降低的趋势，从分枝初期开始逐渐增加到盛花期达到最大值为 37 530.00 kg/hm²，随着生育期继续推进，鲜草产量急剧下降，至种子成熟期产量为 10 860 kg/hm²。

表 3-21　光叶紫花苕不同生育期产草量

生育期	生长天数（d）	鲜草产量（kg/hm²）
分枝初期	11	1 125

（续表）

生育期	生长天数（d）	鲜草产量（kg/hm²）
分枝盛期	63	9 375
现蕾期	204	36 765
盛花期	217	37 530
结荚期	242	16 140
种子成熟期	262	1 0860

三、凉山光叶紫花苕结实性状

（一）凉山光叶紫花苕单株结实性状

1. 凉山光叶紫花苕盛花期植株性状

凉山光叶紫花苕盛花期分枝花序数为 6.93 个（表 3-22），分枝花蕾数为 12.31 个，花枝长度为 8.73 cm，花序长度为 5.25 cm，花序小花数为 26.79 个，花序重为 1.51 g，分枝长度为 92.42 cm，分枝节数为 25.71 节，分枝重量为 10.57 g，起花节数为 17.65 节，二级分枝数为 4.49 个，表明凉山光叶紫花苕盛花期植株性状及花序性状有明显的差异。

表 3-22　凉山光叶紫花苕盛花期植株性状

性状	平均值	范围
分枝花序数（个）	6.93±4.68	3~25
分枝花蕾数（个）	12.31±8.27	2~37
分枝长度（cm）	92.42±20.27	58.7~135
分枝节数（个）	25.71±5.01	19~39
分枝重量（g）	10.57±5.62	3.07~25.07
起花节数（个）	17.65±5.54	11~25
花枝长度（cm）	8.73±2.32	3.84~12.66
花序长度（cm）	5.25±1.33	2.64~8.0
花序小花数（个）	26.79±3.85	18~33
3 个花序重（g）	1.51±0.27	0.83~2.03
二级分枝数（个）	4.49±2.82	1~9

2. 凉山光叶紫花苕盛花期性状的相关分析

以花序数作依变量（y）、花蕾数（x_1）、分枝长度（x_2）、分枝节数（x_3）、分枝重量（x_4）、起花节数（x_5）、二级分枝数（x_6）作为自变量作相关分析。除起花节数与花序数为弱负相关外，其余性状间均为正相关，花蕾数（x_1）与分枝重量（x_4）、二级分枝数

（x_6）、分枝长度（x_2）、分枝节数（x_3）、起花节数（x_5）的相关系数分别为 0.904（表 3-23）、0.839、0.811、0.763、0.691 均达到极显著水平（$P<0.01$），花序数除与分枝重量（x_4）的相关系数达到显著水平（$P<0.05$）外，其余均未达到显著水平，与起花节数为弱负相关，表明分枝重量、分枝长度、二级分枝数、分枝节数是影响凉山光叶紫花苕花蕾数、花序数的重要因素。

表 3-23　凉山光叶紫花苕盛花期性状的相关系数

性状	分枝长度（X_2）	分枝节数（X_3）	分枝重量（X_4）	起花节数（X_5）	二级分枝数（X_6）	花序数（Y）
花蕾数（X_1）	0.811	0.763	0.904	0.691	0.839	0.295
分枝长度（X_2）		0.701	0.842	0.536	0.643	0.309
分枝节数（X_3）			0.721	0.926	0.760	0.181
分枝重量（X_4）				0.591	0.776	0.552
起花节数（X_5）					0.704	-0.054
二级分枝数（X_6）						0.196

3. 凉山光叶紫花苕产种性状

凉山光叶紫花苕株产种量、株重、株分枝数分别为 62.26 g（表 3-24）、351.29 g、68.13 个，其变幅范围较大，看出凉山光叶紫花苕单株性状及产种性状有很大的差异。在24 个产种单株中，产种量在 50 g 以下的植株有 12 株占总株数的 50%，产种量在 50~100 g 的植株有 7 株，占总株数的 29.17%，产种量在 100 g 以上的植株有 5 株，占总株数的 20.83%，单株最大产种量为 199.61 g。凉山光叶紫花苕植株越重，分枝数越多，则植株产种量越高，产种量与单株重量、株分枝数的相关系数为 0.909 和 0.827，均为强正相关。分枝结荚数、分枝荚果种子数、分枝产种量分别为 22.71 个/株、70.55 个/株、2.08 g，而且变幅范围均大，表明凉山光叶紫花苕结实期单株的产种量差异明显。分枝结荚花序数为 14.36 个，而在盛花期每个花序有 26.79 个小花，则凉山光叶紫花苕的结荚率为 53.60%，在生产中创造有利于授粉结实的条件，能使凉山光叶紫花苕的产种性能得到提高。

表 3-24　凉山光叶紫花苕单株产种性状

性状	平均值	范围
株产种量（g）	62.26±51.83	4.5~199.1
株重（g）	351.29±65.18	30~1050
株分枝数（个）	68.13±36.94	12~130
株一级分枝数（个）	99.67±73.79	3~299
株二级分枝数（个）	3.15±1.57	1~5

（续表）

性状	平均值	范围
种子直径（cm）	0. 341±0. 02	0. 31~0. 38
千粒重（g）	27. 42±4. 17	20. 10~32. 92
分枝结荚开始节数（个）	16. 59±4. 96	3~38
分枝结荚花序数（个）	14. 36±10. 09	3~38
分枝结荚数（个）	22. 71±14. 7	5~58
分枝荚果种子数（个）	70. 55±51. 38	16~193
荚果种子数（个）	3. 29±0. 67	1~6
分枝产种量（g）	2. 08±1. 52	0. 25~6. 5
盛花期花序小花数（个）	26. 79±3. 85	18~33

4. 凉山光叶紫花苕产种性状因子分析

对凉山光叶紫花苕产种的 15 个性状通过相关和偏相关系数的 KMO 检验，KMO 值达到 0. 693；提取因子的再生共同度达到 0. 821~0. 967，看出提取因子反映了原变量的大部分信息，表明适合进行因子分析。经分析列出特征值大于 0. 6 的提取因子，特征值累计总方差贡献率达到 92. 343%（表3-25），提取因子反映了原变量的绝大部分信息，主因子 1 的方差贡献率为 38. 698%，其荷载中占较大比例的性状是分枝结荚数 x_{10}，分枝产种量 x_{15}，一级分枝结荚数 x_{14}、一级分枝结荚花序数 x_{13}，分枝种子数 x_{11}，分枝结荚花序数 x_9，是分枝产种量因子，其次是株产种量 x_4、株重 x_1、株分枝数 x_2，是全株产种量因子。主因子 2 的方差贡献率为 23. 816%，其荷载中占较大比例的性状是种子直径 x_5、千粒重 x_6，是凉山光叶紫花苕的品质因子。主因子 3 的方差贡献率为 13. 329%，其荷载中占较大比例的性状是种子直径 x_5、千粒重 x_6、株重 x_1、株分枝数 x_2、一级分枝数 x_3 等。从因子构成中可以看出，影响株产种量的因素是分枝结荚数、分枝产种量、一级分枝结荚数、一级分枝结荚花序数、分枝种子数、分枝结荚花序数、一级分枝数。

表 3-25 因子荷载与特征值统计表

变异来源	大于 0. 6 特征值提取因子				
	主因子 1	主因子 2	主因子 3	主因子 4	主因子 5
株重（x_1）	0. 784	−0. 279	0. 480	0. 225	−2. 80E−02
株分枝数（x_2）	0. 684	−0. 427	0. 418	0. 304	2. 01E−02
一级分枝数（x_3）	0. 800	5. 874E−02	0. 315	0. 376	−0. 171
株产种量（x_4）	0. 806	−0. 386	0. 261	0. 220	9. 401E−02

（续表）

变异来源	大于0.6特征值提取因子				
	主因子1	主因子2	主因子3	主因子4	主因子5
种子直径（x_5）	0.116	0.741	0.567	-0.250	5.422E-02
千粒重（x_6）	0.102	0.743	0.596	-0.192	3.453E-02
二级分枝数（x_7）	0.796	0.151	-0.214	0.146	-0.312
分枝结荚开始节数（x_8）	-2.96E-02	0.425	-0.255	0.617	0.583
分枝结荚花序数（x_9）	0.821	-8.36E-02	-0.183	-0.445	-0.140
分枝结荚数（x_{10}）	0.917	0.138	-0.249	-3.52E-02	0.102
分枝种子数（x_{11}）	0.838	-6.97E-02	-0.181	-0.274	0.224
荚果种子数（x_{12}）	0.187	-0.582	0.299	-0.466	0.424
一级分枝结荚花序数（x_{13}）	0.894	0.274	-0.265	-1.27E-02	-9.87E-02
一级分枝结荚数（x_{14}）	0.898	0.262	-0.279	-1.27E-02	9.599E-03
分枝产种量（x_{15}）	0.915	0.121	-0.138	-0.191	0.203
特征值	5.805	3.572	1.999	1.304	1.171
贡献率（%）	38.698	23.816	13.329	8.694	7.806
累计贡献率（%）	38.698	62.514	75.843	84.538	92.343

（二）凉山光叶紫花苕不同地区单株结实性状

凉山光叶紫花苕在低山河谷区其植株的生长发育及产种性能、产种量均高于二半山区，单株产种量低山河谷区为5.65 g（表3-26），二半山区为3.42 g，低山河谷区比二半山区高65.2%，种子千粒重低山河谷区为30.66 g，二半山区为24.5 g，低山河谷区比二半山区高6.16 g。

表3-26　不同地区光叶紫花苕单株结实性状

性状		低山河谷区（海拔1 550米）	二半山区（海拔2 150米）
样本数（n）		45	30
分枝数（个）	x±S	13.22±13.96	9.13±4.67
	变幅	4~82	3~19
结荚数（个）	x±S	90.44~121.15	19.64±16.33
	变幅	2~599	2~70

（续表）

性状		低山河谷区（海拔 1 550 米）	二半山区（海拔 2 150 米）
荚果种子数（个）	x±S	3.80±0.87	4.76±0.72
	变幅	2～5	4～7
单株鲜重（g）	x±S	94.0±131.25	29.0±40.58
	变幅	15～600	4.65～185.20
植株长度（cm）	x±S	131.71±33.64	40.60±15.60
	变幅	80～212	2～100
产种量（g）	x±S	5.65±9.09	3.42±5.51
	变幅	0.40～59.00	0.24～32.75
千粒重（g）		30.66	24.50

（三）光叶紫花苕的产种量

1. 不同地区光叶紫花苕产种量

平坝河谷区、二半山区、高寒山区光叶紫花苕的种子产量分别为 740.40 kg/hm²（表 3-27）、830.40 kg/hm² 和 860.40 kg/hm²，产种量最高的地区是高寒山区，为 860.40 kg/hm²，其次是二半山区，830.40 kg/hm²，产量最低的是平坝河谷区。高寒山区产种量比二半山区产量提高 3.61%，比平坝河谷区提高 12.16%，二半山区产种量比平坝河谷区提高 16.21%。

表 3-27　不同地区光叶紫花苕产种量

地点	产种量	
	g/m²	kg/hm²
平坝河谷区	74.00	740.40
二半山区	83.00	830.40
高寒山区（未接种根瘤菌）	86.00	860.40
高寒山区（接种根瘤菌）	106.00	1 060.50

2. 根瘤菌接种对光叶紫花苕产种量的影响

高寒山区未接种根瘤菌光叶紫花苕的产种量为 860.40 kg/hm²（表 3-27），接种根瘤菌的光叶紫花苕的产种量为 1 060.50 kg/hm²，接种根瘤菌的产种量比未接种根瘤菌的产种量提高 23.26%。接种根瘤菌播种的光叶紫花苕产种量优于普通光叶紫花苕播种。

四、凉山光叶紫花苕种子性状

(一) 光叶紫花苕种子分级

将凉山光叶紫花苕种子按直径大小共分为四级，种子直径为 0.370 cm 以上为第一级；0.370~0.340 cm 为第二级；0.340~0.310 cm 为第三级；0.310 cm 以下为第四级。将 5 个未经筛选光叶紫花苕种子样品共 979 粒进行测定，按上述分级标准分级，其中 82 粒种子直径在 0.370 cm 以上占 8.38% (表 3-28)，平均种子直径为 0.386 cm，千粒重为 31.50 g；237 粒种子直径在 0.370~0.340 cm 占 24.21%，平均种子直径为 0.352 cm，种子千粒重为 26.25 g；399 粒种子直径在 0.340~0.310 cm 占 40.75%，平均种子直径为 0.324 cm，种子千粒重为 23.70 g；261 粒种子直径在 0.310 cm 以下占 26.66%，平均种子直径为 0.288 cm，种子千粒重仅为 19.80 g。5 个样品种子中直径最大为 0.430 cm，直径最小为 0.197 cm，相差 2.183 倍。第一级种子的千粒重为 31.5 g，而第四级种子千粒重仅为 19.80 g，相差 11.7 g。5 个样品的四个等级种子直径经方差分析各级种子间差异显著，表明未经筛选的凉山光叶紫花苕种子由于成熟期不一致，又受环境和营养因素影响，造成种子性状的差异，所以有必要进行凉山光叶紫花苕种子的分级筛选，同时由于各级种子之间的直径大小有显著差异，则为制定光叶紫花苕种子分级标准提供了依据。第四级种子的变异系数最大为 6.99%，表明第四级种子差异最大，小粒种子较多。

表 3-28　凉山光叶紫花苕种子直径与重量

样本	第一级 (0.370 cm 以上)			第二级 (0.370~0.340 cm)			第三级 (0.340~0.310 cm)			第四级 (0.310 cm 以下)			总数
	数量	%	均值	数量	%	均值	数量	%	均值	数量	%	均值	
1	16	7.96	0.394	42	20.89	0.350	85	42.29	0.324	58	28.86	0.284	201
2	13	6.6	0.383	48	24.37	0.352	79	40.10	0.324	57	28.93	0.290	197
3	18	9.28	0.386	42	21.65	0.353	85	43.81	0.325	49	25.26	0.288	194
4	16	8.04	0.382	45	22.61	0.353	84	42.21	0.323	54	27.14	0.290	199
5	19	10.11	0.386	60	31.91	0.352	66	35.11	0.326	43	22.87	0.292	188
合计	82	8.38	0.386	237	24.21	0.352	399	40.75	0.324	261	26.66	0.288	979

(二) 光叶紫花苕不同等级种子发芽

四个等级直径的光叶紫花苕种子经 11 天发芽生长，种子直径在 0.370 cm 以上的第一级种子发芽率为 86% (表 3-29) 出芽后达展叶苗数为 61 株，种子直径为 0.370~0.340 的第二级种子发芽率为 92%，出芽后达展叶苗数为 77 株，种子直径为 0.340~0.310 cm 的第三级种子发芽率为 89%，出芽后达展叶苗数为 66 株，种子直径在 0.310 cm 以下的第四级种子发芽率及出芽后达展叶苗数最低为 80% 和 52 株。种子吸水发胀不出苗以第四级种子最高为12%，第一、三级种子次之为3%和5%，以二级种子最低仅为1%，表明过小的种子，种子成熟度差，与种子胚乳内所含营养物质量不同有关。直径由大到小的硬实率依次为11%、7%、6%、8%，硬实率与种子大小不是正关系，硬实率是光叶紫花苕种子的一个性状特点，平均硬实率为8%。得出种子大的相对出苗率高，吸水发胀不出苗种子数第三、四级相对较高，以第四级种子吸胀不出苗率最高，说明种子大小与种子成熟度、发芽性状强弱有明显关系。

表 3-29　光叶紫花苕不同等级种子发芽性状

性状	第一级 （0.370 cm 以上）	第二级 （0.370~0.340 cm）	第三级 （0.340~0.310 cm）	第四级 （0.310 cm 以下）
千粒重（g）	31.50	26.25	23.70	19.80
参试种子数（粒）	100	100	100	100
发芽率（%）	86.00	92.00	89.00	80.00
展叶苗数（个）	61	77	66	52
种子吸胀不出苗率（%）	3.00	1.00	5.00	12.00
硬实率（%）	11.00	7.00	6.00	8.00

（三）光叶紫花苕不同等级幼苗性状

凉山光叶紫花苕不同直径大小的四级种子从发芽始期经过11天发芽生长50%以上幼苗达展叶，以第二级种子100粒种子达展叶数最高为77株，其次为第三、第一级种子，第一级种子株高最高平均为11.50 cm（表3-30），其次为第二级种子平均株高为11.04 cm，第三级种子平均株高为9.94 cm，第四级种子最低为9.28 cm，各级种子之间展叶苗高度的差异达显著水平（$P<0.05$），第一、二级种子的展叶苗高度差异不显著（$P>0.05$），第三、四级种子的展叶苗高度与第一、二级种子的展叶苗高度差异显著（$P<0.05$）；第三、四级种子之间的展叶苗高度差异显著（$P<0.05$）。各级种子展叶苗的平均株重和苗重均以第一级种子最高分别为0.175 g和0.070 g，第二、第三级种子次之，第四级种子最低仅为0.090 g和0.040 g；第二、三、四级种子的株重仅分别为第一级种子的81.14%、62.86%和51.43%；苗重仅为第一级种子的87.14%、60.00%和57.14%。表明各级种子出苗后生长势有明显的差异，以第一、二级种子出苗后生长势最好，第三级种子次之，第四级种子生长最弱，可看出种子直径越大，成熟度越高，其种子中胚乳和种子体内供给幼苗生长发育所需营养越充足，大粒种子生命力相对强，表现在出苗期生长发育与生长势的差异较大，为种子分级提供实践依据。

表 3-30　光叶紫花苕不同等级直径种子幼苗性状

性状	第一级 （0.370 cm 以上）	第二级 （0.370~0.340 cm）	第三级 （0.340~0.310 cm）	第四级 （0.310 cm 以下）
样本数	61	77	66	52

（续表）

性状		第一级 （0.370 cm 以上）	第二级 （0.370~0.340 cm）	第三级 （0.340~0.310 cm）	第四级 （0.310 cm 以下）
株高	（x±S）	11.50±3.71a	11.04±3.25a	9.94±2.83b	9.28±3.51c
	Cv%	32.23	29.47	28.47	37.82
株重	（g）	0.175	0.142	0.110	0.090
	与一级相比	—	81.14	62.86	51.43
苗重	（g）	0.070	0.061	0.042	0.040
	与一级相比	—	87.14	60.00	57.14

注：全株重为出苗后种子+根+茎+叶的重量，苗重为去根和种子后的重量

五、光叶紫花苕轮作效果

（一）光叶紫花苕对土壤肥力及理化性质的影响

1. 种植光叶紫花苕对土壤理化性质的影响

豆科牧草不仅本身能固定空气中的氮素，而且对土壤难溶性磷酸盐有较强的吸收能力，根系较深的牧草还能通过发达的根系，吸收深层土壤中的养分，收获后其根系的分解可使土壤耕层的养分丰富。另外，豆科牧草在土壤微生物的作用下有胶结团聚的作用，从而合成一定数量的腐殖质，对改良土壤质地有一定的作用。豆科牧草与粮食作物间作，每年可使占地面积约 1/3 的耕层土壤得到改善，这对调节土壤肥力，增加作物产量具有很好的作用。土壤有机质和全氮含量草粮间套作较单作分别提高 8.80% 和 9.90%。光叶紫花苕的根系十分发达，通过根瘤菌的作用，将空气中的游离氮素固定于根瘤内，可增加土壤有机质含量。据测定 1 hm^2 光叶紫花苕根部干物质重量为 1 000 kg 左右，可积累氮素 31.2 kg，相当于 67.5 kg 尿素。除满足自身需要外，相当于给土壤施了一季氮肥，可使农作物产量增加 20% 以上。卯升华等在贵州威宁高海拔地区的小黄泥灰泡土地，连续 2 年（秋末—春初）停种光叶紫花苕，第三年粮食作物收获后种植光叶紫花苕，绿肥刈割后取土壤农化样进行化验，结果表明小黄灰泡泥土在冬闲季节种植光叶紫花苕后，土壤有机质含量由 2.97%（表 3-31）增至 3.25%，氮素含量由 0.163% 增至 0.190%，含水量由 11.40% 增至 17.70%，分别增加 0.28%、0.027% 和 6.30%。土壤结构性状也因光叶紫花苕根系的生理活动形成有利环境，导致微生物类群和腐殖质土壤水分增加，土壤质地由坚实变疏松，既方便耕作又利于后续作物的生长发育。说明种植光叶紫花苕有明显增加土壤肥力的效果。

表3-31 种植光叶紫花苕的土壤肥力及理化性状指标

性状	未种植光叶紫花苕的冬闲田	种植光叶紫花苕
有机质%	2.97	3.25
全氮%	0.163	0.190
全磷%	0.077	0.071
速效磷 mg/kg	16	11
速效钾 mg/kg	132	129
pH（水提）	6.4	6.4
含水量%	11.4	17.7
松紧度	紧	松

2. 光叶紫花苕不同还田方式对土壤养分提供量

水分和粗纤维含量是影响光叶紫花苕分解与腐烂的重要条件。在水分含量充足、粗纤维含量相对低的条件下易分解腐烂，当季利用率高。在水分和粗纤维含量相同的情况下翻埋深度也影响光叶紫花苕的分解速度，浅埋要比深埋分解快以翻埋 10~12 cm 为宜。压青、根茬还田和过腹还田鲜草还田量分别为 36 765 kg/hm² （表 3-32）、11 265 kg/hm² 和 3 750 kg/hm²，压青的光叶紫花苕为现蕾期，鲜草水分含量为 86.40%，全氮含量为 0.50%，速效磷含量为 0.13%，速效钾含量为 0.42%，根茬还田和过腹还田选择光叶紫花苕鲜草产量最高的盛花期，压青鲜草还田量比根茬还田提高 2.26 倍，比过腹还田提高 8.80 倍。压青有机质提供量为 5 520 kg/hm²，比根茬还田提高 2.26 倍，比过腹还田提高 8.68 倍。压青的全氮提供量为 184.5 kg/hm²，分别比根茬还田、过腹还田提高 2.24 倍和 8.46 倍，压青的速效磷提供量为 48.0 kg/hm²，分别比根茬还田、过腹还田提高 2.27 倍和 9 倍，压青的速效钾提供量为 154.5 kg/hm²，分别比根茬还田、过腹还田提高 2.22 倍和 8.81 倍。通过不同处理的鲜草还田量及对土壤提供的养分量得出种植光叶紫花苕比冬闲田土壤理化性质有提高，其中以压青提供的养分最大，其次是根茬还田，最后是过腹还田。

表3-32 光叶紫花苕不同还田方式对土壤提供养分量

项目	冬闲田	压青	根茬还田	过腹还田
鲜草还田量（kg/hm²）	0	36 765.00	11 265.00	3 750.00
有机质提供量（kg/hm²）	0	5 520.00	1 695.00	570.00
全氮提供量（kg/hm²）	0	184.50	57.00	19.50
速效磷提供量（kg/hm²）	0	48.00	14.70	4.80
速效钾提供量（kg/hm²）	0	154.50	48.00	15.75

3. 光叶紫花苕不同还田处理土壤理化性质

光叶紫花苕不同还田处理的土壤理化性质均高于冬闲田。光叶紫花苕不同处理方式的有机质含量分别为 42.3 g/kg（表 3-33）、41.90 g/kg 和 41.70 g/kg，比冬闲田提高 0.58%～1.93%，全氮含量比冬闲田提高 0.30%～3.94%，全磷含量比冬闲田提高 0.80%～4.80%，全钾含量比冬闲田提高 1.74%～13.04%。不同还田处理的光叶紫花苕中又以压青后土壤理化性状高，压青比其他处理方式的有机质含量提高 0.95%～1.44%，全氮含量提高 1.78%～3.63%，全磷含量提高 1.55%～3.97%，全钾含量提高 10.64%～11.11%。因此在现蕾期直接压青效果最好，还田量大，分解腐化程度高，当季利用率高，提高土壤肥力水平，改善土壤质地，增产、提质等都高于根茬还田和过腹还田。

表 3-33　光叶紫花苕不同还田处理土壤理化性质

项目	冬闲田	压青	根茬还田	过腹还田
容重（g/cm^2）	1.41	1.28	1.33	1.35
有机质含量（g/kg）	41.50	42.30	41.90	41.70
全氮含量（g/kg）	3.30	3.43	3.31	3.37
全磷含量（g/kg）	2.50	2.62	2.58	2.52
全钾含量（g/kg）	9.20	10.40	9.40	9.36

（二）光叶紫花苕对后续作物产量的影响

1. 光叶紫花苕对后续玉米产量性状的影响

光叶紫花苕鲜草压青作基肥的地种植玉米，株高为 212.00 cm（表 3-34），茎粗 2.40 cm，穗长 22.80 cm，穗粗为 5.20 cm，千粒重为 364.60 g，分别比冬闲田提高 1.00%、33.33%、20.00%、18.18% 和 15.71%。种植光叶紫花苕的玉米产量为 6.63 t/hm^2，冬闲田玉米产量为 5.76 t/hm^2，种植光叶紫花苕玉米产量比冬闲田提高 0.87t/hm^2，提高 15.10%。种植光叶紫花苕玉米的秃尖为 1.80 cm，比冬闲田种植的秃尖 3.20 cm，减少 43.75%。种植光叶紫花苕后种植玉米株高、茎粗、穗长、穗粗、千粒重、产量都有所提高，提高 1.0%～33.33%，而秃顶率有所下降。

表 3-34　光叶紫花苕后茬作物玉米产量性状

处理	玉米产量及相关性状指标						
	株高（cm）	茎粗（cm）	穗长（cm）	穗粗（cm）	秃尖（cm）	千粒重（g）	产量（t/hm^2）
前作光叶紫花苕绿肥	212.00	2.40	22.80	5.20	1.80	364.60	6.63
冬闲（CK）	210.00	1.80	19.00	4.40	3.20	315.10	5.76

2. 光叶紫花苕不同还田方式对玉米产量的影响

光叶紫花苕不同还田后茬作物玉米产量为 10 785.00~11 895.00 kg/hm²（表3-35），比冬闲田玉米产量 10 515.00 kg/hm² 提高 2.57%~13.12%，光叶紫花苕不同还田后茬玉米百粒重为 31.60~32.80 g，比冬闲田玉米百粒重 31.40 g 提高 0.64%~4.46%。光叶紫花苕压青、根茬还田、过腹还田的处理中玉米产量和百粒重以压青最高，其次为根茬还田，最后是过腹还田。

表3-35 光叶紫花苕不同还田方式的玉米产量

项目	冬闲田	压青	根茬还田	过腹还田
百粒重（g）	31.40	32.80	31.90	31.60
玉米产量（kg/hm²）	10 515.00	11 895.00	10 935.00	10 785.00

3. 光叶紫花苕对后续马铃薯产量性状的影响

前作为光叶紫花苕鲜草作基肥的地块种植马铃薯产量为 38.49 t/hm²（表3-36），冬闲田地块产马铃薯 31.54 t/hm²，种植光叶紫花苕比冬闲田产量提高 6.95t/hm²，提高 22.04%。种植光叶花苕的株高为 70.5 cm，平均株高比冬闲田高 12.30 cm，提高 21.13%，大型薯块比例为 46.59%，比冬闲田大型薯块 24.20%，多 22.39%，种植光叶紫花苕的中型薯块和小型薯块比例明显下降，植株平均分枝数减少，可见种植光叶紫花苕对后茬作物马铃薯产量性状有提高，提高 21.13%~22.04%。

表3-36 光叶紫花苕后茬作物马铃薯产量性状

处理	株高（cm）	分枝数（个）	大型薯块%（>100 g）	中型薯块%（50~100 g）	小型薯块%（<50 g）	总产量（t/hm²）
前作光叶紫花苕绿肥	70.50	4.10	46.59	40.05	13.36	38.49
冬闲（CK）	58.20	5.30	24.20	52.40	23.40	31.54

第四节 凉山光叶紫花苕的饲用价值

一、凉山光叶紫花苕经济价值与饲用价值概述

光叶紫花苕茎汁柔嫩、叶量多、适口性好、营养价值高，光叶紫花苕鲜草含粗蛋白质 4.2%，粗脂肪 5.0%，粗纤维 5%，无氮浸出物 6.3%；干草含粗蛋白质 23.1%，粗脂肪 2.8%，粗纤维 5%，无氮浸出物 6.3%，光叶紫花苕开花期干物质中粗蛋白质含量高达 30.69%，干草中粗蛋白质含量约为玉米籽粒蛋白质含量的 2.8 倍，高于所有禾本科干草、玉米青贮和作物秸秆，粗脂肪 9.7%，粗纤维 22.82%，粗灰分 8.74%，无氮浸出物

28.05%，光叶紫花苕草粉中赖氨酸、色氨酸、苯丙氨酸、蛋氨酸、苏氨酸、异亮氨酸和亮氨酸等 7 种人体必需氨基酸含量分别为 1.48%、0.21%、2.00%、0.20%、1.06%、0.85% 和 2.11%，赖氨酸含量为玉米赖氨酸含量的 6.17 倍，是牛、羊、猪、兔、禽等动物的优质饲料。

光叶紫花苕养畜，在控制适当比例条件下，可以促进畜禽生长，提高胴体瘦肉率和畜禽产品营养价值，增加产奶量，保证畜禽产品安全，改善肉质和毛的生长性能，加深家禽皮肤和蛋黄黄色，优化日粮组成，降低饲料成本，增加整体养殖效益。光叶紫花苕可采用刈割补饲各种牲畜，也可实施田间少量放牧和舍饲，牛羊应控制饲喂量并与其他草料搭配饲喂，防止发生瘤胃膨气。干草加工成草粉可替代部分油枯、麦麸、米糠配入配合饲料，饲养牲畜效果很好。

二、光叶紫花苕不同生育期营养成分

粗蛋白质含量高低是衡量饲草品质的一项重要指标。光叶紫花苕粗蛋白质含量以分枝初期最高，为 26.60%（表 3-37），显著高于其他物候期（$P<0.05$）；随着生育时期的推进，粗蛋白质含量显著下降，分枝盛期和现蕾期粗蛋白质含量下降至 13.00% 和 12.40%，显著低于分枝初期（$P<0.05$）；随着生育时期的继续推移，粗蛋白质含量进一步下降，开花期、结荚期和种子成熟期下降至 11.03%、10.56% 和 10.33%，显著低于现蕾期和分枝期的粗蛋白质含量（$P<0.05$）。物候期不同，光叶紫花苕的粗纤维含量差异较大，生长初期粗纤维含量较低，随生育时期的延迟粗纤维含量显著增加，各物候期间差异显著（$P<0.05$）。分枝初期粗纤维含量仅为 11.43%，到分枝盛期增加至 15.77%，现蕾期增加至 19.73%；现蕾期之后，光叶紫花苕粗纤维含量大幅度增加，开花期增加至 29.27%，结荚期增加至 36.25%，种子成熟期粗纤维含量达最高值，为 46.40%，是分枝盛期的 3 倍、现蕾期的 2.5 倍。光叶紫花苕粗脂肪含量以分枝盛期最高，为 2.13%。随着生育时期的推进，粗脂肪含量显著下降，各物候期间差异显著（$P<0.05$），开花期为 1.37%；结荚期和成熟期粗脂肪含量仅为 1.23% 和 1.03%。光叶紫花苕粗灰分含量以分枝盛期最高，显著高于其他物候期（$P<0.05$）；随着生育时期的推进，粗灰分含量显著下降，现蕾期下降至 9.87%，显著低于分枝期（$P<0.05$）；开花期下降至 6.97%，显著低于分枝期和现蕾期（$P<0.05$）；结荚期和种子成熟期光叶紫花苕体内粗灰分含量略有下降，但与开花期无显著差异（$P>0.05$）。钙含量随生育时期的推进呈无规律变化，以现蕾期为最高，为 0.96%，最低的是分枝盛期。而磷含量以分枝盛期为最高，达 0.64%，其次是现蕾期为 0.45%，开花期显著下降，而开花至成熟期无显著性下降。不同物候期光叶紫花苕中无氮浸出物呈无规律变化，以分枝初期最高，其次是开花期和结荚期，位于第 3 位的是现蕾期，最低的是分枝盛期和种子成熟期。

表 3-37　光叶紫花苕不同物候期营养成分　　　　　　%/DM

物候期	粗蛋白质	粗纤维	粗脂肪	粗灰分	钙	磷	无氮浸出物
分枝初期	26.60a	11.43e	1.87b	11.90a	0.75d	0.52b	37.50a
分枝盛期	13.00b	15.77f	2.13a	12.30a	0.71e	0.64a	30.40d
现蕾期	12.40b	19.73d	1.90b	9.87b	0.96a	0.45c	31.77c
开花期	11.03c	29.27c	1.37c	6.97c	0.86c	0.12d	33.10a
结荚期	10.56cd	36.25b	1.23d	6.74c	0.92b	0.11d	33.01b
种子成熟期	10.33d	46.40a	1.03e	6.23c	0.90b	0.09d	30.30d

三、光叶紫花苕各部位的分布及营养成分

(一) 光叶紫花苕各部位植株分布

盛花期光叶紫花苕的干物质率为 13.4% (表 3-38),各部位风干的速度不一致,上部干物质率为 12.0%,中部为 13.0%,下部为 15.5%,光叶紫花苕的上、中、下 3 个部分占全株的 29.0%、37.0% 和 33.9%,以中部占全株的比例最大。

表 3-38　光叶紫花苕各部位的分布

项目	鲜重 (g)	干重 (g)	DM (%)	各部位的分布 (%)
上部	1 621.0	194.6	12.0	29.0
中部	1 915.0	248.1	13.0	37.0
下部	1 464.0	227.4	15.5	33.9
全株	5 000.0	670.1	13.4	100.0

引自:夏先林等,2004。

(二) 光叶紫花苕不同部位的营养成分

光叶紫花苕的粗蛋白质、粗脂肪、无氮浸出物是上部的营养价值最高,分别为 28.93%、3.23%、39.15% (表 3-39),中部次之,下部最低;从粗纤维、酸性洗涤纤维、中性洗涤纤维来看,上部最低,中部与全株相近,下部最高。中性洗涤纤维高饲料的适口性差,酸性洗涤纤维高影响家畜对饲料养分的消化,因此,光叶紫花苕上部的营养最好,其次是中部,下部最差。

表 3-39　光叶紫花苕各部位营养成分　　　　　　%/DM

项目	粗蛋白质	粗脂肪	粗纤维	酸性洗涤纤维	中性洗涤纤维	钙	无氮浸出物
上部	28.93	3.23	19.56	29.61	32.38	7.13	39.15
中部	23.21	2.95	27.12	32.57	35.28	7.32	37.40
下部	16.52	2.31	32.54	28.37	32.19	7.55	31.18

（续表）

项目	粗蛋白质	粗脂肪	粗纤维	酸性洗涤纤维	中性洗涤纤维	钙	无氮浸出物
全株	22.95	2.93	26.41	22.75	28.95	7.33	36.04

引自：夏先林等，2004。

第五节 栽培技术对凉山光叶紫花苕生产性能的影响

一、不同播种期对光叶紫花苕生产性能的影响

（一）光叶紫花苕不同播种期饲草产量

不同播种期在低山河谷区和二半山区的凉山光叶紫花苕的产草量均有明显影响，低山河谷区 8 月以前播种均可获得较高的产草量 37 850.00~53 530.00 kg/hm² （表 3-38），在冬前可刈割利用 1 次，获得一定生物量，刈割再生后次年继续生长，可刈割利用 1~2 次；在低山河谷区 8 月以前播种可充分发挥凉山光叶紫花苕再生力较强的特点，达到提高产草量的目的。9 月以后播种年产鲜草量 13 670.00~19 280.00 kg/hm²，不同播期产草量差异显著（$P<0.05$）。二半山区 8 月下旬播种，由于气温下降较快，冬前生物量明显低于 8 月上旬播种的产量，8 月上旬播种产草量为 58 170.00 kg/hm²，两期产草量差异显著 $P<0.05$），8 月中上旬播种冬前可刈割利用 1 次，有利于提供越冬草料，次年也可继续生长，可再刈割利用 1 次。因此凉山光叶紫花苕要获得高产在低山河谷区为 8 月前播种，二半山区 8 月中上旬播种。

（二）光叶紫花苕不同播种期种子产量

凉山光叶紫花苕在低山河谷区 9 月播种，二半山区在 8 月播种次年均能开花结实，但随着播种期的推迟，种子产量逐渐下降（低山河谷区 7 月下旬播种除外）。凉山光叶紫花苕种子生产在低山河谷区 9 月播种均可，种子产量可达 567.00~767.10 kg/hm²（表 3-40）以 8 月中上旬至 9 月中上旬播种产种量较高，二半山区在 8 月播种均可，种子产量为 465.75~562.20 kg/hm²，以 8 月中上旬播种产种量较高。

表 3-40 光叶紫花苕不同播种期产草量、产种量

播种期 （月/日）	低山河谷区		播种期 （月/日）	二半山区	
	鲜草产量 （kg/hm²）	种子产量 （kg/hm²）		鲜草产量 （kg/hm²）	种子产量 （kg/hm²）
7/27	53 530.00a	367.07	7/21	54 190.00a	562.20
8/12	37 850.00b	767.10	8/5	58 170.00a	519.15
8/28		700.35	8/23	41 800.00b	465.75

播种期 （月/日）	低山河谷区		播种期 （月/日）	二半山区	
	鲜草产量 （kg/hm²）	种子产量 （kg/hm²）		鲜草产量 （kg/hm²）	种子产量 （kg/hm²）
9/12	19 280.00c	667.05			
9/28	13 670.00c	567.00			

（三）安宁河流域播种期对光叶紫花苕产种性能的影响

1. 播种期对生育期的影响

光叶紫花苕在西昌8月15日、8月30日、9月15日、9月30日、10月15日和10月30日开展播种试验。从8月15日播种至10月30日播种均能开花结实，完成整个生育期。不同播种期对生育期影响明显。随着播种期的推迟，其生育期缩短。播种越早的其生育期越长，8月15日播种的生育期最长，为235 d，10月30日播种的生育期最短，为170 d。主要原因在于播种越早的营养生长期越长，播种越迟的从营养生长转向生殖生长越快，而对生殖生长的持续时间影响不明显。

2. 播种期对出苗时间的影响

播种期不同则出苗所用的时间不同。8月15日、8月30日播种，由于西昌正值高温、土壤表层干燥，播种后需要12 d左右才能出苗；9月15日、9月30日播种，温度适宜，降雨适中，播种后7 d左右就可以出苗；10月15日、10月30日播种，由于西昌开始处于冬旱时期，播种后需要10 d左右才出苗。从出苗情况看，所有播期均能正常出苗，出苗率在80%以上。

3. 播种期对株高、分枝数的影响

8月15日、8月30日由于播种较早，加之没对其进行刈割，植株生长旺盛，导致其植株下半部分枝条枯黄、腐烂，开花、结荚也从植株的上半部分开始，倒伏情况比较严重。9月15日和9月30日播种的植株生长比较好，开花结实性能较好，没有倒伏。10月15日和10月30日播种的植株生长较慢，在1月底还没有覆盖整个小区，植株矮小，分枝少，开花、结实的时间较短，成熟不一致。分枝期、现蕾期、开花期和结荚期的植株高度，8月15日、8月30日和9月15日播种的株高分别为8.10 cm（表3-41）、81.42 cm、89.73 cm、94.17 cm，10.03 cm、79.33 cm、93.37 cm、94.67 cm和9.50 cm、72.17 cm、94.80 cm、105.23 cm，显著（$P<0.05$）高于9月30日、10月15日和10月30日，而前3个播期的株高差异不显著（$P>0.05$）。

随着播期的推迟，光叶紫花苕的分枝数呈先增加后降低的趋势，9月15日播种的分枝数最大达到87.3个/m²（表3-41），10月30日播种的分枝数最小达到52.6个/m²。8月15日、8月30日、9月15日、9月30日、10月15日播种的分枝数之间差异不显著（$P>0.05$），而显著（$P<0.05$）高于10月30日播种的分枝数。光叶紫花苕的分枝数越

多，其花枝就越多，因此 9 月 15 日播期较好。

表3-41 不同播种期光叶紫花苕株高、分枝数 月/日

播期	株高（cm）				分枝数（个）
	分枝期	现蕾期	开花期	结荚期	
8/15	8.10b	81.42a	89.73a	94.17a	82.20a
8/30	10.03a	79.33a	93.37a	94.67a	82.25a
9/15	9.50a	72.17ab	94.80a	105.23a	87.33a
9/30	7.63b	58.83bc	77.17ab	86.03ab	78.50a
10/15	7.93b	51.50c	79.50ab	86.60ab	75.20a
10/30	5.93c	52.00c	60.50b	67.70b	52.67b

4. 播种期对结实性状的影响

不同播种期的光叶紫花苕种子在 4 月下旬到 5 月初成熟，各处理间花序数差异显著（$P<0.05$），以 9 月 15 日播种的花序数最高，为 16.33 个（表3-42），10 月 30 日播种的花序数最低，为 13.33 个。9 月 15 日播种的小花数与其他处理间差异显著（$P<0.05$），以 9 月 15 日播种的小花数最高，为 27.33 个。而 8 月 30 日、9 月 30 日和 10 月 15 日播种的小花数差异不显著（$P>0.05$），8 月 15 日和 10 月 30 日播种的小花数差异不显著（$P>0.05$）。处理间荚果数差异显著（$P<0.05$），荚果数在 9 月 15 日播种的每个枝条荚果数最多，为 48.00 个，而后随播期的推迟呈减少趋势。从种子产量上看，6 个不同播期种子产量分别为 487.20 kg/hm²、607.20 kg/hm²、1 013.55 kg/hm²、760.80 kg/hm²、367.05 kg/hm² 和 292.20 kg/hm²，随播期推迟，种子产量先增后降。以 9 月 15 日播种种子产量最高，为 1 013.55 kg/hm²，9 月 30 日播种种子产量次之，为 760.80 kg/hm²，以 10 月 30 日播种的种子产量最低。从表中看，8 月 15 日、8 月 30 日、10 月 15 日、10 月 30 日之间种子产量无显著差异，9 月 15 日播种的种子产量显著高于其他处理，9 月 30 日播种的种子产量显著高于 8 月 15 日、10 月 15 日、10 月 30 日的种子产量，与 8 月 30 日种子产量差异不显著。9 月 15 日、9 月 30 日播种，种子能够正常萌发出苗、开花结实，这时播种的植株营养生长阶段处于适宜的温度，使其得以充分生长，为生殖生长打下良好的基础，因此种子产量高。10 月 15 日、10 月 30 日播种，种子虽能正常萌发出苗、分枝、开花，但结荚不整齐，结实率低，种子成熟期极不一致，种子成熟性差，因而种子产量低。这表明在西昌过早、过迟播种均不理想，以 9 月 15 日播种种子产量最高，最迟不得超过 9 月 30 日播种。9 月 30 日播种种子直径最大，为 0.364 cm，9 月 15 日播种的次之，为 0.353 cm，各处理间种子直径差异不显著（$P>0.05$）。8 月 15 日与 8 月 30 日、9 月 15 日与 9 月 30 日、10 月 15 日与 10 月 30 日播种的千粒重差异不显著（$P>0.05$），8 月与 9 月千粒重差异不显著，8 月与 10 月千粒重差异不显著，9 月与 10 月千粒重差异显著。9 月 15 日播种的千粒重最

大，为 31.40 g，10 月 15 日播种的千粒重最小，为 27.07 g。

表 3-42　不同播种期对光叶紫花苕结实性能

播种期 （月/日）	花序数 （个/枝）	小花数 （个）	荚果数 （个/枝）	种子产量 （kg/hm²）	千粒重 （g）	种子直径 （cm）
8/15	15.67ab	24.00b	19.67b	487.20cd	29.50ab	0.341a
8/30	15.33abc	25.67ab	30.33ab	607.20bc	29.43ab	0.347a
9/15	16.33a	27.33a	48.00a	1013.55a	31.40a	0.353a
9/30	15.00abc	26.00ab	45.00a	760.80b	31.27a	0.364a
10/15	13.67bc	25.67ab	19.00b	367.05cd	27.07b	0.351a
10/30	13.33c	23.00b	16.00b	292.20cd	27.77b	0.345a

二、不同播种量对光叶紫花苕产量的影响

（一）播种量对光叶紫花苕产草量的影响

光叶紫花苕播种量为 15~150 kg/hm² 的产草量为 33 740~47 230 kg/hm²（表 3-43），以播量为 60~105 kg/hm² 产草量相对较高为 42 630~47 230 kg/hm²，其中，播量 60~105 kg/hm² 的鲜草产量平均为 45 515 kg/hm² 相对较高，高于其他播种量的平均鲜草产量 39 770 kg/hm² 的 14.5%。适宜的播种量可降低生产成本，既能保证冬前的高产，又能保证次年的再生长，从而提高产草量。

表 3-43　光叶紫花苕不同播种量的饲草产量

播种量（kg/hm²）	鲜草产量（kg/hm²）	播种量（kg/hm²）	鲜草产量（kg/hm²）
15	33 740	90	45 190
30	36 290	105	47 010
45	40 620	120	41 470
60	47 230	135	43 630
75	42 630	150	42 860

（二）播种量对光叶紫花苕种子产量的影响

在低山河谷区凉山光叶紫花苕不同播种量的产种量有显著差异（$P<0.05$），以播种量为 15 kg/hm² 产种量最低，为 370.50 kg/hm²（表 3-44），播种量为 22.50、30.00 和 37.50 kg/hm² 的产种量均显著高于播种量 15.00 kg/hm²，播种量为 22.50、30.00 和 37.50 kg/hm² 产种量差异不显著（$P>0.05$），表明播种量为 22.50~30.00 kg/hm² 为该生态区较适宜的播种量。在二半山区凉山光叶紫花苕不同播种量的产种量差异不显著（$P>0.05$），但以播种量为 1.88~30.00 kg/hm² 时种子产量较高，为 1 102.20~

1 443.00 kg/hm²，考虑种子发芽率及其他不可预知因素，种子生产播种量应在 15～30 kg/hm² 为宜。光叶紫花苕再生性强，植株群落密度可自行调节，合理密度有利于开花结实。凉山光叶紫花苕生产种子用种量在低山河谷区和二半山区以 15.00～30.00 kg/hm² 为宜。

表 3-44　光叶紫花苕不同播种量的产种量

播种量 （kg/hm²）	产种量（kg/hm²）		播种量 （kg/hm²）	产种量（kg/hm²）	
	低山河谷区	二半山区		低山河谷区	二半山区
1.88	—	1 236.00a	30.00	778.20a	1 386.00a
3.75	—	1 240.50a	37.50	797.55a	915.00ab
7.50	—	1 269.00a	45.00	—	841.50ab
15.00	370.50b	1 443.00a	52.50	—	942.00ab
22.50	648.45a	1 102.20a	60.00	—	1 198.50a

三、刈割期对光叶紫花苕产量的影响

（一）刈割期对光叶紫花苕产草量的影响

8 月 15 日同期播种的光叶紫花苕，播后 60 d、90 d、105 d、120 d 和 135 d 刈割处理后均能开花结实，完成整个生育期。随着刈割时期的推迟，其分枝期、现蕾期、开花期、结荚期和成熟期都相应推迟，生育期相应延长。不刈割处理的生育期最短为 228 d，刈割处理的生育期要比不刈割的生育期延长 5～18 d。

1. 刈割期对光叶紫花苕植株性状的影响

光叶紫花苕于 8 月 15 日播种，播后 60 d、90 d、105 d、120 d、135 d 刈割时植株的高度分别为 29.06 cm（表 3-45）、47.75 cm、65.41 cm、71.28 cm 和 84.99 cm；刈割时植株的茎粗分别为 0.118 cm、0.151 cm、0.204 cm、0.208 cm 和 0.233 cm。不同刈割时期植株高度之间差异显著（$P<0.05$），不同刈割时期植株茎粗之间差异显著（$P<0.05$）。由于该试验同期播种，这些刈割时期均处于光叶紫花苕的营养生长阶段。随着刈割时期的推迟，其植株高度和茎粗必然会增加。从刈割时枝条密度来看，播种后 60 d、90 d、105 d、120 d、135 d 刈割枝条密度分别为 1 016.00 个/m²、1 028.67 个/m²、1 076.30 个/m²、922.67 个/m²、922.33 个/m²，各处理刈割时枝条密度差异不显著（$P>0.05$）。但枝条密度呈先增加后降低的趋势，这是因为光叶紫花苕在出苗后 13 d 左右开始分枝，播种后 60～105 d 处于光叶紫花苕分枝旺盛期，枝条密度呈增加的趋势；播种后 105～135 d 处于光叶紫花苕生长后期，植株生长旺盛，下半部分由于遮阴、透气性差，部分植株枯黄、死亡，导致枝条密度减少。

2. 刈割期对光叶紫花苕产草量的影响

播种后 60 d、90 d、105 d、120 d、135 d 刈割平均鲜草产量分别为 4 566. 75 kg/hm²（表 3-45）、15 500. 10 kg/hm²、18 000. 15 kg/hm²、18 666. 75 kg/hm²、27 833. 55 kg/hm²，播种后 135 d 刈割的产草量最高，显著（$P<0.05$）高于播种后 60 d、90 d 刈割的产草量，也显著（$P<0.05$）高于播种后 105 d、120 d 刈割的产草量，说明随着刈割时期的推迟，光叶紫花苕生物量的生长积累使产草量逐渐增加。除播种后 105 d 和播种后 120 d 刈割外，各处理间产草量差异显著（$P<0.05$）。播种后 90 d、105 d、120 d、135 d 刈割的产草量显著（$P<0.05$）高于播种后 60 d 刈割的产草量，播种后 60 d 光叶紫花苕正值生长高峰期，此时刈割利用不经济。

表 3-45　不同刈割期光叶紫花苕的产草量

刈割期	株高（cm）	茎粗（cm）	枝条密度（个/m²）	产草量（kg/hm²）
播后 60 d 刈割 1 次至次年开花结实	29. 06d	0. 118d	1 016. 00a	4 566. 75c
播种后 90 d 刈割 1 次至次年开花结实	47. 75c	0. 151c	1 028. 67a	15 500. 10b
播种后 105 d 刈割 1 次至次年开花结实	65. 41b	0. 204b	1 076. 30a	18 000. 15b
播种后 120 d 刈割 1 次至次年开花结实	71. 28b	0. 208ab	922. 67a	18 666. 75b
播种后 135 d 刈割 1 次至次年开花结实	84. 99a	0. 233a	922. 33a	27 833. 55a

（二）刈割期对光叶紫花苕产种量的影响

不同刈割处理的光叶紫花苕在 4 月底至 5 月初种子成熟。各处理间花序数差异显著（$P<0.05$），以播后 105 d 刈割处理最高为 19. 09 个（表 3-46），播后 135 d 刈割处理最低为 12. 43 个。各处理间小花数差异显著（$P<0.05$），以播后 105 d 处理最高为 25. 96 个，播后 135 d 刈割处理最低为 21. 21 个。处理间荚果数差异显著（$P<0.05$），以播后 105 d 刈割处理最高为 45. 3 个，播后 120 d 刈割处理最低为 16. 00 个。不同刈割时期对每个荚果的种子数影响不大（$P>0.05$），种子数变幅在 2~5 粒。播后 60 d、90 d、105 d、120 d 和 135 d 刈割和播后不刈割平均种子产量为 631. 50 kg/hm²、847. 50 kg/hm²、964. 50 kg/hm²、328. 50 kg/hm²、204. 00 kg/hm² 和 561. 00 kg/hm²，各处理间产种量差异显著（$P<0.05$）。播后 105 d 刈割产种量最高为 964. 50 kg/hm²，播后不刈割的产种量较低为 561. 00 kg/hm²，这是因为 8 月下旬播种整个生育期不刈割利用，植株 2/3 以下部分枯黄落叶，造成生殖枝开花结实少，从而影响产种量。播后 120 d 刈割的产种量较低为 328. 50 kg/hm²，播后 135 d 刈割产种量最低为 204. 00 kg/hm²。这是因为播种后 120 d 和 135 d 刈割，植株低矮，再生性差，单株结荚数少，种子成熟期不一致，从而导致产种量低。光叶紫花苕属无限花序，边开花边结实边成熟，种子授粉结实过程较长，受环境和营养因素的影响，造成光叶紫花苕种子直径差异较大。播后 90 d 刈割种子直径最大为 0. 377 cm，播后不刈割种子直径为 0. 360 cm，与其他处理间差异显著（$P<0.05$）。播后

90 d 刈割千粒重最大为 29.87 g，播后不刈割千粒重为 29.74 g，各处理间千粒重差异不显著（$P>0.05$）。

表 3-46 不同刈割时期光叶紫花苕结实性状

刈割时期	花序数/枝条	小花数/花序	荚果数/结荚花序	种子数/荚果	种子直径（cm）	千粒重（g）	产种量（kg/hm²）
播后 60 d 刈割	14.56b	23.37ab	26.30b	4.33a	0.348c	28.77a	631.50b
播后 90 d 刈割	13.73b	24.57a	42.30a	4.67a	0.377a	29.87a	847.50a
播后 105 d 刈割	19.09a	25.96a	45.30a	4.33a	0.352b	27.84a	964.50a
播后 120 d 刈割	15.60ab	23.84ab	16.00b	4.00a	0.346c	27.85a	328.50c
播后 135 d 刈割	12.43b	21.21b	16.30b	4.00a	0.345c	25.49a	204.00c
播后不刈割	15.98ab	24.31a	21.00b	4.33a	0.360ab	29.74a	561.00b

光叶紫花苕分枝性强，不同刈割时期对光叶紫花苕生产性能有明显影响，播后 105 d 刈割利用鲜草 1 次，产草量较高，又可避免播种后不刈割利用其植株 2/3 以下部分枯黄落叶，造成其生殖枝开花结实少，从而影响其产种量。播后 90 d 刈割 1 次比播后 60 d 刈割 1 次，时间只多了 1/3 而产草量增加 2.40 倍、种子产量增加 34.20%，可见光叶紫花苕在播种后 60 d 未达到其生物量高峰期，此时刈割不经济。播种后 60 d 刈割利用鲜草 1 次平均种子产量为 631.50 kg/hm²，产草量为 4 566.75 kg/hm²。播种后 135 d 刈割利用鲜草 1 次的产草量为 27 833.55 kg/hm²，而种子产量为 204.00 kg/hm²。在冬前刈割 1 次的各处理中，刈割时期的早晚对鲜草产量和种子产量有明显影响，刈割时期过迟，鲜草产量虽高，但种子产量下降。适时刈割不仅可多收鲜草解决青饲料的不足，而且刈割后植株低矮、通风透光，结实性能好，种子产量高。光叶紫花苕在安宁河流域 8 月下旬播种应在播种后 105 d 刈割利用 1 次，这样其产草和产种性能均能得到充分发挥，从而获得较高的经济效益。

（三）不同刈割期对不同播种量光叶紫花苕种子田前期产草量和性状的影响

1. 不同刈割期对不同播种量光叶紫花苕种子田产草量的影响

不同播种量的光叶紫花苕播种后 80 d 刈割，鲜草产量分别为 9 091.95 kg/hm²（表 3-47）、147 990.00 kg/hm² 和 21 156.30 kg/hm²。播后 80 d 刈割不同播种量的鲜草产量差异显著。其中播种量为 18 kg/hm² 的鲜草产量最高，显著高于播种量 8 kg/hm²、4 kg/hm² 的鲜草产量，播后 90 d 刈割，不同播种量的鲜草产量分别为 15 820.35 kg/hm²、23 761.95 kg/hm² 和 21 625.35 kg/hm²，不同播种量间鲜草产量差异显著，播种量 8 kg/hm²、18 kg/hm² 的鲜草产量显著高于 4 kg/hm²，产量相对较高，其中 80 d 刈割播种量 18 kg/hm² 和 90 d 刈割播种量 8 kg/hm²、18 kg/hm² 产草量分别为 21 156.30 kg/hm²、23 761.95 kg/hm² 和 21 625.35 kg/hm² 差异（$P>0.05$）不显著，表明凉山光叶紫花苕播种量 8 kg/hm²、18 kg/hm² 生长 80 d 后到 90 d 前后已生长较充分，产量相对较高应是可选刈割期。

表 3-47　不同刈割期不同播种量光叶紫花苕的鲜草产量

播种量 （kg/hm²）	播后 80 d 刈割		播后 90 d 刈割		80 d：90 d
	产草量（kg/hm²）	相对比（%）	产草量（kg/hm²）	相对比（%）	
4	9 091.95c	100	15 820.35b	100	1：1.74
8	147 990.00b	162.77	23 761.95a	150.19	1：1.61
18	21 156.30a	232.69	21 625.35a	136.36	1：1.02

2. 不同刈割期对不同播种量光叶紫花苕种子田分枝数的影响

播后 80 d 刈割不同播种量的分枝数分别为 69.19 个（表 3-48）、40.56 个和 43.19 个，播种后 90 d 刈割的株分枝数分别为 97.50 个、56.81 个和 53.50 个，播种后 80 d 和 90 d 刈割，播种量 4 kg/hm² 株分枝数分别为 69.19 和 97.50 相对最高，8 kg/hm²、18 kg/hm² 的分枝数只相当于 4 kg/hm² 的 58.62%~62.42%、54.87%~58.27%，刈割 80 d 和 90 d 的产草量比 4 kg/hm² 提高 62.77%~132.69% 和 36.36%~50.19%，可见播种量为 8~18 kg/hm² 是种子田适合的种植密度。

表 3-48　不同刈割期不同播种量光叶紫花苕种子田分枝数

播种量 （kg/hm²）	播后 80 d 刈割		播后 90 d 刈割		80 d：90 d
	株分枝数（个）	相对比（%）	株分枝数（个）	相对比（%）	
4	69.19±28.56	100	97.50±53.70	100	1：1.41
8	40.56±23.72	58.62	56.81±24.60	58.27	1：1.44
18	43.19±17.80	62.42	53.50±22.04	54.87	1：1.27

3. 不同刈割期对不同播种量光叶紫花苕种子田分枝长度的影响

播后 80 d 不同播种量的光叶紫花苕的分枝长度由 64.99 cm（表 3-49）递增到 75.79 cm，再递增到 82.52 cm。播后 90 d 不同播种量的光叶紫花苕的分枝长度由 69.01 cm 递增到 90.15 cm，再递增到 92.86 cm，可见密度对光叶紫花苕分枝长度有明显影响，光叶紫花苕适合的种植密度有利分枝长度的增长，直接影响单位面积生物量的增加。

表 3-49　不同刈割期不同播种量光叶紫花苕种子田植株分枝长度

播种量 （kg/hm²）	播后 80 d 刈割		播后 90 d 刈割		80 d：90 d
	分枝长度（cm）	相对比（%）	分枝长度（cm）	相对比（%）	
4	64.99±9.84	100	69.01±10.10	100	1：1.06
8	75.79±15.08	116.63	90.15±4.93	130.63	1：1.19
18	82.52±11.67	126.99	92.86±7.74	134.56	1：1.13

4. 不同刈割期对不同播种量光叶紫花苕种子田分枝重的影响

播后 80 d、90 d 刈割不同播种量的光叶紫花苕分枝重在 6.19~10.14 g（表 3-50）、6.83~13.34 g，随着播种量的增加分枝重增加，组间差异（$P<0.05$）显著，结合分枝长度的分析，合理的播种量分枝长，分枝也重，生物产量也高。

表 3-50　不同刈割期不同播种量光叶紫花苕种子田分枝重

播种量 （kg/hm²）	播后 80 d 刈割		播后 90 d 刈割		80 d：90 d
	分枝重（g）	相对比（%）	分枝重（g）	相对比（%）	
4	6.19±1.39c	100	6.83±1.99b	100	1：1.10
8	8.06±1.30b	130.12	13.34±1.97a	195.28	1：1.65
18	10.14±3.18a	163.81	12.23±1.65a	179.06	1：1.21

5. 不同刈割期对不同播种量光叶紫花苕种子田分枝茎粗的影响

播后 80 d 刈割不同播种量的光叶紫花苕分枝茎粗为 0.47~0.70 cm（表 3-51），播后 90 d 刈割不同播种量的光叶紫花苕分枝茎粗为 0.56~0.72 cm，随密度增加，茎粗相对增加，组间差异（$P<0.05$）显著，表明合理的种植密度有利茎粗的增长，分枝重也相对高。

表 3-51　不同刈割期不同播种量光叶紫花苕种子田分枝茎粗

播种量 （kg/hm²）	播后 80 d 刈割		播后 90 d 刈割		80 d：90 d
	茎粗（cm）	相对比（%）	茎粗（cm）	相对比（%）	
4	0.47±0.02c	100	0.56±0.02b	100	1：1.18
8	0.60±0.03b	127.18	0.71±0.02a	128.25	1：1.19
18	0.70±0.03a	147.56	0.72±0.01a	129.94	1：1.04

6. 不同播种量光叶紫花苕种子田脚叶枯黄节数

不同播种量与脚叶枯黄节数产生有密切关系。播种后 90 d 不同播种量光叶紫花苕脚叶枯黄节数平均为 3.50 节（表 3-52）、9.25 节和 8.50 节，分枝平均出现脚叶枯黄比例分别为 12.41%、71.19% 和 68.96%，表明播种量增大，脚叶枯黄节数比例明显增加，也说明密度增加透光量受到影响，导致脚叶枯黄，如果时间增长，枯黄节数继续增加会影响刈割后再生萌发，播种后 90 d 已普遍出现脚叶枯黄，表明已是应刈割的时期。

表 3-52　不同刈割期不同播种量光叶紫花苕种子田脚叶枯黄节数

播种量（kg/hm²）	脚叶枯黄节数（节）	脚叶出现率（%）
4	3.50	12.41
8	9.25	71.19
18	8.50	68.96

通过播种量 4 kg/hm²、8 kg/hm²、18 kg/hm² 构成低、中、高三个种植密度，在播后 80 d 与 90 d 观测到光叶紫花苕植物学生长的特点，一是密度过稀一定生长期内，植株增长以分枝数为主，播后 80 d 和 90 d 株平均分枝数分别为 69.19 个和 97.50 个，明显比中、高密度组高，二是中、高密度组明显比低密度组，在相同生长期分枝长度长、分枝茎更粗、分枝重量重；高密度组分枝长度比低密度组分别相对高 16.63%~26.99% 和 30.63%~34.56%，而且分枝平均长度可达 92.86 cm，表明生长已比较充分；分枝重量也分别相对高 30.12%~63.81% 和 79.06%~95.28%；平均茎粗也分别相对高 27.8%~47.56% 和 28.25%~29.94%。三是刈割 80 d 和 90 d 中高密度的产草量比低密度分别高 62.77%~132.69%、36.36%~50.19%。以上情况可看出光叶紫花苕要高产需要合理的种植密度，主要表现在有利分枝长度、茎粗度、分枝重量的增加，该测定看出 8kg~18kg/hm² 播种量有利光叶紫花苕植株综合性状的生长。不同种植密度在一定生长期与脚叶枯黄节数的产生有密切关系，低、中、高三个密度，在生长 80 d 至 90 d，分枝平均脚叶枯黄节数出现率分别为 12.41%、71.19% 和 68.96%，中、高密度多数分枝出现脚叶大量枯黄，继续延长生长期，影响刈割萌发再生，可见播种后 80 d 至 90 d 正是适合的刈割期。

四、刈割次数对光叶紫花苕产量的影响

8 月 10 日播种的光叶紫花苕的出苗期、分枝期、现蕾期分别需要 5 天、19 天和 52 天；刈割 1 次 B 组开花期、结实期、种子成熟期分别是第二年 1 月 20 日、3 月 30 日和 4 月 18 日；冬前刈割 2 次的 C 组开花期、结实期和种子成熟期分别是第二年 2 月 1 日—2 月 24 日，3 月 30 日和 4 月 18 日；D 组冬前刈割 2 次、早春刈割 1 次，开花推迟到第二年 4 月 16 日，比刈割一次和二次组分别推迟约 2 个月和 1 个月，最终少数植株结实；冬前刈割利用一次和二次均能完成整个生育期，生育天数为 251 d。

（一）刈割次数对光叶紫花苕株高的影响

A、C、D 组第 1 次刈割 60 d 自然生长株高在 35.33~39.27 cm（表 3-53），80 d 刈割 B 组自然株高为 59.47 cm，可见 60~80 d 之间生长较快，第 1 次刈割应在 80 d 左右为好；C、D 组第 1 次刈割后隔 45 天刈割植株，自然高度为 40.47~44.80 cm，A 组第 1 次刈割后隔 134 天自然高度仅 72.00 cm，与 C、D 组比较生长高度仅增 30 cm 左右，约 75%，D 组 10 月 10 日刈割第 2 次、第二年早春刈割第 3 次，自然生长高度为 57.43 cm，不同刈割利用安排方式总的自然高度 A、B、C、D 组分别为 107.33 cm、59.47 cm、82.57 cm、137.17 cm，A、D 组刈割安排不结实，可作为产草利用不收种，D 组整个生育期在 8 月种植后 10 月左右，12 月左右，第二年 2 月刈割 1 次，比 A 组 2 次刈割自然高度多 29.84 cm；B、C 组产种又产草，但刈割 2 次 C 组比刈割 1 次 B 组株高 23.1 cm，可见冬前刈割 2 次为好。

表 3-53　光叶紫花苕不同刈割次数的株高

刈割次数	株高（cm）			
	1 次刈割	2 次刈割	3 次刈割	总和
2 次（A 播种后 60 d 刈割 1 次，次年 2 月底再刈割 1 次，直到开花结实）	35.33	72.00		107.33
1 次（B 播种后 80 d 刈割 1 次，次年不刈割直到开花结实）	59.47			59.47
2 次（C 播种后 60 d 刈割 1 次，隔 45 d 后（初冬）再刈割 1 次，次年不刈割直到开花结实）	37.77	44.80		82.57
3 次（D 播种后 60 d 刈割 1 次，隔 45 d 后（初冬）再刈割 1 次，第二年早春再刈割 1 次，直到开花结实）	39.27	40.47	57.43	137.17

（二）刈割次数对光叶紫花苕产草量的影响

光叶紫花苕播后 60 d 刈割 1 次，次年 2 月底再刈割 1 次产草量最高，2 次刈割产草量达 37 374.15 kg/hm²（表 3-54），播后 60 d 刈割 1 次，隔 45 d 再刈割 1 次，第二年春再刈割 1 次产草量次之，3 次刈割产草量达 33 127.65 kg/hm²，其次为播后 60 d 刈割 1 次，隔 45 d 再刈割 1 次产草量为 15 452.10 kg/hm²，播后 80 d 刈割 1 次，次年不刈割的产草量最低，为 14 451.60 kg/hm²。说明刈割次数对产草量有明显影响，刈割 2 次以上比刈割 1 次产草量高。从第一次刈割时间来看播种后 80 d 的产草量为 14 451.60 kg/hm²，比其他处理推迟 20 d 刈割的产草量高，比其他处理提高 80.55%～159.99%，播后 60 d 刈割 1 次，隔 45 d 刈割 1 次的产草量为 15 452.10 kg/hm²，与播后 80 d 刈割的产草量基本一致，可见播后生长 80 d 左右刈割有利提高饲草产量。

表 3-54　光叶紫花苕不同刈割次数的产量

处理	鲜草产量（kg/hm²）			
	1 次	2 次	3 次	总产量
播后 60 d 刈割 1 次，次年 2 月 24 日再割 1 次	6 336.45	31 037.70		37 374.15
播后 80 d 刈割一次	14 451.60			14 451.60
播后 60 d 刈割 1 次，隔 45 d 再割 1 次	8 004.00	7 448.10		15 452.10
播后 60 d 刈割 1 次，隔 45 d 再割 1 次，第二年早春再刈割 1 次	5 558.40	7 614.90	19 954.35	33 127.65

（三）刈割次数对光叶紫花苕产种量的影响

播种后 80 d 刈割 1 次，次年不刈割和播种后 60 d 刈割 1 次，隔 45 d 再刈割 1 次在第二年均能开花结实收种，播种后 60 d 刈割 1 次，隔 45 d 再刈割 1 次的种子产量为 644.70 kg/hm²（表 3-55），播种后 80 d 刈割 1 次的种子产量为 589.20 kg/hm²，播种后 60 d 刈割 1 次，隔 45 d 再刈割 1 次产种量比播种后 80 d 刈割 1 次的种子产量高 9.42%，千粒重相差 0.27 克，可见冬前刈割 1 次或 2 次，第二年早春再刈割不能顺利结实产种，要使光叶紫花苕产草又产种只能冬前刈割利用 2 次，饲草产量、种子产量相对较高。

表 3-55　光叶紫花苕不同刈割次数的产量

处理	刈割次数	种子产量（kg/hm²）	千粒重（g）
播后 60 d 刈割 1 次，次年 2 月 24 日再割 1 次	2	0	
播后 80 d 刈割一次	1	589.20	22.20
播后 60 d 刈割 1 次，隔 45 d 再割 1 次	2	644.70	21.93
播后 60 d 刈割 1 次，隔 45 d 再割 1 次，第二年早春再刈割 1 次	3	0	

五、叶面施硼、播种量、刈割次数对光叶紫花苕产种性能的影响

（一）施硼、播种量和刈割次数对凉山光叶紫花苕种子产量的影响

试验因素水平设置如表 3-56 所示。

表 3-56　试验因素水平设置

水平	A 叶面施硼（g/亩）	B 播种量（kg/亩）	C 刈割次数（播种至收种）
1	0	1.156	0
2	1 000	0.506	1
3	1 500	0.278	2

通过施硼、播种量和刈割次数的 3 因素 3 水平 9 个处理的正交试验表明，试验处理 2 即不施硼+0.506kg/亩的播种量+刈割 1 次处理的种子产量最高，达到 1 745.70kg/hm²（表 3-57），其次是处理 8 和处理 6，即施硼 1 500 g/亩+0.506kg/亩的播种量处理和施硼 1 000 g/亩+0.278kg/亩的播种量处理。种子产量较低的是处理 3、处理 5 和处理 7，这三个处理的刈割次数均为 2 次。

在 3 个因素中极差最大的为刈割次数，为 79.38，其次是播种量，最小的是施硼处理。在区组种子产量结果分析中刈割次数区组（C 组）中以 C1，C2 较高，即不刈割和刈割 1 次处理，种子产量平均达 1 486.05 kg/hm² 和 1 347.90 kg/hm²，播种量区组（B 组）种子产量最高是 B2 组，即播种量为 0.506 kg/亩，种子产量为 1 245.90 kg/hm²，施硼区组（A 组）的差异较小，种子产量最高的是 A1 组，即不施硼处理。通过本实验表明，凉山光叶紫花苕种子产量最高的田间管理组合是 C1 或 C2、B2、A1，即不刈割或刈割 1 次，播种量为 0.506 kg/亩，不喷施硼。

随着施硼量的变化，光叶紫花苕的种子产量变化较小，在不施硼的处理下种子产量最高为 1 118.25 kg/hm²。随着播种量的降低光叶紫花苕的种子产量表现先增加后降低的趋

势，在播种量为 0.506 kg/亩的种子产量最高，为 1 245.90 kg/hm²。随着刈割次数的增加种子产量逐渐降低，在不刈割的情况下种子产量可达 1 486.05 kg/hm²，在刈割 2 次的种子产量急剧降低，降低到 295.35 kg/hm²，极显著低于不刈割和刈割 1 次的处理。

表 3-57　凉山光叶紫花苕正交试验处理种子产量

试验处理编号	A 施硼	B 播种量	C 刈割次数	种子产量（kg/hm²）
1	1	1	1	1 352.25
2	1	2	2	1 745.70
3	1	3	3	256.95
4	2	1	2	1 172.40
5	2	2	3	309.00
6	2	3	1	1 422.60
7	3	1	3	319.95
8	3	2	1	1 683.15
9	3	3	2	1 125.60
K1	3 354.75	2 844.60	4 458.00	
K2	2 904.00	3 737.85	4 043.70	
K3	3 128.70	2 805.00	885.90	
k1	1 118.25	948.15	1 486.05	
k2	698.10	1 245.90	1 347.90	
k3	1 042.95	935.10	295.35	
R	150.30	310.95	1 190.70	

（二）施硼、播种量和刈割次数凉山光叶紫花苕种子产量方差分析

施硼、播种量和刈割次数种子产量方差分析表明试验误差（e₁）和误差（e₂）的均方均较小，并且较一致，表明试验结果可靠，合并平方和自由度作为 F 检验的误差项。从表 3-58 可以看到刈割次数的平方和和均方最大，对凉山光叶紫花苕的种子产量影响也最大，其次是播种量，影响最小的是施硼量。通过 F 比较，刈割次数对种子产量的影响达到极显著水平（P<0.01），播种量对种子产量的影响差异不显著。施硼处理之间几乎不存在差异，其均方值均小于和明显小于 e₁ 的均方值。

表 3-58　凉山光叶紫花苕正交试验种子产量的方差分析

变异来源	自由度	平方和	均方	F 值	Fa
A（施硼）	2	0.000 12	0.000 06	0.001 4	F0.05（2，33）= 2.92
B（播种量）	2	0.216 6	0.108 3	2.489 7	F0.01（2，33）= 5.34

（续表）

变异来源		自由度	平方和	均方	F 值	*Fa*
C（刈割次数）		2	2.296 3	1.148 1	26.394 2	
	e₁	2	0.111 5	0.055 7		
	e₂	27	1.108 5	0.041 1		
e′	A e₁ e₂	33	1.436 7	0.043 5		
总和		35	3.733			

施硼、播种量和刈割次数正交试验结果及其方差分析表明，凉山光叶紫花苕种子产量影响程度从高到低的顺序是：刈割次数>播种量>施硼。刈割次数对光叶紫花苕的种子产量有极显著影响，不刈割和刈割 1 次的种子产量极显著高于刈割 2 次的种子产量，播种量对光叶紫花苕的种子产量的影响不显著，最佳播种量为 0.506 kg/亩，高于和低于该值都会使种子产量降低。叶面喷施硼对种子产量影响较小。

通过正交试验得出在刈割次数区组中不刈割和刈割 1 次的种子产量较高，分别达 1 486.05 kg/hm² 和 1 347.90 kg/hm²，播种量区组中最高是 B2 组，播种量为 0.506 kg/亩，种子产量达 1 245.90 kg/hm²，施硼对光叶紫花苕的种子产量影响较小。综合以上的分析和经济效益，光叶紫花苕在四川凉山地区进行种子生产时，播种量应为 0.506 kg/亩，播种后出苗 90 d 时刈割 1 次，然后留茬进行种子生产，种子产量可达 1 745.70 kg/hm²，比已见报道的最高平均产种量 767.10 kg/hm²，提高 978.6 kg/hm²。

六、灌水施肥对光叶紫花苕产草量的影响

（一）灌水对光叶紫花苕产草量的影响

布拖冬季刈割后灌水对光叶紫花苕的生长影响明显，刈割后灌水，生长 40 d 的植株高度为 17.53 cm（表 3-59），比不灌水组的 14.30 cm 提高 22.59%。灌水组鲜草产量为 32 616.00 kg/hm²，比不灌水组的 23 701.50 kg/hm² 提高 37.62%。从灌水后的生长势和鲜草产量比较表明，在冬春干旱季节灌水是提高光叶紫花苕饲草产量的重要技术措施。

表 3-59　灌水处理光叶紫花苕的株高和产量

处理	株高		产量（kg/hm²）	
	生长 40 d 株高（cm）	相对比	鲜草产量	相对比
冬季刈割后灌水	17.53	122.59	32 616.00	137.62
不灌水	14.30	100.00	23 701.50	100.00

引自：且沙此咪，2005

（二）施磷肥对光叶紫花苕产草量的影响

施磷肥的光叶紫花苕的产草量为 61 030.50 kg/hm² （表 3-60），比不施肥组的产草量 22 812.00 kg/hm² 提高 167.50%。施磷肥可明显提高光叶紫花苕的生活力和固氮能力，从而提高产草量，合理的施肥对提高光叶紫花苕饲草产量是不可缺少的技术措施。

表 3-60　施磷肥对光叶紫花苕产草量

处理	播期	鲜草产量（kg/hm²）	相对比
磷肥 150 kg/hm²	8 月下旬	61 030.50	267.50
不施肥	8 月下旬	22 812.00	100.00

七、不同耕作模式对光叶紫花苕产量的影响

（一）不同海拔不同耕作模式光叶紫花苕产量

布拖境内海拔 2 480 米、2 280 米、2 580 米光叶紫花苕饲草产量分别为 37 318.65 kg/hm²、45 422.70 kg/hm² 和 31 315.65 kg/hm²（表 3-61），随海拔的增加产草量呈下降趋势，海拔相对低的拖觉点的产草量高，为 45 422.70 kg/hm²，分别比海拔相对高 200～300 米的布拖点、西溪河点的产量提高 21.72% 和 45.05%，可见光叶紫花苕在高海拔地区的适应性强，海拔增高对饲草产量有明显影响，但都能获得一定的产量。不同种植方式净作、套作、间作的产草量分别为 52 976.55 kg/hm²、28 114.05 kg/hm² 和 22 611.30 kg/hm²，净作和套作分别高于间作产草量的 134.29% 和 24.34%，净作高出套作的 88.43%，净作产量明显高于套、间作产量，为主要推广的种植模式。

表 3-61　不同海拔不同耕作方式光叶紫花苕饲草产量

样点	海拔（m）	鲜草产量（kg/hm²）	相对比	耕作方式	鲜草产量（kg/hm²）	相对比
布拖	2 480	37 318.65	119.17	净作	52 976.55	234.29
拖觉	2 280	45 422.70	145.05	套作	28 114.05	124.34
西溪河	2 580	31 315.65	100.00	间作	22 611.30	100.00

引自：且沙此咪，2005

（二）光叶紫花苕与大麦混播

光叶紫花苕单播鲜草产量为 31 250.10 kg/hm²（表 3-62），混播鲜草产量为 31 500.15～37 500.00 kg/hm²，其中 85% 光叶紫花苕 +15% 大麦的鲜草产量最高为 37 500.00 kg/hm²，其次是 25% 光叶紫花苕 +75% 大麦，鲜草产量最低的是 70% 光叶紫花苕 +30% 大麦。光叶紫花苕单播干草产量为 4 445.10 kg/hm²，混播的干草产量为 4 899.75～5 812.35 kg/hm²，混播中干草产量依次为 25% 光叶紫花苕 +75% 大麦 >85% 光叶

紫花苕+15%大麦>50%光叶紫花苕+50%大麦。混播各处理比光叶紫花苕单播干草产量提高 10.23%~30.76%，除 70%光叶紫花苕+30%大麦混播外，其他混播组合比大麦单播提高 6.19%~10.71%，得出 85%光叶紫花苕+15%大麦混播效果最好。

表 3-62 光叶紫花苕与大麦混播产量

处理	鲜草产量 （kg/hm²）	干草产量 （kg/hm²）	混播比光叶紫花 苕单播提高	混播比大麦单播提高
光叶紫花苕单播	31 250.10	4 445.10		
85%光叶紫花苕+15%大麦	37 500.00	5 729.70	28.90%	9.31%
70%光叶紫花苕+30%大麦	31 500.15	4 899.75	10.23%	-6.67%
50%光叶紫花苕+50%大麦	35 750.10	5 575.05	25.42%	6.19%
25%光叶紫花苕+75%大麦	36 875.10	5 812.35	30.76%	10.71%
大麦单播	30 000.15	5 250.00		

引自：马海天才，1994

（三）光叶紫花苕+多花黑麦草混播

1. 光叶紫花苕与多花黑麦草混播产草量

产草量是衡量群体结构的一项重要指标，合理的草群结构可充分利用有限的土地资源，获得高产。2 次刈割的饲草产量在 9 132.23~17 730.53 kg/hm²（表 3-63），各处理的饲草产量差异显著。产草量由高到低依次为 A6 > A7 > A5 > A4 > A2 > A3 > A1 > A8，饲草产量表现为同行混播>间作混播>单播。同行混播的饲草产量比单播多花黑麦草提高 14.08%~43.19%，间作条播的饲草产量比单播多花黑麦草提高 1.90%~8.45%，同行混播的饲草产量比单播光叶紫花苕提高 54.67%~94.15%，间行条播的饲草产量比单播光叶紫花苕提高 38.16%~47.04%。处理中 A6 和 A7 饲草产量最高，分别为 17 730.53 kg/hm²和 16 501.25 kg/hm²，分别比其他处理差异显著（P<0.05），但两处理之间差异不显著（P>0.05）。各处理多花黑麦草、光叶紫花苕在总产量中所占比例呈现出随混播组合中两组分比例的增加产量增加的趋势。

表 3-63 2 次刈割光叶紫花苕+多花黑麦草混播饲草产量比较 （kg/hm²）

处理	产量构成					相对比	
	多花黑麦草	光叶紫花苕	总产量	多花黑麦草 占总产量的%	光叶紫花苕 占总产量的%	混播与A1 相比提高	混播与A8 相比提高
多花黑麦草单播 （A1）	12 382.19		12 382.19c	100%			
25%多花黑麦草+ 75%光叶紫花苕间作 （A2）	6 531.26	6 744.87	13 276.13bc	49.20%	50.80%	7.22%	45.38%

（续表）

处理	产量构成					相对比	
	多花黑麦草	光叶紫花苕	总产量	多花黑麦草占总产量的%	光叶紫花苕占总产量的%	混播与A1相比提高	混播与A8相比提高
50%多花黑麦草+50%光叶紫花苕间作（A3）	8 120.73	4 496.58	12 617.31c	64.36%	35.64%	1.90%	38.16%
75%多花黑麦草+25%光叶紫花苕间作（A4）	10 159.74	3 268.13	13 427.87bc	75.67%	24.33%	8.45%	47.04%
25%多花黑麦草+75%光叶紫花苕同行混播（A5）	9 025.84	5 099.22	14 125.06b	63.90%	36.10%	14.08%	54.67%
50%多花黑麦草+50%光叶紫花苕同行混播（A6）	13 697.51	4 033.02	17 730.53a	77.25%	22.75%	43.19%	94.15%
75%多花黑麦草+25%光叶紫花苕同行混播（A7）	14 786.06	1 715.19	16 501.25a	89.61%	10.39%	33.27%	80.69%
光叶紫花苕单播（A8）		9 132.23	9 132.23 d		100%		

2. 光叶紫花苕与多花黑麦草混播产量动态

从表3-64可以看出，混播群落的产量高于2种牧草的单播群落，其中混播群落2次刈割的干草总产量为 14 125.05～17 730.52 kg/hm²，其中 LV_2 组合产量最高达 17 730.52 kg/hm²，而 LV_1 组合产量较低为 14 125.05 kg/hm²，L 和 V 单播产量分别为 12 382.19 kg/hm² 和 9 132.23 kg/hm²。混播的饲草产量比单播多花黑麦草提高 14.08%～43.19%，比单播光叶紫花苕提高 54.67%～94.15%。第一茬产量占全年总产量的 53.26%～68.38%，第二茬产量占全年总产量的 31.62%～46.74%。在三个混播组合中，第一茬产量随着多花黑麦草比例的增加而增加，而第二茬则以50%的多花黑麦草组合产量较高，初步可看出多花黑麦草与光叶紫花苕混播组合中以 50%～75%多花黑麦草与25%～50%光叶紫花苕饲草产量高，在整个冬闲期中，以冬末春初这段时间刈割产量最高。

表3-64 多花黑麦草与光叶紫花苕混播干草产量 （kg/hm²）

处理	产量					相对比	
	第一次	第二次	合计	一刈占总产量的%	二刈占总产量%	混播与L组相比提高%	混播与V组相比提高%
多花黑麦草单播（L）	7 393.03c	4 989.16c	12 382.19c	59.71	40.29		

（续表）

处理	产量			一刈占总产量的%	二刈占总产量%	相对比	
	第一次	第二次	合计			混播与L组相比提高%	混播与V组相比提高%
25%多花黑麦草+75%光叶紫花苕同行混播（LV₁）	7 523.42c	6 601.63b	14 125.05b	53.26	46.74	14.08	54.67
50%多花黑麦草+50%光叶紫花苕同行混播（LV₂）	9 796.56 b	7 933.96a	17 730.52a	55.25	44.75	43.19	94.15
75%多花黑麦草+25%光叶紫花苕同行混播（LV₃）	11 284.30a	5 216.94c	16 501.24a	68.38	31.62	33.27	80.69
光叶紫花苕单播（V）	7 092.54c	2 039.69 d	9 132.23 d	77.66	22.34		

3. 光叶紫花苕与多花黑麦草混播生物量构成

混播草地产草量由豆科牧草与禾草共同构成，二者在各生物量构成中所占比例（豆禾产量比）及种群消长动态可调控混播草地生产性能的维持。多花黑麦草和光叶紫花苕在混播生物量中所占比例及其变化趋势见表3-65。混播群落在形成、发育与衰退的过程中，多花黑麦草与光叶紫花苕在总产量中所占比例也随之变化。在混播组合 LV₁、LV₂、LV₃ 中第一次刈割时多花黑麦草在总产量的比例为47.63%、75.46%、85.21%，第二次为82.45%、78.71%、99.11%。在整个生长期中多花黑麦草的生物量在各次刈割中均占主导地位。光叶紫花苕第一次刈割时所占比例为14.79%～52.37%，第二次为0.89%～21.29%，第一次刈割多花黑麦草、光叶紫花苕表现出规律较强的随播种比例的增加而产量增加的趋势，其中以50%多花黑麦草+50%光叶紫花苕的饲草组分结构合理。

表3-65　混播组合中生物量构成

处理	第一次刈割		第二次刈割		总产量	
	L	V	L	V	L	V
25%多花黑麦草+75%光叶紫花苕（LV₁）	47.63%	52.37%	82.45%	17.55%	77.25%	22.75%
50%多花黑麦草+50%光叶紫花苕（LV₂）	75.46%	24.54%	78.71%	21.29%	63.90%	36.10%
75%多花黑麦草+25%光叶紫花苕（LV₃）	85.21%	14.79%	99.11%	0.89%	89.61%	10.39%

注：L表示多花黑麦草，V表示光叶紫花苕。

4. 混播组合相对总生物量和种间竞争率

混播中虽然两种牧草对环境中的光、热、水、土壤养分的利用不同，但由于环境资源的有限性，两种牧草间存在着激烈的竞争，并影响其二者在混播中的作用与地位，从而影响其生产力。从表3-66看出，第一次刈割测定的总生物量（RYT）值均大于1，说明孕穗（开花）期多花黑麦草与光叶紫花苕对水、热等的利用上表现出共生关系。第二次刈割时除LV_3的相对总生物量小于1外其余各处理都大于1，表明两种植物在不同时期各混播组合中占有不同的生态位，利用不同的资源，表现出一定的共生关系。相对总生物量（RYT）值只能说明物种间在资源利用上的不同，但不能说明植物之间的竞争力的大小，而竞争率（CR）则能表现两种植物混播中某种植物竞争力的强弱。其实，种间竞争总是趋向于一方，有一强者。在LV_1、LV_2、LV_3处理中，多花黑麦草的竞争率（CRa）均大于光叶紫花苕的竞争率（CRv），在整个混播组合中生物量均占主导地位。

表3-66 混播组合相对总生物量及种间竞争率

处理		第一次刈割	第二次刈割
25%多花黑麦草+75%光叶紫花苕（LV_1）	RYT	1.08	1.65
	CRa	2.06	4.47
	CRv	0.49	0.23
50%多花黑麦草+50%光叶紫花苕（LV_2）	RYT	1.16	2.79
	CRa	2.68	1.39
	CRv	0.37	0.72
75%多花黑麦草+25%光叶紫花苕（LV_3）	RYT	1.28	0.88
	CRa	1.76	14.38
	CRv	0.57	0.07

注：RYT 表示相对总生物量，CRa 表示多花黑麦草的竞争率，CRv 表示光叶紫花苕的竞争率。

5. 光叶紫花苕+多花黑麦草混播粗蛋白质产量

单位面积粗蛋白质是决定饲草品质非常重要的条件之一。各处理粗蛋白质产量在1 322.25~2 520.13 kg/hm²（表3-67），各处理2次刈割混合饲草粗蛋白质产量差异显著（$P<0.05$）。粗蛋白质产量由高到低依次为A6 > A2 > A4 > A5 > A3 > A7 > A8 > A1，混播处理的产量均高于单播。粗蛋白质产量最高的是A6为2 520.13 kg/hm²，其次是A2为2 372.33 kg/hm²，产量最低的是A1单播多花黑麦草，为1 322.25 kg/hm²。混播处理分别比单播多花黑麦草提高22.61%~90.59%，分别比单播光叶紫花苕提高10.12%~71.18%。饲草产量和品质以50%多花黑麦草+50%光叶紫花苕同行混播为最佳，该组合在提高资源利用率方面占有优势，是在西昌安宁河流域冬闲田推广种植的适宜模式。

表3-67 2次刈割混合饲草粗蛋白质产量比较　　　　　　　　　　（kg/hm²）

处理	粗蛋白质产量	混播与A1相比提高	混播与A8相比提高
多花黑麦草单播（A1）	1322.25e		

（续表）

处理	粗蛋白质产量	混播与 A1 相比提高	混播与 A8 相比提高
25%多花黑麦草+75%光叶紫花苕间作（A2）	2 372.33a	79.42%	61.14%
50%多花黑麦草+50%光叶紫花苕间作（A3）	1 689.14d	27.75%	14.74%
75%多花黑麦草+25%光叶紫花苕间作（A4）	2 098.34b	58.69%	42.53%
25%多花黑麦草+75%光叶紫花苕同行混播（A5）	1 871.02c	41.50%	24.09%
50%多花黑麦草+50%光叶紫花苕同行混播（A6）	2 520.13a	90.59%	71.18%
75%多花黑麦草+25%光叶紫花苕同行混播（A7）	1 621.15 d	22.61%	10.12%
光叶紫花苕单播（A8）	1 472.20 de		

第六节 凉山光叶紫花苕草田轮作技术

草田轮作是一种充分利用土地的时间和空间资源，在同一地块上有顺序地轮换种植不同粮食作物和牧草的一种耕作制度。草田轮作是提高土地产值、增加土地肥力和饲草供给的重要措施。

一、光叶紫花苕-玉米轮作技术

玉米是农牧交错地带主要粮食作物和饲草饲料作物，也是凉山州主要粮食作物之一，常年播种面积居粮食作物之首，单产和总产仅次于水稻，居第二位，在四川省玉米分区上属川西南山地玉米区，主要种植在坡度大、土壤瘠薄、水土流失严重、保水保肥力差、无灌溉保证的二半山旱薄地，大部分是 1 年 1 熟，因此，为了提高玉米的产量，有必要用光叶紫花苕与玉米进行轮作，提高土壤肥力和保水能力。

播前准备：选择经过法定种子检验机构检验合格的种子，种子质量要求达到三级标准以上。

种子处理：播种前 4~5 d，选择晴朗的天气连续晾晒 1~2 d，以提高发芽率。首次种植光叶紫花苕的土壤，在播种前应使用适宜的根瘤菌接种。生产上多采用商用菌剂接种，每粒种子至少接种 10 万~100 万个根瘤菌，拌种后立即播种和覆土。接种后的种子不能与生石灰或大量高浓度混合肥料接触。

播种时间：在玉米收获前 15~30 d 播种，一般海拔 1 800 米以下的地区适宜 9 月播种，海拔 1 800~2 500 米的地区适宜 8 月上中旬播种，海拔 2 500 米以上的地区适宜 5~8 月播种。

播种方式：在高海拔地区以撒播为主，主要采用穿林播种，即在前作物玉米收获前，把光叶紫花苕种子均匀撒播在未收获的前作地里。在低海拔地区可以在玉米收获后，清除玉米残茬，平整土地，施足基肥磷酸二胺，有条件的施厩肥，每亩 1 000~1 500 kg，于 9 月进行播种，可以条播也可以撒播。

播种量：光叶紫花苕轮作的播种量一般为 3~4 kg/亩。

牧草利用：光叶紫花苕最佳利用时间在现蕾至开花期，草层高 40~50 cm 时可刈割青饲或放牧。调制干草，宜在盛花期，此时再生性差，可齐地一次性刈割。在饲喂时注意避免一次性饲喂过多而发生臌胀病。

二、光叶紫花苕-马铃薯轮作技术

马铃薯是集粮食、蔬菜、饲料、加工原料于一身的重要作物。凉山是四川省马铃薯的主产区，在该州粮食作物生产中，面积居第一位，总产居第三位，仅次于玉米、水稻。凉山州马铃薯的种植面积占该区域作物种植面积的 40% 左右，为该州粮食安全、农民增收做出了重要贡献。马铃薯连作后，往往加重马铃薯黑痣病的发生和伴生性杂草的滋生繁殖。实施光叶紫花苕-马铃薯轮作可以提高产量，增加效益。

选地：种植马铃薯的地块要选择三年内没有种过马铃薯和其他茄科作物的土地。马铃薯对连作反应很敏感，生产上一定要避免连作。马铃薯与光叶紫花苕进行轮作，要实行 2~3 年以上才会收到较好的效果。

播种时间：光叶紫花苕在海拔 1 800 米以下的地区适宜 9 月播种，海拔 1 800~2 500 米的地区适宜 8 月上中旬播种，海拔 2 500 米以上的地区适宜 5—8 月播种。

马铃薯在凉山不同区域播种时间不一致，海拔 1 100~1 500 米的低山地区，宜于元月中旬至下旬播种，海拔 1 500~1 800 米的二半山区，宜于元月下旬至 2 月上旬播种，海拔 1 800 米以上的高寒地区，适宜 3 月上旬到 4 月上旬播种。山区无水源灌溉的地方，视温度回升情况宜在 3 月播种。

播种量：光叶紫花苕播种量一般为 4~5 kg/亩。

播种方式：光叶紫花苕可以撒播、条播，以条播为主。马铃薯一般实行深沟高厢双行垄作。在 2 500 米以上的高海拔地区，光叶紫花苕也可以在前茬马铃薯收获前进行穿林播种。先翻耕马铃薯垄沟或免耕，将光叶紫花苕种子条播在垄沟中。在海拔 1 800 米以下的低山区和二半山区，要播种马铃薯，可以在前茬光叶紫花苕刈割 1 次后进行穿林播种于光叶紫花苕行间，或者先穿林播种后，等马铃薯发芽后再刈割光叶紫花苕，再给马铃薯做垄。在茬口时间比较宽松的条件下，可以先收获完前作，结合整地施足基肥，按规格播种。

收获和利用：光叶紫花苕可以刈割进行青饲或放牧，一般在 40~50 cm 刈割，8 月播种的光叶紫花苕可以在冬前刈割 1~2 次；也可在花期刈割后晒制青干草。还可以翻压作为绿肥为后茬作物马铃薯提供肥料。

三、光叶紫花苕-荞麦轮作技术

凉山州是中国苦荞麦分布最集中，种植面积最大的产区。凉山苦荞麦含有丰富的营养和保健功能成分，其药用价值、营养价值越来越被人们所重视，是开发生产保健食品、医药制品、化妆品的优良原料。目前，凉山苦荞系列产品开发已成为当地农产品加工的重要产业。荞麦忌连作，合理轮作是荞麦高产栽培措施之一。豆科作物作为荞麦的前作，能使荞麦的产量提高 15%~30%。

地块整理：前作的荞麦在三伏收获后，应及时浅耕灭茬，深翻，时间允许，深耕最好在地中杂草出土后进行，结合整地施足基肥，以有机肥为主，化肥为辅。

播种时间：海拔高度不同，荞麦播种期也有差异。海拔 2 500 米以上的高寒冷凉春荞区，应在 4 月底至 5 月中旬播种，在 7 月下旬至 8 月下旬的霜期到来前收获。海拔 1 900~2 300 米的二半山秋荞区在 7 月底至 8 月初于前茬收后及时翻犁抢墒秋播。

播种光叶紫花苕，在海拔 1 800 米以下的地区于 9 月条播，海拔 1 800~2 500 米的地区适宜 8 月上中旬条播，海拔 2 500 米以上的地区适宜在 7 月播种。

播种量与荞麦轮作时，光叶紫花苕的播种量为 4~5 kg/亩。

播种方式：高寒冷凉地区春荞采取点播或条播，在二半山区和坝槽地区秋荞可抢墒撒播。光叶紫花苕可条播和撒播，条播为主，便于管理和刈割利用。

田间管理和利用：荞麦喜钾肥，因此，在光叶紫花苕管理期间要施用一定量的钾肥。光叶紫花苕施足基肥后一般不再追施氮肥，要追施则以磷钾肥为主。每次刈割利用后要追肥，一般以氮肥为主。光叶紫花苕的最佳利用时间在现蕾-开花期，草层高 40~50 cm 时可刈割青饲或放牧。调制干草宜在盛花期，可齐地一次性刈割。

四、光叶紫花苕-烟草轮作技术

凉山州是全国地市州级第 2 大烟叶产区，也是四川省烟叶产区的代表，烟草已成为凉山州的支柱产业。凉山州州南 9 个县均属于烤烟种植的最适宜区。该烟区具有得天独厚的光、热、水、土等资源。凉山烟草年种植面积达 5.33 万 hm^2，是山区农民主要经营产业。

在凉山实施的烟草结合种植模式，烟地轮作光叶紫花苕，在当地生产中已广泛推广，并取得了显著的效果，一是光叶紫花苕在烟草轮作地上生长十分茂盛，冬春枯草期能在空闲地上形成大片绿色人工草丛，烟草茬口地每亩产光叶紫花苕鲜草 2 848.61 kg，产值518.45 元；二是对改良生态环境、净化空气有良好的生态效果；三是保护烟地冬春不因干旱造成土壤水分损失，轮作后每亩烟叶增产 7%，烟草总投入产出比约在 4：6；四是利用轮作减轻烟草青枯病发生。

播种：烟草一般在 3 月育苗移栽，在海拔 2 200 米烟区适当提前移栽较利于烤烟的生长发育；海拔 2 000 米，烟区选择在 4 月下旬移栽有利；在海拔 1 800 米或以下，尽量推迟移栽期至 5 月上中旬。7 月收割烟叶，烟叶收后砍掉烟株，整地，施足基肥，播种光叶紫花苕，海拔 1 800 米以下的地区于 9 月条播，海拔 1 800~2 500 米的地区适宜 8 月上中旬条播，播种量 3~5 kg/亩。在海拔 2 500 米以上的地区适宜在 7 月播种，可在烟草收获前一、二周穿林播种，将光叶紫花苕撒播在免耕的烟草空隙地中，播种量 4.5~5.5 kg/亩。

收获和利用：光叶紫花苕出苗生长 90~100 d 可第一次刈割青饲或放牧利用，经萌发再生刈割第二、第三茬后接茬种植烟草。随着烤烟面积的不断发展，对前作要求更加早熟，最后一茬光叶紫花苕可以翻压作烤烟的绿肥，保护烟田和改良土壤。翻压光叶紫花苕均能有效地增加烟叶香气质和香气量，综合提高烟叶感官评吸质量。

第七节　凉山光叶紫花苕栽培管理技术流程

一、种植地选择

种植光叶紫花苕的土地应选择在海拔 1 300~2 800 米，土地肥沃、水分适中的地区。种子地以肥力中等的阳坡地、沙滩地为好。地表杂物清理主要是清除杂草，耕地表面的石块、塑料膜和作物根茬等。对影响机械作业的凸凹不平的地段要进行平整。前茬杂草较多地块，应采取措施进行杂草防除，可采用机械法、生物法，严重时可采用化学法。

二、种植地准备

1. 深耕

整地应做到深翻，然后耙碎土块，耱平地面，使地表平整，形成松软、上虚下实的土壤条件。播种前耕深要超过 20 cm，耙耱后清理干净各种污染物及作物残茬。

2. 基肥

每亩施农家肥 300 kg 以上，磷肥 10 kg。根据条件有机肥和磷肥可配合施用，也可单独施用。将有机肥和磷肥均匀撒施在地表，然后翻入耕作层，或在翻耕后施肥，然后旋耕，将肥料与表土混合均匀。

三、种子处理

播种前做好种子清选和发芽率的检测。用清选机进行清选，使种子的纯净度达到 95% 以上。然后进行发芽检测。光叶紫花苕的硬实率较高，为了提高种子的发芽率，播种前将种子放入石（木）臼内，再放入少量的比种子小的砂粒，然后用木棒椿数十下，使种皮变粗糙为止，筛去砂粒。播种的当天以 1∶1∶1 的比例，用黄泥浆作黏合剂，再掺入磷肥，继续拌和，使泥浆和磷肥在种子表面形成丸衣。水分过多或过少，可再放些磷肥或水调节适度，即可播种。拌好的种子当天未播完，放在阴凉处，第二天继续使用。

四、播种

（一）播种时间

旱地种光叶紫花苕以 5—6 月播种为宜，实行粮草套作的 7 月中旬至 8 月中旬播种为宜，烟草轮作或套作 8 月下旬至 9 月中旬为宜。种子田 8 月下旬至 9 月下旬播种为宜。

（二）播种量

种子纯净度在 95% 左右，播种量每公顷为 60~75 kg，种子田播种量每公顷为 22.5~30 kg。

（三）播种方式

1. 条播

大多数情况下，采用机械或人工条播。条播就是每隔一定的距离将种子成行播下，播种行距一般为 30~45 cm。大面积栽培宜使用机械播种。条播便于实施中耕除草、耥耘培土、施肥灌水等田间管理。

2. 撒播

单播和混播光叶紫花苕时也可采取撒播的方式。最后一遍整地后人工将种子均匀撒在地面，然后耙耧一两遍，进行覆土。大面积的平地可用圆盘耙轻耙一遍或用简单自制工具进行拖糖，二半山区还可采用赶羊群践踏一遍效果也比较好。小的地块或坡地可人工用钉齿耙耧耙，进行覆土。撒播可以增加植株的密度，使光叶紫花苕种子均匀地散落在地表，有利于牧草覆盖地面，增加牧草产量和增强生态防护效果，但不利于中耕除草和耥耘培土等田间管理。

（四）播种深度

光叶紫花苕播种深度为 3~4 cm。

五、田间管理

（一）除杂草

人工或化学除草。化学除草一般在播后苗前采用 38% 莠去津（阿特拉津）悬浮剂均匀喷施地表的方式进行，用药量为 1.80~2.25 kg/hm^2，对水 450 L，充分混匀后喷施地表。苗期视杂草滋生情况及时进行防杂。可使用内吸传导型苗后除草剂 20% 氯氟吡氧乙酸对水喷雾，防除阔叶杂草。

（二）灌溉管理

播种后前期应及时排出过多的积水，以防止种子腐烂。苗期及时灌水保湿保苗，二是翌年立春后，幼苗进入快速生长期，3 月生长达到高峰期，此时需要及时灌水。而在冬季，光叶紫花苕幼苗处于半休眠状态，不能过多灌水。

（三）追肥管理

光叶紫花苕是固氮能力较强的植物。因此，在种植上一般不需要施入氮肥。为了提高产量，应施入一定数量的农家肥和磷肥。

（四）病虫害管理

光叶紫花苕常见病害有白粉病；虫害有蚜虫、棉铃虫。

1. 化学防治

（1）蚜虫防治。初花期百株蚜量达 500 头以上时，用 50% 辛硫磷乳油 1 000 倍液，喷雾。残留期 7 d，可灭蚜虫。

（2）棉铃虫等夜蛾类虫害防治。50% 辛硫磷乳油 1 000 倍液喷雾，低龄幼虫用 Bt 制剂 200 倍液喷雾。

（3）地下害虫防治。75%甲拌磷颗粒剂 15~22.5 kg/hm²，或用 50%辛硫磷乳油 3.75 kg/hm²配成毒土，均匀撒在地面，耕翻于土壤中防治。

（4）白粉病。15%粉锈宁可湿粉剂 2 000倍液喷雾。

2. 生物防治

保护和利用田间害虫天敌或使用生物制剂防治虫害。

六、收割

选择在无露水、晴朗的天气进行。光叶紫花苕初花期刈割。在海拔 1 800米以下地区播种后 90~100 d 可刈割利用一次，开春后可再刈割利用 1~2 次。在海拔 1 800 米~2 500 米的地区 11 月上中旬可刈割利用一次，开春后可再刈割利用 1~2 次。留茬高度 10 cm左右。凉山地区 11 月进入旱季，晴天多，日照强。在 11 月至 12 月晒制干草能够保证草的品质优良。晒制方法采取因地制宜，可以在收割后就地摊晒，隔两、三天翻一次草。也可挂在树枝上、屋檐下、瓦房上晾晒干草。也可在干草架上进行晾晒。晾晒好的干草需要码成草堆，打成草捆。

七、技术流程

凉山光叶紫花苕栽培技术路线如图 3-1 所示。

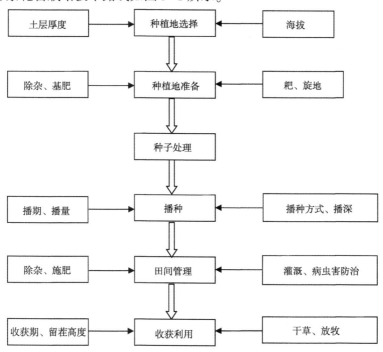

图 3-1　凉山光叶紫花苕栽培技术路线

第四章　燕麦栽培利用

　　燕麦是传统的禾谷类粮饲兼用型作物，广泛分布于欧洲、亚洲、非洲的温带地区。燕麦在世界禾谷类作物中，总产量仅次于小麦、水稻、玉米、大麦，位列第五位。俄罗斯种植面积最大，其次是美国和加拿大，澳大利亚、法国、德国、波兰、瑞典、挪威等国家也较多种植。中国燕麦种植历史十分悠久，主要分布于东北、华北和西北高寒地区，内蒙古、河北、甘肃、青海、新疆维吾尔自治区等地种植面积较大。近年来，随着人工种草和奶业发展，燕麦开始在农牧区大量产业化种植，发展很快，已成为高寒牧区和奶业的重要饲草来源。燕麦是世界性的古老粮饲兼用作物，起源于中国，主要分布在北半球北，我国是世界上燕麦栽培面积最大的国家，华北、西北、西南高寒冷凉区均有种植，主要分布在晋、冀、蒙三省（区）的高寒地带，占全燕麦种植总面积的70%。其次在陕、甘、宁、青四省（区）的六盘山南北、祁连山东西、秦巴山区以及四川、云南、贵州三省的大、小凉山及乌蒙山区的高海拔地带也有种植，约占燕麦种植总面积的30%。由于长期繁衍在瘠薄干旱的生态条件下，导致燕麦耐旱不耐水，耐瘠薄不耐肥，产量低下，制约着产区农业的发展。

第一节　燕麦栽培史

一、我国燕麦种类

　　一般将栽培燕麦分为带稃型和裸粒型两大类。带稃型又称皮燕麦，裸粒型又称裸燕麦。

　　皮燕麦（*Avena sativa*），外稃紧包子实与内稃呈革质，内外稃形状大小几乎相等，外稃具7~9脉，小穗一般具有2~3朵小花。呈纺锤形或燕翅形，小花梗较短不弯曲（图4-1）。饲草用的燕麦一般都是皮燕麦。

　　裸燕麦（*Avena nuda*），周散型圆锥花序，外稃不包子实与内稃，子粒与外稃分离，内外稃膜质无毛，内外稃形状构造相似，大小不一，外稃具9~11枚，小穗一般具有三朵以上小花，呈鞭炮形、棍棒形，小花梗较长、弯曲（图4-2）。

①花　　　　②小花　　　　③子实

图 4-1　皮燕麦

①花　　　　②小花　　　　③子实

图 4-2　裸燕麦

二、我国燕麦栽培历史

燕麦在我国种植的历史悠久，方国喻先生撰著的《纳西族象形文字谱》，考证了纳西族的《东巴经》中有关燕麦的象形字，而《东巴经》著于公元 9 世纪左右，至今彝族祭奉祖先必用燕麦糌粑，相传是彝族祖先最爱吃的东西。《维西见闻录》记载："夷人炒而舂面，入酥为糌粑，其味如荞面细，耐饥、穷黎嗜之，性寒，食之者多饮烧酒，寝火炕，以解其凝滞。"中国古代少数民族的分布有：南蛮、北狄、西羌、东夷之称，文中的"夷人"指我国东部少数民族。黎族古居广东省，说明古代广东省也有燕麦。中国农业科学院作物品种资源研究所、山西省高寒作物研究所等单位 1980 年在云南地区考察时，访问当地少数民族也是用燕麦祭奠祖宗，敬奉"神仙"，招待贵客。《湖北通志》物产谷属中也提及燕麦，该省西南的《来凤县志》记载："燕麦农家以为佳种较大，小麦优良"。《延绥县志》记载："燕麦与江淮同，榆人多种之，九月收其实，细如小麦，不甚有稃，炒食佳"。但是，现在华中地区、江淮一带燕麦几乎绝迹。《甘肃通志》记载："燕麦一名苜麦……唐于泾渭间置八马坊地二百三十顷，燕麦树苜麦，苜蓿，可饲牲畜，且不待粪壅，故种植者颇获其利"。说明在唐代就总结出苜蓿的草田轮作制。《云南通志》记载："燕麦状如鹊麦，夏种秋熟……土人以为干粮，有饭，糯二种。"《陕西通志》商州者记载："有老燕麦、小燕麦二种"。明《授时通考》记载："和顺县土产麦、春麦、雪麦、大麦不多种，油麦性寒多种，种五谷之半……霜前收，可佐二麦之欠。"1881 年英国皇家亚洲协会华北分会布列斯尼德（Bresch-Neider）中国植物杂志十六卷资料记载："裸粒燕麦在中国 5 世纪已有栽培。"1981 年，中国农业科学院作物品种资源研究所及山西省高寒作物研究所等单位进藏考察人员，在松赞干布墓的佛像中发现了燕麦子粒。据此，燕麦在西藏作为农作物栽培，距今至少已有一千年左右的历史。从《尔雅》释草篇传说周公撰著（时间约西周或春秋时代）上"蘦"的记载，"蘦燕麦"即燕麦。《史记》司马相如列传，在追述战国轶事中有"簛"的记载，按孟康（三国广宗人，魏明帝时为弘农守）注释"簛"以（是）燕麦。从文字记载证实，燕麦作为一种农作物在我国种植，至少有 2 100 多年的历史。而罗马史学家普林尼，在公元一世纪，才把燕麦作为日耳曼民族的食用作物加以记述。据此，中国栽培燕麦早于世界其他国家。燕麦在我国种植的历史之久，分布之广，品种之多，是有文献可查的，就轮作制度与栽培技术也有相当的研究，至今在生产中仍起一定的作用。

三、燕麦的发源地

燕麦的发源地也与其他作物一样，应是基本品种多样性最集中的地方。作物本身应具有较多的显性基因，类型极为丰富，地理条件应多是山区或岛屿或隔离区。对于一系列作物，都发现了一个重要的事实，那就是它们起源于几个地区、几个发源地或中心。这些作物，常常有明显不同的生理特性和染色体数目，这对燕麦尤为明显，可以清楚地看出燕麦的基本分布。瓦维洛夫认为："有的属更为复杂，例如燕麦。有趣的是，不同的燕麦种染色体数目不同，有各自不同的发源地，其产生和二粒小麦及大麦单独的地理类群有关。随着古代二粒小麦栽培的向北推移，和这种作物一起带来的杂草（燕麦）排挤了二粒小麦，成了独立的作物。育种家在寻找燕麦新类型、新基因时，应该特别注意古代二粒小麦栽培发源地，它是栽培燕麦最大的和原始的多样性基因的保存地。"在他所著的《世界主要栽培作物八大起源中心》中所列为：栽培燕麦（Avena. sativa L.）与地中海燕麦（Avena. byzantina C. Koch）起源于前亚，即高加索、伊朗山地、土库曼斯坦与小亚细亚，沙燕麦（Avena. byzantina C. koch）起源于地中海。关于裸粒燕麦起源问题，世界权威植物学家认为起源于中国。1935 年瓦维洛夫在《育种的理论基础》一书中提道：经常发现极其有趣的原始隐性类型，这是自交突变类型的结果。我们有大量的这类事实，由此揭示了一些有趣的规律，例如，中国的特点，是由新起源地引到这里的次生作物存在特殊的类型。裸粒是典型的隐性性状，大粒裸燕麦是这些隐性性状分离出来的与中国古代育种者已进行的选择分析，可以认为上述结论有一定可靠性的。

四、燕麦的名称

燕麦在我国栽培历史悠久，有栽培地区的不同，燕麦出现了不少异名。据《中国农业遗产选集》记载，历史上中国燕麦的异名较多。《尔雅·释草》（公元前476—前221年）称之为"蓄"；《穆天子传》称之为"楚草"；《黄帝内经》（春秋战国）称之为"迦师"或"阿师"；《史记》（公元前104—前91年）称之为"籁"；《广志》称之为"析草"；《唐·本草》称之为"草稀麦"；《庶物异名疏》称之为"错麦"；《植物名实图考》及晚清以后的地方志称之为"莜麦"。莜麦为裸燕麦，可食用或饲用。莜麦在气温低、无霜期短、日照充足的条件下都适合生长，所以在我国分布较广，华北、西北、西南等地的12个省（区）都有种植，且主要集中在这些地区的高寒冷凉山区。华北具有种植燕麦得天独厚的生态优势，是燕麦的主产区。山西是燕麦的故乡，山西大粒裸燕麦古有"三分三"，今有"雁红10号""晋燕四号"，至今闻名遐迩。"雁红10号""晋燕四号"在推广中先后被山西、内蒙古、河北等地审定和认定。

第二节　燕麦生物学特性

一、燕麦生物学概述

学名：*Avena sativa*。

燕麦为禾本科燕麦属一年生草本植物，燕麦属全世界共有16个种，其中有燕麦、莜麦、地中海燕麦和粗燕麦栽培较普遍，其余多为野生种或田间杂草。比较常见的野生燕麦有野燕麦和南方野燕麦。燕麦为须根系，入土深度达1 m左右，疏丛型，秆直立，株高80~150 cm。

一般将栽培燕麦分为带稃型和裸粒型两大类。带稃型又称皮燕麦，裸粒型又称裸燕麦。裸燕麦亦称莜麦或玉燕麦，通常作饲草和粮食作物栽培。野燕麦与上述两种燕麦形态差异明显，利用价值低，成熟早，小穗易脱落，是田间恶性杂草。

二、安宁河流域冬闲田燕麦生物学特性及产草量

（一）燕麦生物学特性

1. 不同熟性燕麦在安宁河流域的生长速率

2015年10月20日播种，4 d出苗，出苗后13 d达到分蘖，2016年1月中旬达到拔节期，从出苗到拔节三品种生育期表现一致。OT834于3月中旬抽穗，4上旬达到乳熟，4月中旬蜡熟，4月下旬达到完熟，从出苗到种子成熟生长183 d，OT1352是4月中旬达到抽穗，4月下旬乳熟，5月初蜡熟，5月中旬达到完熟。从出苗到种子成熟生长203 d。林纳于4月上旬抽穗，4月中旬乳熟，4月下旬蜡熟，5月初完熟，从出苗到种子成熟生长195 d。从出苗到抽穗三品种分别生长143 d、171 d和161 d，从出苗到乳熟分别生长168 d、183 d和173 d。通过生育期观察初步看出三个品种在安宁河流域都能完成生育期。OT834与其他两种比较生育期较短，表现为早熟，林纳为中熟，OT1352为晚熟。植株高

度既是衡量其生长发育状况的重要标准，也是反映牧草生产能力的生产指标，燕麦株高和地上产量呈正相关关系，即株高越高，地上生物量就越大。按照生育期对燕麦进行植株高度的测定（表4-1）。拔节期3品种株高分别为77.18 cm、64.71 cm和45.52 cm，品种间株高差异显著（P<0.05），其中OT834株高最高。抽穗时OT834株高达167.43 cm，显著高于OT1352和林纳。乳熟期、完熟期OT834和OT1352株高显著高于林纳，但两者之间差异不显著（P>0.05），OT834抽穗、乳熟、完熟期株高显著高于拔节期，这三个时期的株高差异不显著（P>0.05），OT1352和林纳是完熟与抽穗、拔节期差异显著，与乳熟期株高差异不显著，乳熟期与抽穗期差异不显著（P>0.05）。OT834和林纳从出苗到拔节生长速度为0.95 cm/d和0.54 cm/d，拔节到抽穗为1.46 cm/d和0.98 cm/d，抽穗到乳熟为0.06 cm/d和0.73 cm/d，乳熟到完熟为0.14 cm/d和0.40 cm/d，表现出随着生育期的延长，燕麦的生长速度逐渐加快，到抽穗期达到高峰，而后由高峰逐渐下降的过程。OT1352出苗到拔节的生长速度为0.75 cm/d，拔节到抽穗为0.89 cm/d，抽穗到乳熟为1.84 cm/d，乳熟到完熟0.83 cm/d，表现为随着生育期的延长生长由慢到快再到慢的趋势，生长的高峰期处于抽穗到乳熟阶段。

表4-1 安宁河流域燕麦不同生长阶段生长速率

	性状	OT834	OT1352	林纳
拔节	株高（cm）	77.18a	64.71b	45.52c
	出苗-拔节生长速度（cm/d）	0.95	0.75	0.54
抽穗	株高（cm）	167.43a	140.01b	121.30b
	出苗-抽穗生长速度（cm/d）	1.17	0.82	0.75
	拔节-抽穗生长速度（cm/d）	1.46	0.89	0.98
乳熟	株高（cm）	169.00a	162.05a	130.06b
	出苗-乳熟生长速度（cm/d）	1.01	0.89	0.75
	抽穗-乳熟生长速度（cm/d）	0.06	1.84	0.73
完熟	株高（cm）	171.03a	178.60a	138.86b
	出苗-完熟生长速度（cm/d）	0.93	0.88	0.71
	乳熟-完熟生长速度（cm/d）	0.14	0.83	0.40

注：同一行标有不同字母表示数据间差异显著（P<0.05），同一行标有相同字母表示数据间差异不显著（P>0.05）

2. 不同物候期燕麦饲草生长速率

2015—2018年在安宁河流域引种31个燕麦品种开展饲草利用引种试验。试验于10月下旬播种，7 d出苗，12月初达分蘖期，第二年2月中旬拔节，3月下旬抽穗，4月下旬乳熟时刈割作为饲草利用。31个燕麦品种中除锋利、巴燕1号抗倒伏性差外，其余品种均有强的抗倒伏性，在抗虫性方面除了锋利、青海甜燕、甜燕、伽利略、科纳、牧乐思、牧王、燕王、贝勒2外，其余品种抗病虫性强。其中8个燕麦品种在安宁河流域从出苗到乳熟生长天数为136~177 d（表4-2），乳熟期株高为126.70~152.80 cm，整个生长期日平均生长速率为0.76~1.02 cm/d，表现为中熟型燕麦的生长速度高于早熟型和晚熟型燕麦品种。阶段生长中各品种苗期的生长速率为0.47~0.87 cm/d，分蘖期为0.45~0.65 cm/d，拔节期为0.50~1.06 cm/d，抽穗期为1.06~2.16 cm/d，乳熟期为0.45~1.89 cm/d，在整个生长过程中各品种的生长速率表现为由慢到快的倒"V"形生长过程。安宁河流域种植燕麦是利用冬闲田进行种植，燕麦的生长最低点出现在1—2月，参试的燕麦品种中有6个品种的生长最低点出现在1月5日，青海444和加燕1号的生长最低点出现在2月5日，所有燕麦品种都表现为从2月中旬开始随着气温的升高以及燕麦拔节开始，生长速率逐渐加快，到3月初生长达到最高峰，此时燕麦为抽穗期，这时的平均日增长1.10~2.16 cm，达到生长的最高峰，然后从抽穗期开始生长逐渐减缓，平均日增长0.45~1.89 cm，生长速率高于分蘖期。

表4-2　8个燕麦品种的生长速率　　　　　　　　（月/日）

品种	生长天数（d）	株高（cm）	生长速率（cm/d）	阶段生长速率（cm/d）				
				苗期（12/5）	分蘖期（1/5）	拔节期（2/5）	抽穗期（3/5）	乳熟期（4/5）
天鹅	136	126.70	0.87	0.52	0.60	0.61	1.34	1.12
草莜1号	136	128.20	0.94	0.47	0.45	1.06	2.16	0.94
青海444	149	152.80	1.02	0.87	0.64	0.62	1.55	1.22
青燕1号	149	151.28	1.02	0.66	0.61	0.84	1.28	1.89
陇燕3号	161	143.75	0.89	0.64	0.62	0.66	1.33	1.13
加燕1号	161	140.00	0.87	0.61	0.59	0.50	1.69	0.97
甜燕	177	134.00	0.76	0.62	0.50	0.55	1.10	0.45
锋利	177	144.85	0.82	0.49	0.65	0.63	1.06	0.64

3. 不同熟性燕麦乳熟期植株性状

OT834、OT1352和林纳燕麦品种在西昌地区于10月20日播种，于第二年4月上旬刈割，从出苗到乳熟的时间不一致，OT834、OT1352和林纳从出苗到乳熟分别生长168 d、183 d和173 d，OT834与其他两个品种相比生育期较短，表现为早熟，林纳为中熟，OT1352为晚熟。3个燕麦的植株高度为135.54~156.43 cm（表4-3），平均株高为143.22 cm，OT834的株高为156.43 cm，显著（$P<0.05$）高于OT1352和林纳，3品种的茎粗、叶重、茎重、株重差异不显著（$P>0.05$），OT1352和林纳的穗重差异不显著（$P>0.05$），但显著（$P<0.05$）高于OT834。单株重由单株茎重、叶重、穗重构成，3个品种的叶重占株重的26.57%~30.26%，茎重为51.96%~60.57%，穗重为9.14%~17.93%，茎重是株重的主要构成。叶重为26.57~30.26%，燕麦品种叶量含量比例和品

种等决定燕麦营养物质含量的高低。茎叶穗比例是燕麦草饲用价值评价的主要指标，燕麦不同器官的营养价值高低依次为叶片>籽粒>茎秆，茎含量低，叶片比例高说明适口性好，营养物质含量丰富，反之则低。OT834 叶片和穗占单株比例达 39.39%，OT1352 的为47.83%，林纳的为 44.10%。叶茎比是评价牧草品质的一个重要指标，3 个品种的叶茎比中 OT1352 最高为 0.58，其次是 OT834 为 0.50，最后林纳为 0.48。3 个品种的分蘖数虽然没有达到差异显著，但其中 OT1352 和林纳的分蘖数都达到 5.33，比 OT834 高 24.82%。

表 4-3　不同燕麦品种的植株性状

品种	株高 (cm)	茎粗 (mm)	单株重量构成（g）				单株重量构成比例（%）			分蘖数（个）
			叶重	茎重	穗重	株重	叶重	茎重	穗重	
OT834	156.43a	10.05a	10.53a	21.08a	3.18b	34.80a	30.26	60.57	9.14	4.27a
OT1352	137.68b	9.41a	13.18a	22.99a	7.90a	44.07a	29.91	51.96	17.93	5.33a
林纳	135.54b	9.79a	11.44a	24.06a	7.55a	43.06a	26.57	55.88	17.53	5.33a

注：同一列标有不同字母表示数据间差异显著（$P<0.05$），同一列标有相同字母表示数据间差异不显著（$P>0.05$）。下同

4. 28 个燕麦品种乳熟期植株性状

28 个燕麦品种乳熟期株高达 117.33~173.89 cm（表 4-4），株高为 120 cm 以下的燕麦品种 4 个，株高 120~130 cm 的燕麦品种 5 个，株高 130~140 cm 的燕麦品种 6 个，株高 140~150 cm 的燕麦品种 5 个，株高 150~160 cm 的燕麦品种 6 个，株高 160 cm 以上的燕麦品种 2 个，株高在 140 cm 以上的燕麦品种占 46.43%，株高为 140 cm 以下的燕麦品种为 53.57%。28 个燕麦品种的茎构成比例为 44.39%~62.42%，叶构成比例为 15.29%~35.55%，穗的构成比例为 8.33%~45.78%，茎叶比为 1.43~2.95。

表 4-4　安宁河流域冬闲田种植 28 个燕麦品种生物学特性

品种	株高 (cm)	鲜干比	茎、叶、穗比例构成			茎叶比
			茎 (%)	叶 (%)	穗 (%)	
锋利	131.76	3.26	56.12	35.55	8.33	1.58
巴燕 1 号	154.57	2.71	48.73	28.26	23.01	1.73
青海 444	158.54	3.10	62.02	23.50	14.48	2.64
陇燕 3 号	143.75	4.47	59.66	27.80	12.55	2.15
天鹅	118.06	2.61	55.13	19.89	24.98	2.77
胜利者	118.33	2.68	54.23	18.81	26.96	2.88
加燕 1 号	140.00	3.94	52.76	29.28	17.96	1.80
青海甜燕	123.53	3.45	59.89	29.33	10.78	2.04
青燕 1 号	151.28	3.13	62.42	26.44	11.13	2.36

（续表）

品种	株高（cm）	鲜干比	茎、叶、穗比例构成			茎叶比
			茎（%）	叶（%）	穗（%）	
甘草	143.4	3.70	59.83	23.48	16.69	2.55
白燕8号	142.42	3.33	58.65	19.85	21.50	2.95
草莜1号	125.07	3.51	51.29	32.85	15.85	1.56
甜燕	136.59	3.51	56.93	26.68	16.39	2.13
伽利略	117.33	4.21	51.85	32.49	15.66	1.60
加燕2号	138.42	3.88	50.22	31.23	18.55	1.61
白燕7号	128.17	4.05	49.00	34.27	16.73	1.43
科纳	125.50	3.27	54.14	26.73	19.13	2.03
牧乐思	138.1	3.10	61.56	24.26	14.18	2.54
爱沃	140.53	5.63	50.80	35.05	14.15	1.46
贝勒	150.25	4.30	46.75	20.39	32.85	2.29
魅力	104.88	3.81	47.25	28.26	24.50	1.68
太阳神	173.89	4.07	54.14	20.76	25.10	2.67
牧王	150.27	4.08	47.38	22.74	29.89	2.09
领袖	125.75	3.10	36.63	17.59	45.78	2.08
燕王	132.86	4.06	44.73	20.41	34.86	2.20
贝勒2	156.01	4.98	54.94	24.38	20.68	2.26
枪手	171.4	3.82	49.13	19.00	31.87	2.62
美达	140.32	3.62	44.39	15.29	40.33	2.91

（二）燕麦产草量

1. 不同物候期燕麦产草量

产量不仅是衡量品种生产力高低的重要指标，也是衡量适应性的重要指标，同一牧草不同品种的产量性状差异很大，其适应性和产量也有明显不同。燕麦草产量是衡量其综合性能的主要指标。品种和取样时间的交互作用对干草产量的影响显著（$P<0.05$）。随着生育期的推移，燕麦草产量增加。不同生育期的产草量见表4-5。OT834、OT1352和林纳从拔节到完熟鲜草产量分别为 19 309.65 ~54 727.35 kg/hm²、32 316.15 ~85 042.50 kg/hm²和 16 308.15 ~82 241.10 kg/hm²，抽穗、乳熟、完熟期的鲜草产量显著高于拔节期，它们三个时期间的的产量差异不显著（$P>0.05$）。OT834 和 OT1352 的干草产量分别为 3 501.75 ~21 510.75 kg/hm² 和 5 502.75 ~31 515.75 kg/hm²，不同期间的干草产量差异显著，乳熟和完熟的干草产量显著高于抽穗和拔节期。乳熟和完熟间干草产量差异不显著

（$P>0.05$），林纳干草产量为 3 101.55 ~ 17 308.65 kg/hm²，抽穗和乳熟的干草产量显著高于完熟和拔节期，抽穗和乳熟期的干草产量差异不显著。拔节期三品种间差异显著，OT1352 的干草产量显著高于 OT834 和林纳，OT834 和林纳间差异不显著，抽穗期间三品种间差异不显著，乳熟期 OT1352 干草产量显著高于 OT834，OT834 和林纳间差异不显著，完熟期三品种间产量差异显著，产量最高的是 OT1352，最低的是林纳。

表 4-5　燕麦不同物候期的产草量　　　　　　　　　　（kg/hm²）

项目		OT834	OT1352	林纳
拔节	鲜草	19 309.65b	32 316.15b	16 308.15c
	干草	3 501.75c	5 502.75c	3 101.55c
抽穗	鲜草	54 727.35a	78 939.45a	82 241.10a
	干草	12 606.30b	18 909.45b	17 308.65a
乳熟	鲜草	54 127.05a	85 042.50a	65 032.50a
	干草	21 110.55a	31 515.75a	16 308.15a
完熟	鲜草	53 726.85a	79 539.75a	42 521.25b
	干草	21 510.75a	3 0215.10a	10 605.30b

2. 乳熟期 28 个燕麦品种的产草量

28 个燕麦品种在安宁河流域冬闲田种植鲜草产量为 42 256.20 ~ 89 211.30 kg/hm²（表 4-6），干草产量为 12 618.90 ~ 23 259.06 kg/hm²，干草产量最高的是天鹅，为 23 259.06 kg/hm²，其次是胜利者，为 23 170.22 kg/hm²，然后是太阳神，为 20 470.95 kg/hm²。干草产量大于 1 500 kg/hm² 的品种有 14 个，占全部燕麦品种的 50.00%，干草产量小于 1 500 kg/hm² 的品种有 14 个，占全部燕麦品种的 50.00%。

表 4-6　安宁河流域乳熟期 28 个燕麦品种的产草量

品种	鲜草产量（kg/hm²）	干草产量（kg/hm²）
锋利	48 339.15	14 811.12
巴燕 1 号	45 982.95	16 953.91
青海 444	56 861.70	18 372.02
陇燕 3 号	63 261.60	14 157.95
天鹅	60 760.35	23 259.06
胜利者	62 168.55	23 170.22
加燕 1 号	54 257.10	13 775.88
青海甜燕	50 160.15	14 526.38
青燕 1 号	60 550.20	19 376.06

（续表）

品种	鲜草产量（kg/hm²）	干草产量（kg/hm²）
甘草	61 600.80	16 669.18
白燕 8 号	51 355.65	15 422.10
草莜 1 号	50 905.50	14 508.07
甜燕	49 444.65	14 067.00
伽利略	58 699.35	13 929.36
加燕 2 号	56 128.05	14 464.20
白燕 7 号	51 575.85	12 739.23
科纳	42 256.20	12 905.04
牧乐思	50 985.45	16 473.40
爱沃	83 833.50	14 776.65
贝勒	58 779.45	14 590.65
魅力	47 898.90	12 618.90
太阳神	89 211.30	20 470.95
牧王	66 574.95	16 875.30
领袖	50 275.20	15 308.55
燕王	64 824.00	15 027.45
贝勒 2	79 331.25	16 177.80
枪手	59 112.90	14 057.85
美达	60 530.25	16 770.00

3. 安宁河流域冬闲田 31 个燕麦品种生产性能的综合评价

将安宁河流域 31 个燕麦品种的株高、茎叶比、鲜干比、干草产量进行聚类分析，聚类结果见图 4-3。当类间距离为 0.8 时，31 个燕麦品种分为六类。第一类有 13 个品种，分别为 OT834、林纳、陇燕 3 号、OT1352、加燕 1 号、加燕 2 号、锋利、草莜 1 号、伽利略、白燕 7 号、青海甜燕、科纳、甜燕，该类燕麦株高为 133.83 cm，茎叶比为 1.83，鲜干比为 3.87，干草产量为 14 679.56 kg/hm²，第二类有 6 个品种，为巴燕 1 号、青海 444、青燕 1 号、甘草、牧乐思、白燕 8 号，该类燕麦株高为 148.05 cm，茎叶比为 2.46，鲜干比为 3.18，干草产量平均为 1 7211.11 kg/hm²，第三类有 2 个品种，为魅力和领袖，该类品种株高为 115.32 cm，茎叶比为 1.88，鲜干比为 3.46，干草产量平均为 13 963.73 kg/hm²，第四类有 7 个品种，为贝勒、牧王、燕王、贝勒 2、美达、太阳神、枪手，该类燕麦株高 153.57 cm，茎叶比为 2.43，鲜干比为 4.13，干草产量平均为 16 281.43 kg/hm²，第五类有 2 个品种，为天鹅、胜利者，该类燕麦株高 118.20 cm，茎叶比为 2.83，鲜干比为 2.65，干草产量平均为 23 214.64 kg/hm²，第六类为 1 个品种，为爱沃，株高 140.53 cm，茎叶比为 1.46，鲜干比为 5.63，干草产量为 14 776.65 kg/hm²。

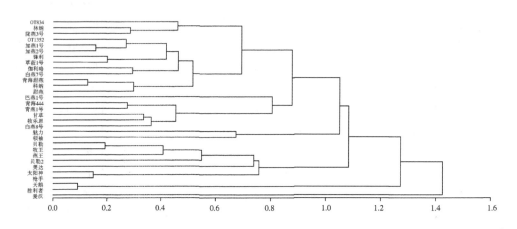

图 4-3　安宁河流域 31 个燕麦品种的聚类图

（三）安宁河流域饲用燕麦种子生产

31 个燕麦品种中有 6 个品种在西昌地区能顺利完成整个生育过程，完熟期收获种子。6 个品种 1 m² 结实分蘖数有 193.50~564.17 个（表 4-7），品种间差异显著（$P<0.05$），其中胜利者最多，为 564.17 个，天鹅次之有 498.33 个。6 个品种的种子产量为 3 280.66~7 229.91 kg/hm²，各品种间种子产量差异显著（$P<0.05$），其中天鹅的种子产量最高，为 7 229.91 kg/hm²，胜利者的种子产量次之，为 6 757.33 kg/hm²，天鹅和胜利者的种子产量间差异不显著（$P>0.05$），与青燕 1 号、青海 444、燕麦 444 和白燕 8 号种子产量差异显著（$P<0.05$），其余 4 个品种的种子产量为 3 280.66~3 538.22 kg/hm²。6 个品种的种子千粒重为 17.43~41.53 g，种子千粒重间差异显著（$P<0.05$），千粒重最重的是天鹅，其次为胜利者，分别为 41.53 g 和 40.17 g，品种间差异不显著（$P>0.05$），青燕 1 号、青海 444 和燕麦 444 的千粒重为 24.43~25.70 g，白燕 8 号的千粒重最低，为 17.43 g。

表 4-7　安宁河流域 6 个燕麦品种的种子产量

品种	结实分蘖数（个/m²）	种子产量（kg/hm²）	千粒重（g）
天鹅	498.33b	7 229.91a	41.53a
胜利者	564.17a	6 757.33a	40.17a
青燕 1 号	168.75d	3 538.22b	25.70b
青海 444	208.33cd	3 280.66b	25.39b

（续表）

品种	结实分蘖数（个/m²）	种子产量（kg/hm²）	千粒重（g）
燕麦 444	193. 50cd	3 345. 86b	24. 43b
白燕 8 号	257. 33c	3 381. 72b	17. 43c

三、乌蒙山区布拖冬闲田燕麦生物学特性及产草量

（一）燕麦生物学特性

1. 物候期

10 个燕麦品种于 10 月 7 日播种，播种后 12 d 出苗，25 d 达分蘖期，第二年 3 月 21 日到达拔节期，领袖、美达于 4 月 21 日到达抽穗期，是所有品种中最先进入抽穗期，贝勒、太阳神、燕王、爱沃、魅力和枪手于 4 月 27 日达抽穗期，贝勒 2 和牧王是 5 月 21 日抽穗，是最晚到达抽穗期。领袖和美达于 5 月 15 日到达灌浆期，5 月 21 日到达乳熟期，6 月初到达蜡熟期，在乌蒙山区进入雨季时能完成整个生育周期。

2. 乌蒙山区冬闲田种植 10 个燕麦品种的植株性状

10 个燕麦品种的株高为 80.00~132.10 cm（表 4-8），各品种间差异显著（$P<0.05$），太阳神的株高最高，为 132.10 cm，与枪手差异不显著（$P>0.05$），显著高于其他品种。爱沃的株高最低，为 80.00 cm，显著低于其他品种，所有品种的茎占 45.12%~56.38%，叶占 23.58%~41.34%，穗占 11.04%~26.13%，茎叶比为 1.94~4.56，茎叶比<2 的品种是爱沃，茎叶比在 2~3 的品种牧王、燕王、贝勒 2、贝勒，茎叶比>3 的品种是魅力、美达、领袖，茎叶比>4 的品种有枪手和太阳神。10 个燕麦品种的鲜干比为 2.97~3.85，牧王、爱沃、美达、太阳神、贝勒 2 的鲜干比分别为 3.85、3.81、3.58、3.74 和 3.60，显著（$P<0.05$）高于领袖，与其他品种间差异不显著（$P>0.05$）。

表 4-8　乌蒙山区冬闲田种植 10 个燕麦品种的植株性状

品种	株高（cm）	鲜干比	茎叶穗构成比例			茎叶比
			茎（%）	叶（%）	穗（%）	
枪手	131. 00a	3. 41ab	49. 54	39. 42	11. 04	4. 56a
牧王	121. 10b	3. 85a	56. 38	30. 77	22. 85	2. 12 de
魅力	82. 60e	3. 44ab	45. 30	40. 64	14. 06	3. 24c
爱沃	80. 00e	3. 81a	50. 29	23. 58	26. 13	1. 94e
燕王	105. 5c	3. 40ab	47. 73	36. 17	16. 09	2. 97cd
美达	107. 70c	3. 58a	48. 76	35. 70	15. 80	3. 12c
太阳神	132. 10a	3. 74a	55. 54	30. 75	13. 71	4. 17ab

（续表）

品种	株高（cm）	鲜干比	茎叶穗构成比例			茎叶比
			茎（%）	叶（%）	穗（%）	
贝勒2	92.00 d	3.60a	50.45	32.40	17.15	2.95cd
贝勒	81.70e	3.44ab	45.12	38.95	15.92	2.84cd
领袖	83.20e	2.97b	46.09	41.34	12.57	3.71bc

（二）燕麦产草量

10个燕麦品种的鲜草产量为24 679.00~55 361.00 kg/hm²（表4-9），鲜草产量最高的是牧王、燕王、美达，分别为55 361.00 kg/hm²、51 692.50 kg/hm² 和47 357.00 kg/hm²，鲜草产量最低的是领袖，为24 679.00 kg/hm²，牧王、燕王和美达的鲜草产量显著（$P<0.05$）高于领袖，与其他品种间差异不显著（$P>0.05$）。10个燕麦品种的干草产量为8 266.19~15 022.74 kg/hm²，干草产量最高的是燕王、牧王和美达，分别为15 022.74 kg/hm²、14 398.50 kg/hm² 和13 119.08 kg/hm²，干草产量最低的是领袖，为8 266.19 kg/hm²，燕王和牧王的干草产量显著（$P<0.05$）高于领袖，与其他品种间差异不显著（$P>0.05$）。

表4-9　乌蒙山区10个燕麦品种的产草量

品种	鲜草产量（kg/hm²）	干草产量（kg/hm²）
枪手	39 186.25ab	11 634.52ab
牧王	55 361.00a	14 398.50a
魅力	40 353.50ab	11 752.80ab
爱沃	40 687.00ab	10 920.94ab
燕王	51 692.50a	15 022.74a
美达	47 357.00a	13 119.08ab
太阳神	42 021.00ab	11 044.59ab
贝勒2	41 687.50ab	11 420.82ab
贝勒	42 021.00ab	11 925.83ab
领袖	24 679.00b	8 266.19b

四、高寒冷凉山区燕麦生物学特性及产草量

（一）会泽高寒冷凉山区燕麦生物学特性

1. 海拔2 600米燕麦的植株性状

12个燕麦品种于4月底进行播种，8月中旬进行刈割测定。参试燕麦品种的株高为77.91~179.22 cm（表4-10），各品种间差异显著（$P<0.05$），其中太阳神、美达和坝燕3的株高显著高于其他品种。太阳神、美达和坝燕3的株高分别为179.22 cm、

171.05 cm 和 164.00 cm，分别高于本地燕麦 148.67 cm 的 20.54%、15.05% 和 10.31%。12 个燕麦品种的茎叶穗比例构成分别为茎为 45.39% ~ 66.82%，叶为 7.20% ~ 34.10%，穗为 3.56% ~ 36.61%，参试燕麦品种的茎叶比为 1.84 ~ 6.63，鲜干比为 3.07 ~ 6.81。

表 4-10　会泽高寒冷凉山区燕麦植株性状

| 品种 | 株高（cm） | 鲜干比 | 茎、叶、穗比例构成 | | | 茎叶比 |
			茎（%）	叶（%）	穗（%）	
坝燕 3	164.00a	6.81	58.10	17.20	25.02	3.37g
坝燕 4	147.5b	3.89	48.30	11.70	39.57	4.12e
魅力	77.91e	4.95	45.51	17.06	38.57	2.67h
牧王	126.22cd	5.26	56.68	19.59	23.08	2.89h
美达	171.05a	4.52	54.51	10.13	34.05	5.38c
贝勒 2	133.56bc	6.17	62.83	34.10	3.56	1.84i
爱沃	112.47 d	4.99	63.16	17.19	19.97	3.67f
燕王	142.47bc	5.62	60.84	18.24	21.48	3.34g
太阳神	179.22a	4.52	66.82	13.46	20.13	4.96d
领袖	126.07cd	3.56	45.39	7.20	47.68	6.31b
贝勒	127.94cd	5.14	49.30	14.32	36.61	3.44g
本地小燕麦	148.67b	3.07	64.31	9.77	25.96	6.63a

2. 海拔 2 600 米燕麦产草量

12 个燕麦品种于 2018 年 4 月 30 日播种，于 8 月 12 日进行刈割测产，从播种到刈期生长 104 天。刈割时有 7 个品种已达乳熟期，2 个品种为抽穗期，1 个品种为灌浆期，2 个品种为乳熟后期。引进的 11 个燕麦品种的鲜草产量为 31 240.65 ~ 79 414.65 kg/hm²（表 4-11），燕王和爱沃的鲜草产量分别为 79 414.65 kg/hm² 和 71 961.00 kg/hm²，显著（$P<0.05$）高于其他品种。干草产量为 7 368.45 ~ 14 420.70 kg/hm²，其中爱沃、燕王和领袖的干草产量分别为 14 420.70 kg/hm²、14 128.50 kg/hm² 和 12 133.20 kg/hm²，显著高于其他品种，分别比本地燕麦提高 72.20%、68.71% 和 44.89%，表现出强的生产性能。

表 4-11　会泽高寒冷凉山区 12 个燕麦品种的产草量

品种	物候期	鲜草产量（kg/hm²）	干草产量（kg/hm²）
坝燕 3	乳熟期	50 125.05c	7 368.45e
坝燕 4	乳熟期	31 240.65e	8 028.90 d

（续表）

品种	物候期	鲜草产量（kg/hm²）	干草产量（kg/hm²）
魅力	乳熟期	31 690.8e	6 399.60e
牧王	乳熟期	54 343.8c	10 339.05c
美达	乳熟后期	51 250.65c	11 341.80c
贝勒2	抽穗期	49 174.65c	7 972.65 d
爱沃	抽穗期	71 961.00b	14 420.70a
燕王	灌浆期	79 414.65a	14 128.50a
太阳神	乳熟期	49 099.50c	10 852.05c
领袖	乳熟期	43 171.50d	12 133.20b
贝勒	乳熟期	42 996.45d	8 360.10d
本地小燕麦	乳熟后期	25 812.90f	8 374.00d

3. 海拔2 600米饲用燕麦种子生产

3个燕麦品种于3月24日播种，4月8日出苗，4月24日达到分蘖期，6月初抽穗，8月中旬达到完熟。收获期的燕麦株高为145.00~160.00 cm（表4-12），坝燕18号的株高最高，为160.00cm，显著（$P<0.05$）高于坝燕1号和坝燕14号，坝燕1号和坝燕14号的株高都为145.00cm，品种间差异不显著。3个品种的种子产量为2 651.40~3 025.80kg/hm²，种子产量最高的是坝燕18号，产量为3 025.80kg/hm²，与坝燕14号种子产量差异不显著（$P>0.05$），显著高于坝燕1号。3个品种的千粒重为42.30~46.60g，品种间差异不显著。

表4-12　3个燕麦品种在乌蒙山区种子产量

品种	株高（cm）	种子产量（kg/hm²）	千粒重（g）
坝燕1号	145.00b	2 651.40b	44.40a
坝燕14号	145.00b	3 001.50a	46.60a
坝燕18号	160.00a	3 025.80a	42.30a

（二）昭觉高寒冷凉山区燕麦生物学特性

1. 海拔2 900米燕麦植株性状

海拔2 900米4个引进燕麦品种于3月29日播种，4月12日出苗，5月20日达到分蘖期，6月11日拔节，胜利者、天鹅6月18日孕穗，6月28日抽穗，到7月18日达到乳熟，美达和领袖是6月25日达到孕穗，7月4日抽穗，到7月28日达到乳熟。胜利者和天鹅从出苗到乳熟生长97 d，美达和领袖从出苗到乳熟生长107 d。

4个引进品种的乳熟期株高为125.18~144.64 cm（表4-13）本地燕麦株高为

165.94cm，本地燕麦株高显著高于其他品种。5 个燕麦品种的茎叶穗构成比例分别为茎占全株的 55.00%～66.71%，叶占 8.12%～13.34%，穗占 26.16%～37.48%，都表现为茎>穗>叶。4 个燕麦品种的茎叶比为 4.09～6.10，本地燕麦的茎叶比为 9.17，本地燕麦的茎叶比显著高于引进品种，天鹅、美达、领袖的茎叶比显著高于胜利者，胜利者的茎叶比为 4.09。4 个引进品种的鲜干比为 4.76～5.16，本地燕麦的鲜干比为 3.76，引进品种鲜干比差异不显著（$P>0.05$），引进品种鲜干比显著高于本地燕麦。

表 4-13 昭觉高寒冷凉山区燕麦植株性状

品种	株高（cm）	鲜干比	茎、叶、穗构成比例			茎叶比
			茎（%）	叶（%）	穗（%）	
胜利者	125.18d	5.16a	56.30	13.34	30.70	4.09c
天鹅	137.64bc	5.03a	60.01	10.57	29.90	5.48b
美达	131.12cd	4.76a	62.60	9.31	28.68	5.49b
领袖	144.64b	4.89a	55.00	8.12	37.48	6.10b
本地燕麦	165.94a	3.76b	66.71	7.50	26.16	9.17a

2. 海拔 2 900 米燕麦产草量

乳熟期 4 个燕麦的鲜草产量为 32 816.40～44 822.40 kg/hm²（表 4-14），本地燕麦的鲜草产量为 21 861.00kg/hm²，引进燕麦品种的鲜草产量显著（$P<0.05$）高于本地燕麦，引进品种中的领袖的鲜草产量最高为 44 822.40kg/hm²，其次是天鹅，为 41 420.70kg/hm²，领袖、天鹅产草量显著高于胜利者、美达。但两品种之间差异不显著（$P>0.05$）。4 个引进燕麦品种的干草产量为 6 283.80～9 157.35 kg/hm²，本地燕麦干草产量为 5 800.65kg/hm²，参试燕麦干草产量是领袖>天鹅>美达>胜利者>本地燕麦，领袖的干草产量为 9 157.35 kg/hm²，显著高于（$P<0.05$）其他品种。天鹅的干草产量显著高于美达、胜利者、本地燕麦，胜利者和本地燕麦干草产量差异不显著（$P>0.05$）。

表 4-14 参试燕麦的产草量

品种	鲜草产量（kg/hm²）	干草产量（kg/hm²）
胜利者	32 816.40b	6 283.80cd
天鹅	41 420.70a	7 590.15b
美达	34 017.00b	6 696.45c
领袖	44 822.40a	9 157.35a
本地燕麦	21 861.00c	5 800.65d

第三节　燕麦的饲用价值

一、燕麦经济价值与饲用价值概述

燕麦籽实是人类重要的食品，成为早餐食品、营养保健食品的重要资源。燕麦籽粒也是农区役用家畜和牧区放牧家畜的重要精饲料资源。燕麦可青刈或调制青干草，燕麦籽粒收获后的秸秆也是饲喂家畜和冷季家畜补饲的饲草料资源。燕麦具有抗寒、抗旱、耐瘠薄、产草量高、适应性强、营养价值丰富等优点。燕麦青干草能满足高寒牧区放牧家畜季节营养需求，可解决冬春牦牛和绵羊饲草数量及营养不足的问题，因此是青藏高原和西北牧区公认的稳产、高产、营养价值高的优质饲草，在高寒牧区草地畜牧业生产中起着重要作用。牧草饲料作物中蛋白质含量的高低是衡量饲草质量的重要指标，据相关资料，燕麦营养成分含量见表4-15。中国农业科学院测试中心测定表明，加拿大燕麦籽粒的赖氨酸含量为0.52%，较小麦高84%左右。因此，燕麦在各种饲料中占有重要地位，是发展畜牧业的重要物质基础。燕麦籽粒中含有丰富蛋白质，一般含量为10%～14%，裸燕麦的蛋白质含量在15%左右，脂肪含量超过4.5%，燕麦籽粒粗纤维含量高，是各类家畜特别是马、牛、羊的良好精饲料。裸燕麦籽粒营养价值高，口感佳，食用品质好，燕麦籽粒含有β-葡聚糖，具有保健和医疗价值。裸燕麦茎秆适口性好、易消化、耐贮藏，常用作青干草冬季补饲家畜。青刈燕麦分蘖力极强，再生性好，可多次青刈，收获青绿饲草。燕麦的秸秆与稃壳中蛋白质含量为3.0%，小麦则为2.3%。因此，适于饲喂牛、马。青刈燕麦叶量多，叶片宽大，柔嫩多汁，适口性好，消化率高，是极好的青饲料。青刈燕麦可鲜喂，也可以青贮和调制优质青干草。根据报道，利用燕麦地放牧，肉牛平均每日增重为0.55 kg，利用燕麦-毛苕子混播地放牧，平均日增重为0.82 kg。

表4-15 燕麦的营养成分

样品	水分（%）	占干物质（%）				
		粗蛋白质	粗脂肪	粗纤维	无氮浸出物	粗灰分
籽粒	10.9	12.9	3.9	14.8	53.9	3.6
鲜草	80.4	2.9	0.9	5.4	8.9	1.5
秸秆	13.5	3.6	1.7	35.7	37	8.5

（引自陈宝书，2001）

二、冬闲田燕麦营养品质

（一）安宁河流域不同熟性燕麦品种乳熟期营养品质

3个燕麦品种乳熟期干物质含量为21.46%～25.50%（表4-16），干物质含量差异不显著（$P > 0.05$）。林纳的粗蛋白质含量为8.47%，显著（$P < 0.05$）高于OT834和OT1352，比OT834和OT1352高7.08%和29.51%，OT834的酸性洗涤纤维和中性洗涤纤维分别为36.88%和55.14%，显著（$P < 0.05$）低于其他两个品种，OT834的可溶性糖含

量为 8.87%，显著（P<0.05）高于其他两个品种，分别高 OT1352 和林纳的 89.94% 和 5.98%。饲料相对值是以盛花期紫花苜蓿为 100，与某种粗饲料可消化干物质的采食量的相对比值，试验中三品种的 RFV 为 80.25~101.56。粗蛋白质和粗纤维的含量是评价牧草饲用价值的重要指标，也就是说粗蛋白质含量较高、粗纤维含量低的牧草，其饲用价值也就高，牧草 RFV 值越大，说明该牧草营养价值越高，OT834 的 RFV 值最大为 101.56，林纳的为 94.86，OT1352 最低为 80.25，得出在安宁河流域利用冬闲田种植燕麦适宜品种为林纳和 OT834。

表 4-16 不同燕麦品种的营养成分 （%/DM）

品种	干物质（%）	粗蛋白质	酸性洗涤纤维	中性洗涤纤维	可溶性糖	相对饲喂价值（RFV）
OT834	21.46a	7.91b	36.88c	55.14c	8.87a	101.56
OT1352	25.50a	6.54c	42.92a	64.34a	4.67c	80.25
林纳	23.64a	8.47a	38.29b	57.93b	8.37b	94.86

（二）安宁河流域不同燕麦品种营养评价

安宁河流域种植的 28 个燕麦品种的干物质含量为 21.22%~36.13%（表 4-17），粗蛋白质含量为 6.12%~11.19%，粗蛋白质含量 8% 以上的品种有 18 个，占参试燕麦品种的 64.29%，粗蛋白质含量最高的牧王、魅力和贝勒 2 的粗蛋白质含量大于 10%，分别为 11.19%、10.74% 和 10.31%，显著高于其他品种。参试燕麦品种的可溶性糖含量为 2.87%~10.72%，酸性洗涤纤维含量为 25.24%~38.93%，中性洗涤纤维含量为 52.43%~71.55%。参试燕麦品种的相对饲喂价值为 78.14~122.84，相对饲喂价值大于 100 的品种有天鹅、胜利者、科纳、贝勒、魅力、牧王、领袖、燕王、贝勒 2、美达，占全部参试品种的 35.74%。相对饲喂价值最高的燕麦品种为胜利者，其次为牧王，然后是贝勒 2。

表 4-17 安宁河流域冬闲田 28 个燕麦品种的营养品质 （%/DM）

品种	干物质（%）	粗蛋白质	可溶性糖	酸性洗涤纤维	中性洗涤纤维	相对饲喂价值（RFV）
锋利	28.72	8.34	10.72	32.04	60.07	99.02
巴燕 1 号	34.65	8.09	4.73	33.49	62.37	93.68
青海 444	30.29	8.26	4.41	35.20	68.32	83.71
陇燕 3 号	21.22	7.48	2.87	31.32	65.08	92.20
天鹅	36.13	7.03	6.73	30.63	59.96	100.90
胜利者	31.69	8.74	9.04	25.24	52.43	122.84
加燕 1 号	23.93	8.10	4.75	33.62	64.91	89.87
青海甜燕	27.20	8.83	7.76	33.36	62.36	93.05

（续表）

品种	干物质（%）	粗蛋白质	可溶性糖	酸性洗涤纤维	中性洗涤纤维	相对饲喂价值（RFV）
青燕1号	29.85	6.89	5.71	35.22	65.76	86.95
甘草	25.33	6.85	4.39	38.93	69.46	78.44
白燕8号	28.08	7.71	4.43	31.74	63.00	94.76
草莜1号	26.75	8.91	6.26	31.66	62.10	96.22
甜燕	26.79	8.81	7.23	33.56	62.47	93.45
伽利略	22.26	9.38	3.97	31.87	62.37	95.57
加燕2号	24.43	8.52	5.14	33.76	62.21	93.61
白燕7号	23.30	6.95	4.64	36.97	71.55	78.14
科纳	28.85	6.12	4.54	28.66	57.31	108.06
牧乐思	30.37	7.63	7.94	33.34	65.65	89.17
爱沃	25.51	8.16	5.44	33.86	58.49	99.44
贝勒	28.37	8.12	9.52	31.06	56.45	106.63
魅力	27.85	10.74	6.49	32.69	58.09	101.58
太阳神	30.06	7.26	8.89	34.04	59.83	96.99
牧王	27.48	11.19	8.03	28.42	53.43	116.23
领袖	33.73	7.85	10.11	30.84	57.44	105.07
燕王	22.89	9.16	6.45	32.64	57.89	102.00
贝勒2	22.71	10.13	10.57	30.15	52.94	114.94
枪手	25.39	8.25	5.42	32.64	59.16	99.81
美达	29.22	8.94	6.64	31.32	59.40	101.01

（三）乌蒙山区布拖冬闲田燕麦营养品质

1. 乌蒙山区冬闲田10个燕麦品种营养品质

10个燕麦品种的干物质含量为24.67%～31.66%（表4-18），领袖的干物质含量为31.66%，与枪手、燕王的干物质含量差异不显著（$P>0.05$），显著（$P<0.05$）高于其他品种。参试燕麦品种的粗蛋白质含量为6.21%～10.43%，其中牧王的粗蛋白质含量最高，为10.43%，显著（$P<0.05$）高于其他品种。参试燕麦品种的酸性洗涤纤维为25.07%～35.69%，枪手的酸性洗涤纤维为35.69%，显著（$P<0.05$）高于牧王、爱沃、美达、贝勒2、领袖，与魅力、燕王、太阳神和贝勒差异不显著（$P>0.05$）。参试品种的中性洗涤纤维含量为50.79%～66.59%，枪手的中性洗涤纤维最高，为66.59%，显著（$P<0.05$）高于牧王、爱沃、美达，与魅力、燕王、太阳神、贝勒2、贝勒和领袖差异不显著（$P>0.05$）。

表 4-18 乌蒙山区冬闲田 10 个燕麦品种的营养成分 （%/DM）

品种	干物质（%）	粗蛋白质	酸性洗涤纤维	中性洗涤纤维
枪手	27.70ab	7.13b	35.69a	66.59a
牧王	24.67b	10.43a	25.07c	50.79c
魅力	27.33b	7.10b	33.03ab	63.30ab
爱沃	24.70b	8.00b	27.49bc	55.20bc
燕王	27.73ab	7.18b	29.46abc	59.37abc
美达	26.44b	7.29b	25.75c	55.67bc
太阳神	25.43b	6.27b	33.53ab	65.19ab
贝勒2	26.55b	6.57b	28.44bc	59.05abc
贝勒	27.42b	6.92b	30.93abc	59.86abc
领袖	31.66a	6.21b	28.95bc	58.73abc

2. 乌蒙山区冬闲田 10 个燕麦品种生产性能综合评价

饲草生产性能综合评价是饲草引种的一个重要工作。灰色关联度分析在饲草引种、燕麦生产性能评价、干草调制方法的综合评价等方面已有应用。灰色关联度理论已被公认为是全面而无人为因素限制，合理自然，并能利用当前计算机技术处理的理论。

应用灰色系统理论，把供试燕麦品种看成一个灰色系统，则每个品种是该系统中的一个因素。先构建一个"理想品种"作为参考品种，"理想品种"的干草产量、株高、CP、鲜干比等指标选择测定值中的最大值，而 NDF、ADF、茎叶比等指标选择测定值中的最小值。以"理想品种"各项指标所构成的数列为比较数列 X_0，以供试品种各项指标所构成的数列为比较数列 X_i（i=1，2…10），利用经标准化处理后的数据求出参考因素 X_0 与比较因素 X_i 各对应点的绝对差值。根据公式：

$$\xi(k_j) = \frac{\min\limits_{i}\min\limits_{j}\Delta_i(k_j) + \rho \times \max\limits_{i}\max\limits_{j}\Delta_i(k_j)}{\Delta_i(k_j) + \rho \times \max\limits_{i}\max\limits_{j}\Delta_i(k_j)}$$

计算出关联系数 $\varepsilon i(K)$，并采用熵权赋权法，赋予干草产量、株高、CP、NDF、ADF、茎叶比、鲜干比不同的权重，计算得出供试品种和参考品种的关联度，根据关联度的大小，评价供试品种生产性能的优劣。

采用灰色关联度分析法对 10 个燕麦品种的生产性能进行综合评价。根据灰色关联度分析原则，关联度大的数列与"参考品种"越接近，综合性能越理想。供试的 10 个燕麦品种中，牧王与"参考品种"的关联度最高，为 0.945（表 4-19），其次是爱沃、燕王、美达，分别为 0.749、0.705 和 0.691，生产性能综合表现最差的是领袖，关联度为 0.539，表现为草产量低，粗蛋白质含量低，上述评价结果表明，在乌蒙山区的布拖县，牧王、爱沃、燕王和美达综合生产性能最佳，是适宜该地区种植的燕麦品种。

表4-19 10个燕麦品种生产性能综合评价

| 品种 | 生产指标间的关系系数 | | | | | | | 关联度 | 排序 |
	干草产量	株高	粗蛋白质	中性洗涤纤维	酸性洗涤纤维	茎叶比	鲜干比		
枪手	0.682	0.983	0.604	0.701	0.533	0.388	0.809	0.657	5
牧王	0.921	0.853	1.000	0.858	1.000	1.000	1.000	0.945	1
魅力	0.690	0.563	0.602	0.767	0.604	0.478	0.819	0.586	9
爱沃	0.639	0.551	0.674	1.000	0.834	0.945	0.979	0.749	2
燕王	1.000	0.706	0.608	0.865	0.734	0.547	0.805	0.705	3
美达	0.792	0.724	0.616	0.983	0.947	0.506	0.873	0.691	4
太阳神	0.646	1.000	0.548	0.728	0.589	0.333	0.944	0.642	6
贝勒2	0.668	0.614	0.566	0.874	0.782	0.553	0.882	0.631	7
贝勒	0.701	0.559	0.590	0.851	0.674	0.587	0.819	0.624	8
领袖	0.518	0.566	0.544	0.883	0.758	0.392	0.679	0.539	10

三、高寒冷凉山区燕麦营养品质

（一）会泽高寒冷凉山区12个燕麦品种的营养品质

1. 12个燕麦品种的营养品质

会泽海拔2 600米高寒冷凉山区，春播12个燕麦品种的干物质率为14.70%~32.61%（表4-20），引进品种中干物质含量最高的是领袖和坝燕4，分别为28.10%和25.71%，本地燕麦的干物质含量为32.61%显著（$P<0.05$）高于其他品种，12个燕麦品种的粗蛋白质含量为4.24%~11.20%。其中牧王、贝勒2粗蛋白质含量最高，坝燕3、魅力、美达、燕王、贝勒粗蛋白质含量中等，介于8.0%~9.4%，坝燕4、爱沃、太阳神、领袖粗蛋白质含量较低；地燕麦的粗蛋白质含量最低，为4.24%。中性洗涤纤维含量和酸性洗涤纤维含量高低直接影响饲草消化率及采食率，NDF含量增加，采食量则随之减少，ADF含量高，则消化率降低，比较二者含量，贝勒2的ADF和NDF均处于较低的水平，采食率较高，消化率较好，本地燕麦次之。相对饲喂价值较高的品种有贝勒2（181.27）、本地燕麦、贝勒、领袖等，说明这些品种的质量较高；相对饲喂价值较低的品种坝燕4、魅力、太阳神、燕王、坝燕3等，相对饲喂价值最高品种比最低品种高92.1%。

表 4-20　会泽高寒冷凉山区不同燕麦品种营养成分　　　　　　　（%/DM）

品种	干物质（%）	粗蛋白质	酸性洗涤纤维	中性洗涤纤维	相对饲喂价值（RFV）
坝燕 3	14.70h	9.37a	33.23a	57.72abc	101.57ef
坝燕 4	25.71c	7.00e	32.92a	62.36a	94.36f
魅力	20.19e	8.91bc	32.10a	59.42ab	100.02ef
牧王	19.03ef	11.20a	30.33abc	56.80abc	106.90de
美达	22.13d	8.09cd	33.08a	57.72abc	101.74ef
贝勒 2	16.21gh	10.94a	20.30e	37.51f	181.27a
爱沃	20.04e	6.67e	31.34ab	54.85bcd	109.36de
燕王	17.79fg	8.60bc	32.54a	57.91abc	102.08ef
太阳神	22.10d	7.58de	32.12a	58.62abc	101.38ef
领袖	28.10b	6.88e	28.41bc	53.73cde	115.59cd
贝勒	19.44ef	8.63bc	27.16cd	51.13de	123.23bc
本地燕麦	32.61a	4.24f	24.81d	49.05e	131.95b

2.12 个燕麦品种的灰色关联综合评价

2.1　构建参考品种

参考品种就是在灰色系统中对不同品种燕麦进行综合评价的标准，参考品种的建立是要符合以下两个条件，一是要根据产量目标，二是要参考燕麦营养成份进行建立。通过对燕麦的粗蛋白质、中性洗涤纤维、酸性洗涤纤维、相对饲喂价值等指标的分析观察，选取各指标最优值进行参考品种的建立，依此建立一个"最优燕麦"的参考序列 X_0。

2.2　数据无量纲化处理

12 个燕麦品种营养成分指标的数值单位虽然相同，但由于各测定值相差较大，不便于比较，需进行标准化处理（见表 4-21）。

表 4-21　无量纲化处理的 X_0 与 Xi 的值

品种	产量	粗蛋白质	酸性洗涤纤维	中性洗涤纤维	相对饲喂价值
坝燕 3	0.511	0.837	0.926	1.000	0.560
坝燕 4	0.557	0.625	1.000	0.991	0.521
魅力	0.444	0.796	0.953	0.966	0.552
牧王	0.717	1.000	0.911	0.913	0.590
美达	0.787	0.723	0.926	0.996	0.561
贝勒 2	0.553	0.977	0.602	0.611	1.000
爱沃	1.000	0.596	0.880	0.943	0.603

（续表）

品种	产量	粗蛋白质	酸性洗涤纤维	中性洗涤纤维	相对饲喂价值
燕王	0.980	0.768	0.929	0.979	0.563
太阳神	0.753	0.677	0.940	0.967	0.559
领袖	0.841	0.614	0.862	0.855	0.638
贝勒	0.580	0.771	0.820	0.817	0.680
本地燕麦	0.581	0.379	0.787	0.747	0.728

2.3 求关联系数

利用公式 $\xi_i(k) = \dfrac{a + \rho b}{\Delta i(k) + \rho b}$ 计算关联系数，（结果见表4-22）。其中二级最小差为 0.0000；二级最大差为 0.4559；ρ 为分辨系数，一般取值为 0.5。

表4-22　各性状指标的关联系数值

品种	产量	粗蛋白质	酸性洗涤纤维	中性洗涤纤维	相对饲喂价值
坝燕3	0.363	0.655	0.728	1.000	0.353
坝燕4	0.386	0.453	1.000	0.954	0.333
魅力	0.333	0.603	0.809	0.851	0.348
牧王	0.496	1.000	0.691	0.690	0.369
美达	0.566	0.528	0.728	0.977	0.353
贝勒2	0.383	0.932	0.333	0.333	1.000
爱沃	1.000	0.434	0.623	0.774	0.377
燕王	0.932	0.572	0.736	0.903	0.354
太阳神	0.529	0.490	0.769	0.853	0.352
领袖	0.637	0.446	0.590	0.573	0.398
贝勒	0.398	0.576	0.525	0.516	0.428
本地燕麦	0.399	0.333	0.483	0.434	0.468

2.4 求关联度

将表4-22中的各项关联系数代入公式 $r = 1/n \sum\limits_{k=1}^{n} \xi_i(k)$ 得出其他品种与参考品种之间的关联度（见表4-23）根据灰色系统理论中关联度的分析原则，关联度越大，与参考品种的差异就越小，该牧草的营养价值就越高。所以，根据关联度的大小可以对燕麦产量和营养价值做出综合评定。综合评价结果从高到低依次为：燕王、牧王、爱沃、美达、坝燕4、坝燕3、太阳神、贝勒2、魅力、领袖、贝勒本地燕麦。

表4-23　不同燕麦品种的关联度

燕麦品种	等权关联度	次序
坝燕3	0.620	6
坝燕4	0.625	5
魅力	0.589	9
牧王	0.649	2
美达	0.631	4
贝勒2	0.596	8
爱沃	0.642	3
燕王	0.700	1
太阳神	0.599	7
领袖	0.529	10
贝勒	0.489	11
本地燕麦	0.424	12

（二）昭觉高寒冷凉山区5个燕麦品种的营养品质

昭觉海拔2 900米高寒冷凉山区，春播5个燕麦品种乳熟期刈割时的干物质含量为18.60%~22.52%（表4-24），干物质含量最高的是领袖，为22.52%，其次是美达，为20.81%，最低的是胜利者，为18.60%。本地燕麦干物质含量为26.67%显著（$P<0.05$）高于引进品种，引进品种的领袖、美达的干物质率显著（$P<0.05$）高于胜利者、天鹅。本地品种粗蛋白质含量为5.89%，引进品种比本地品种粗蛋白质含量提高0.3%~57.89%。引进品种中4个品种的粗蛋白质含量为5.91%~9.30%，粗蛋白质含量最高的是胜利者，为9.30%，其次为天鹅，为8.32%，胜利者、天鹅、领袖三品种的粗蛋白质含量间差异不显著（$P>0.05$），显著高于美达（$P<0.05$）。5个燕麦品种的酸性洗涤纤维为30.03%~33.80%。胜利者、美达、领袖的酸性洗涤纤维含量差异不显著，显著高于天鹅和本地燕麦，引进品种比本地燕麦酸性洗涤纤维高4.42%~12.56%。参试燕麦品种的中性洗涤纤维为53.43%~60.71%，本地燕麦的中性洗涤纤维含量显著低于引进品种，引进品种的中性洗涤纤维比本地燕麦高8.74%~13.62%。

表4-24　不同燕麦品种营养成分　　　　　　　　　　　　（%/DM）

品种	干物质（%）	粗蛋白质	酸性洗涤纤维	中性洗涤纤维
胜利者	18.60c	9.30a	32.49ab	58.10b
天鹅	19.41c	8.32a	31.16b	58.94b
美达	20.81b	5.91b	33.49a	59.36ab

（续表）

品种	干物质（%）	粗蛋白质	酸性洗涤纤维	中性洗涤纤维
领袖	22.52b	7.30a	33.80a	60.71a
本地燕麦	26.67a	5.89b	30.03b	53.43c

（三）燕麦不同物候期的营养成分

拔节期到乳熟期干物质含量为12.59%~28.85%（表4-25），表现为随着生育时间的延长，干物质含量逐渐上升，不同物候期的干物质含量差异显著（$P<0.05$），乳熟期的干物质含量最高，为28.85%，显著高于其他各期。不同物候期的粗蛋白质含量为6.12%~18.78%，拔节期的粗蛋白质含量为18.78%，显著高于抽穗期、灌浆期和乳熟期，抽穗期粗蛋白质含量显著高于灌浆期和乳熟期，乳熟期与灌浆期的粗蛋白质含量差异不显著（$P>0.05$），表现为随着生育时间的延长粗蛋白质含量逐渐下降。不同物候期的可溶性糖含量为4.54%~6.91%，不同物候期的可溶性糖含量差异显著（$P<0.05$），灌浆期的可溶性糖含量最高，为6.91%，与拔节期、抽穗期差异不显著（$P>0.05$），与乳熟期差异显著（$P<0.05$）。不同物候期的中性洗涤纤维为51.81%~61.77%，不同物候期的中性洗涤纤维含量差异显著，抽穗期与灌浆期、乳熟期的中性洗涤纤维含量差异不显著（$P>0.05$），乳熟期与拔节期差异不显著（$P>0.05$）。不同物候期的酸性洗涤纤维含量为28.66%~36.48%，拔节期、抽穗期的差异不显著（$P>0.05$），拔节期与灌浆期差异显著（$P<0.05$）。灌浆期的酸性洗涤纤维显著高于拔节期、乳熟期。不同物候期的中性洗涤纤维、酸性洗涤纤维都表现出随着生育时间的延长，呈现先升后降的趋势，到灌浆期达到高峰，随后到乳熟期下降。燕麦拔节期的RFV最大，为118.46，随着生育期的推进，RFV逐渐变小，到灌浆期达到最小，为92.51，到了乳熟期又上升到108.63。

表4-25　不同物候期燕麦营养成分　　　　　　　　　　　（%/DM）

物候期	干物质（%）	粗蛋白质	可溶性糖	中性洗涤纤维	酸性洗涤纤维	相对饲喂价值
拔节期	12.59d	18.78a	5.14ab	51.81b	30.24bc	118.46a
抽穗期	17.44c	12.37b	4.95ab	59.78a	35.04ab	96.15ab
灌浆期	20.18b	8.52c	6.91a	61.77a	36.48a	92.51b
乳熟期	28.85a	6.12c	4.54b	57.31ab	28.66c	108.63ab

（四）不同器官的营养成分

9个燕麦品种中，茎中粗蛋白质含量是3.27%~7.21%（表4-26），茎中粗蛋白质含量最高的是牧王，粗蛋白质含量为7.21%，其次是爱沃，粗蛋白质含量为5.18%。叶中粗蛋白质含量是4.49%~12.49%，叶中粗蛋白质含量以牧王最高，为12.49%，太阳神最低，为4.49%。穗中粗蛋白质含量为10.82%~13.02%，以燕王最高，为13.02%，枪手最低为 10.82%。茎的中性洗涤纤维为 59.75% ~ 74.70%，酸性洗涤纤维为 30.44% ~ 43.82%，叶的中性洗涤纤维为 44.63% ~ 53.92%，酸性洗涤纤维为 24.27% ~ 29.35%，穗的中性洗涤纤维为 56.86% ~ 68.75%，酸性洗涤纤维为 24.49% ~ 29.70%。燕麦的叶片是进行光合作用的重要器官，植物营养物质主要集中在叶片内，积累的可溶性糖和蛋白质等营养物质多，叶片中营养物质含量就高，燕麦不同器官营养价值高低依次为叶片>籽粒>茎秆。

表 4-26　9 个燕麦品种各个器官的营养成分 （%/DM）

品种		粗蛋白质	酸性洗涤纤维	中性洗涤纤维
枪手	茎	4.02	43.82	74.39
	叶	9.54	27.48	51.35
	穗	10.82	26.90	56.86
	全株	7.13	35.69	66.59
牧王	茎	7.21	33.11	59.75
	叶	12.49	26.88	50.88
	穗	11.72	29.70	68.06
	全株	10.43	25.07	50.79
魅力	茎	3.27	42.94	74.70
	叶	7.98	28.99	51.90
	穗	12.29	27.31	63.5
	全株	7.10	33.03	63.30
爱沃	茎	5.18	30.44	59.96
	叶	7.06	24.27	44.63
	穗	12.97	24.50	58.89
	全株	8.00	27.49	55.20
燕王	茎	4.47	40.02	70.32
	叶	9.00	28.69	52.94
	穗	13.02	25.93	63.62
	全株	7.18	29.46	59.37
美达	茎	4.40	38.42	66.97
	叶	9.40	28.02	53.92
	穗	11.94	25.00	58.51
	全株	7.29	25.75	55.67

（续表）

品种		粗蛋白质	酸性洗涤纤维	中性洗涤纤维
	茎	3.32	40.75	73.03
太阳神	叶	4.49	29.35	53.57
	穗	11.60	28.41	68.75
	全株	6.27	33.53	65.19
	茎	4.10	40.69	71.74
贝勒2	叶	7.38	24.71	46.69
	穗	12.95	24.49	60.45
	全株	6.57	28.44	59.05
	茎	3.86	41.22	71.04
贝勒	叶	6.30	27.97	48.65
	穗	11.03	28.17	66.12
	全株	6.92	30.93	59.86

第四节　栽培技术对燕麦生产性能的影响

一、不同播种期对安宁河流域冬闲田燕麦产草量的影响

（一）不同播期对早熟型燕麦产草量的影响

早熟型燕麦品种 OT834 播种期为 10 月 8 日的燕麦株高最高，为 176.00 cm（表 4-27），显著（$P<0.05$）高于其他播期，播期 10 月 14 日、10 月 30 日和 11 月 14 日的株高差异不显著（$P>0.05$）。不同播期的鲜草产量为 37 062.97~80 734.80 kg/hm^2，干草产量为 10 925.05~25 247.50 kg/hm^2，都表现为 10 月 14 日播种的燕麦产草量最高。不同播期的燕麦的产草量表现为先升后降的趋势，从 10 月 8 日开始随着播种期的推后，产量逐渐上升，到 10 月 14 日产量达到高峰，随后产量逐渐下降，播期为 11 月 14 日的产量降到最低，得出在安宁河流域冬闲田种植早熟型燕麦的最佳播期为 10 月中旬。

表 4-27　不同播期早熟型燕麦品种产草量

品种类型	播种期（月/日）	株高（cm）	鲜草（kg/hm^2）	干草（kg/hm^2）
	10/8	176.00a	69 709.84a	16 581.65b
早熟品种	10/14	145.21b	80 734.80a	25 247.50a
（OT834）	10/30	141.37b	42 521.25b	16 254.75b
	11/14	130.37b	37 062.97b	10 925.05c

（二）不同播期对中晚熟燕麦品种产量的影响

中熟型品种林纳不同播期的株高为 120.50~130.30cm（表 4-28），不同播期间差异不显著（$P>0.05$）。鲜草产量为 43 216.04~50 580.83 kg/hm²，干草产量为 13 437.16~17 206.92 kg/hm²，不同播期间差异不显著（$P>0.05$）。晚熟型品种 OT1352 不同播期的株高为 129.97~149.53 cm，播期为 10 月 14 日的株高最高，为 149.53 cm，显著（$P<0.05$）高于播期 11 月 14 日的株高，播期 10 月 14 日与 10 月 30 日的株高差异不显著（$P>0.05$）。不同播期的鲜草产量为 46 273.13~85 125.88 kg/hm²，干草产量为 13 365.22~24 299.39 kg/hm²，表现为播期 10 月 14 日的产草量显著（$P<0.05$）高于其他播期。得出在安宁河流域冬闲田种植中晚熟燕麦的适宜播种期为 10 月中旬。

表 4-28　不同播期中晚熟燕麦品种产草量

品种类型	播种期（月/日）	株高（cm）	鲜草产量（kg/hm²）	干草产量（kg/hm²）
中熟品种（林纳）	10/14	130.30a	50 580.83a	17 206.92a
	10/30	121.95a	48 385.29a	13 437.84a
	11/14	120.50a	43 216.04a	13 437.16a
晚熟品种（OT1352）	10/14	149.53a	85 125.88a	24 299.39a
	10/30	136.29ab	50 775.38b	18 541.69b
	11/14	129.97b	46 273.13b	13 365.22c

二、不同播量对安宁河流域冬闲田燕麦产量的影响

（一）不同播种量对燕麦株高的影响

播种量为 135 kg/hm² 的燕麦株高为 120.13~153.56 cm（表 4-29），平均为 141.70 cm，播种量为 180 kg/hm² 的燕麦株高为 122.67~150.02 cm，平均为 135.79 cm，播种量为 240 kg/hm² 的燕麦株高为 123.00~153.30 cm，平均为 141.83 cm。早熟品种 OT834 不同播量的株高为 150.02~153.30 cm，平均为 151.57 cm，中熟品种林纳不同播量的株高为 120.13~123.00 cm，平均为 121.93 cm，晚熟品种 OT1352 不同播量的株高为 134.68~153.56 cm，平均为 145.18 cm。经方差分析，不同播种量间的株高差异不显著（$P>0.05$），品种间的株高差异显著（$P<0.05$），品种间表现为 OT834 和 OT1352 的株高显著高于林纳，OT834 和 OT1352 间株高差异不显著。播种量和品种间的互作差异不显著（$P>0.05$）。不同播量对燕麦的株高影响较小，这是由于在播种量低时，植株个体间营养竞争较弱，植株能够获得更多的养分和能量，从而生长较快，但是随着播种量的增大，植株间对资源的竞争变得更加激烈，在资源有限的情况下，种群内个体可获得的资源量减少，从而引起株高的变化。不同品种之间植株高度差异显著，OT834 和 OT1352 显著高于林纳，这是由品种自身的遗传特性决定。

表 4-29　播种量对不同燕麦品种株高的影响

品种	播种量			平均
	135（kg/hm²）	180（kg/hm²）	240（kg/hm²）	
早熟品种（OT834）	151.4	150.02	153.30	151.57a
中熟品种（林纳）	120.13	122.67	123.00	121.93b
晚熟品种（OT1352）	153.56	134.68	149.20	145.81a
平均	141.70a	135.79a	141.83a	
互作分析	P 值			
播种量	0.314			
品种	0.000			
播种量×品种	0.361			

（二）不同播种量对燕麦有效分蘖数的影响

播种量为 135 kg/hm² 的不同燕麦的分蘖数为 103～155 个/m²（表 4-30），平均为 123.7 个/m²，180 kg/hm² 播种水平下，燕麦的分蘖数为 110～146 个/m²，平均为 124 个/m²，240 kg/hm² 播种水平下，燕麦的分蘖数为 125～168 个/m²，平均为 148.33 个/m²。OT834 不同播种量的分蘖数为 103～152 个/m²，平均为 121.67 个/m²，不同播种量的林纳的分蘖数为 113～125 个/m²，平均为 118 个/m²，不同播种量的 OT1352 的分蘖数为 146～168 个/m²，平均为 156.33 个/m²。不同播种量之间差异显著（$P<0.05$），播量为 240 kg/hm² 的分蘖数显著高于 135 kg/hm² 和 180 kg/hm²，135 kg/hm² 和 180 kg/hm² 之间差异不显著。不同品种之间差异显著（$P<0.05$），OT1352 的分蘖数显著高于 OT834 和林纳，OT834 和林纳间分蘖数差异不显著。从互作分析来看播种量和品种二者的互作对分蘖数无显著影响（$P>0.05$）。

表 4-30　播种量对不同燕麦品种分蘖数的影响

品种	播种量			平均
	135（kg/hm²）	180（kg/hm²）	240（kg/hm²）	
早熟品种 OT834	103	110	152	121.67b
中熟品种林纳	113	116	125	118b
晚熟品种 OT1352	155	146	168	156.33a
平均	123.7b	124b	148.33a	
互作分析	P 值			
播种量	0.000			
品种	0.000			
播种量×品种	0.113			

（三）不同播种量对干草产量的影响

播种量为 135 kg/hm² 的燕麦干草产量为 15 469.81~24 835.83 kg/hm²（表 4-31），平均为 19 227.02 kg/hm²，播种量为 180 kg/hm² 的燕麦干草产量为 16 568.96~23 938.33 kg/hm²，平均为 19 356.80 kg/hm²，播种量为 240 kg/hm² 的燕麦干草产量为 17 231.95~23 045.98 kg/hm²，平均为 19 259.76 kg/hm²，同一播种量不同品种间的 P 值为 0.996，差异不显著（$P > 0.05$）。OT834 不同播种量的干草产量为 17 375.43~17 563.11 kg/hm²，平均为 17 469.57 kg/hm²，林纳的干草产量为 15 469.81~17 231.95 kg/hm²，平均为 16 405.40 kg/hm²，OT1352 的干草产量为 23 045.98~24 835.83 kg/hm²，平均为 23 940.26 kg/hm²，不同品种的 P 值为 0.000，差异显著（$P < 0.05$），表现为 OT1352 的干草产量最高，显著高于 OT834 和林纳。播种量和品种互作的 P 值为 0.834，差异不显著（$P > 0.05$）。本试验播种量 135~240 kg/hm² 的干草产量差异不显著，燕麦干草产量相对恒定，这可能与试验中燕麦是收获营养体，燕麦具有通过增加分蘖来调节因较小播量对产量的不利影响，燕麦在生长发育过程中，依营养面积、养分供应、种子质量、光照等条件，会使植物在低种植密度下通过增加分蘖来获取较多光能，光能利用率高，产草量较高。高密度播种条件下，当燕麦封行进入快速生长阶段时，个体矛盾激化，小茎蘖及植株下部叶片大量消亡，个体发育受限，有较多量的自疏，故并不能显著增加产量，因而播种量为 135~180 kg/hm² 为宜。从品种来看，在生长天数上 OT834 从出苗到腊熟生长天数最短，为 159 d，林纳次之，为 167 d，OT1352 的生长天数最长，为 180 d。从产量上来看，OT834 的干草产量为 17 469.57 kg/hm²，林纳的干草产量为 16 405.40 kg/hm²，OT1352 的干草产量为 23 940.26 kg/hm²，OT1352 的产量显著高于 OT834 和林纳。凉山地区冬闲田的利用时间为头年 10 月到第二年 5 月，为了不与下茬作物产生争地矛盾，与生长天数短的 OT834 和林纳为宜。

表 4-31　不同播种量对不同品种干草产量的影响

品种	播种量			平均
	135（kg/hm²）	180（kg/hm²）	240（kg/hm²）	
OT834	17 375.43	17 563.11	17 501.36	17 469.57b
林纳	15 469.81	16 568.96	17 231.95	16 405.40b
OT1352	24 835.83	23 938.33	23 045.98	23 940.26a
平均	19 227.02a	19 356.80a	19 259.76a	
互作分析		P 值		
播种量		0.996		
品种		0.000		
播种量×品种		0.848		

三、不同施肥水平对安宁河流域冬闲田燕麦产量的影响

在草地生态系统中，氮是牧草产量的一个重要限制因子，是生产优质高产饲草极其重要的元素，对植物生长影响很大，氮肥施用是提高牧草产量的有效手段之一。在安宁河流域利用冬闲田种植燕麦，为了获得高产饲草，开展了不同施肥水平的燕麦生产试验。11月8日播种燕麦品种为领袖，在拔节期追施尿素，施肥水平为45 kg/hm²、90 kg/hm²、135 kg/hm²、180 kg/hm²、225 kg/hm²，于腊熟期进行刈割测产，不施肥组的燕麦株高为128.28 cm，不同施肥水平的燕麦株高为129.00~134.80 cm（表4-32），180 kg/hm² 施肥组的株高最高，为134.80 cm，显著高于其他处理，45 kg/hm²、90 kg/hm²、135 kg/hm²、225 kg/hm² 的株高与不施肥组差异不显著。施肥处理的株高比不施肥的株高提高0.56%~5.08%，不同施肥水平的鲜草产量为29 138.00~44 105.38 kg/hm²，干草产量为10 198.30~15 436.88 kg/hm²，不同施肥水平的干草产量最高的是135 kg/hm² 水平组，15 436.88 kg/hm²，其次为180 kg/hm² 水平组，为12 711.35 kg/hm²，然后是225 kg/hm² 水平组，为11 944.86 kg/hm²。135 kg/hm² 施肥水平组的干草产量显著（$P<0.05$）高于不施肥组、45 kg/hm²、90 kg/hm²、180 kg/hm²、225 kg/hm²，180 kg/hm² 施肥水平的干草产量为12 711.35 kg/hm²，显著（$P<0.05$）高于45 kg/hm²、90 kg/hm²、不施肥组，与225 kg/hm² 施肥水平差异不显著（$P>0.05$）。不施肥组、45 kg/hm²、90 kg/hm² 干草产量差异不显著（$P>0.05$），拔节期不同施肥水平比不施肥组产量提高2.33%~54.90%，随着施氮水平的增加燕麦产量逐渐提高，到135 kg/hm² 时燕麦干草产量达到最高，然后随着施氮水平的继续提高，燕麦干草产量反而降低。因此在安宁河流域利用冬闲田种植燕麦拔节期最适施肥量为135 kg/hm² 尿素。

表4-32　不同施肥水平安宁河流域冬闲田燕麦产量

施肥水平	株高（cm）	鲜草产量（kg/hm²）	干草产量（kg/hm²）	与 ck 相比
不施肥（ck）	128.28b	28 472.56d	9 965.40d	—
45 kg/hm²	129.00b	29 138.00cd	10 198.30cd	2.33%
90 kg/hm²	129.77b	31 849.25bcd	11 147.24cd	11.86%
135 kg/hm²	129.83b	44 105.38a	15 436.88a	54.90%
180 kg/hm²	134.80a	36 318.15b	12 711.35b	27.56%
225 kg/hm²	130.10b	34 128.17bc	11 944.86bc	19.86%

四、不同物候期刈割对安宁河流域冬闲田燕麦产量的影响

拔节期到乳熟期的株高为85.17~125.50 cm（表4-33）不同刈割期的燕麦株高差异显著（$P<0.05$）。乳熟期株高为125.50 cm，为最高，显著高于拔节期、抽穗期和灌浆期。抽穗期株高为96.67 cm，灌浆期株高为102.03 cm，抽穗期和灌浆期的株高差异不显

著（$P>0.05$）显著高于拔节期。鲜干比是指鲜草重与干草重的比例，反映的是牧草干物质积累程度和利用价值。鲜干比越小，表明干物质积累程度越强，燕麦的鲜干比随着刈割时期的推迟，逐渐下降，拔节期为最大，为 7.41，抽穗期为 5.54，灌浆期为 4.68，乳熟期为 3.28，为最小。不同刈割时期的鲜干比差异显著（$P<0.05$），乳熟期的鲜干比显著低于其他刈割期。

产草量是衡量草地生产力水平的重要指标。随着刈割时期的推迟，燕麦的鲜草产量先增加，灌浆期达到最高，为 69 584.78kg/hm² 之后又下降。不同刈割期的鲜草产量差异显著，灌浆期显著高于拔节期、抽穗期和乳熟期，抽穗期和乳熟期鲜草产量差异不显著（$P>0.05$）。燕麦的干草产量随着刈割时期推迟持续增加，乳熟期干草产量最大，为 15 065.98kg/hm²，乳熟期与灌浆期干草产量差异不显著（$P>0.05$），乳熟期干草产量显著（$P<0.05$）高于拔节期、抽穗期。

表 4-33　不同刈割期安宁河流域冬闲田燕麦产草量

刈割期	株高（cm）	鲜干比	鲜草产量（kg/hm²）	干草产量（kg/hm²）
拔节	85.17c	7.41a	39 619.80c	5 351.19c
抽穗	97.67b	5.54b	44 022.00b	7 941.79b
灌浆	102.03b	4.68c	69 584.78a	14 887.81a
乳熟	125.50a	3.28d	47 523.75b	15 065.98a

五、不同混播模式对安宁河流域燕麦产量的影响

（一）燕麦与小麦混播对产量的影响

安宁河流域农户种植燕麦采用撒播，种植模式主要有燕麦单播和燕麦+小麦的混播，单播燕麦的播种量是 225 kg/hm²，混播是 225 kg/hm² 燕麦+75 kg/hm² 的小麦。抽穗期燕麦单播株高为 135.66 cm（表 4-34），混播为 138.12 cm，二种模式下燕麦的株高差异不显著，燕麦抽穗时小麦已达灌浆期，小麦的株高为 87.33 cm。单播的鲜草产量为 87 043.50 kg/hm²，干草产量为 18 411.04 kg/hm²，混播的鲜草产量为 83 441.71 kg/hm²，干草产量为 15 888.73 kg/hm²，其中燕麦的干草产量为 14 751.37 kg/hm²，占到混播产量的 92.84%，小麦仅占 7.16%。燕麦单播的干草产量比混播提高 15.87%，因此在安宁河流域冬闲田种植燕麦应与单播为宜。

表 4-34　不同种植模式的燕麦饲草产量

种植模式	株高（cm）		鲜草产量（kg/hm²）			干草产量（kg/hm²）		
	燕麦	小麦	燕麦	小麦	合计	燕麦	小麦	合计
225 kg/hm² 燕麦单播	135.66	—	87 043.50	—	87 043.50	18 411.04	—	18 411.04

（续表）

种植模式	株高（cm）		鲜草产量（kg/hm²）			干草产量（kg/hm²）		
	燕麦	小麦	燕麦	小麦	合计	燕麦	小麦	合计
225 kg/hm² 燕麦 + 75 kg/hm² 小麦混播	138. 12	87. 33	80 790. 38	2 651. 33	83 441. 71	14 751. 37	1 137. 35	15 888. 73

（二）燕麦+光叶紫花苕混播

1. 产草量

安宁河流域冬闲田燕麦单播的鲜草产量为 77 684. 25 kg/hm²（表4-35），光叶紫花苕单播鲜草产量为 55 880. 70 kg/hm²，混播鲜草产量为 77 067. 75~96 498. 60 kg/hm²，其中鲜草产量最高的是 50% 燕麦+50% 光叶紫花苕，为 96 498. 60 kg/hm²，其次是 75% 燕麦+25% 光叶紫花苕，鲜草产量最低的是 25% 燕麦+75% 光叶紫花苕。25% 燕麦+75% 光叶紫花苕、50% 燕麦+50% 光叶紫花苕、75 燕麦+25% 光叶紫花苕、燕麦单播鲜草产量差异不显著（$P > 0.05$），与光叶紫花苕单播差异显著（$P < 0.05$）。燕麦单播的干草产量为 22 162. 05 kg/hm²，混播的干草产量为 19 740. 75~24 512. 55 kg/hm²，光叶紫花苕的干草产量为 13 615. 20 kg/hm²，经方差分析得出燕麦单播和燕麦光叶紫花苕混播的干草产量显著（$P<0.05$）高于光叶紫花苕单播的干草产量，燕麦与3个混播处理之间的干草产量差异不显著（$P>0.05$），混播中干草产量高的是 50% 燕麦+50% 光叶紫花苕，其次是 75% 燕麦+25% 光叶紫花苕的干草产量。混播中除 25% 燕麦+75% 光叶紫花苕的干草产量低于燕麦单播产量外，其余混播的干草产量比燕麦单播产量提高 3. 92%~10. 60%，混播各处理干草产量比光叶紫花苕单播产量提高 44. 99%~80. 04%，得出安宁河流域冬闲田燕麦与光叶紫花苕混播草地的最适比例为 50% 燕麦+50% 光叶紫花苕。

表4-35 燕麦与光叶紫花苕混播产量

处理	鲜草（kg/hm²）	干草（kg/hm²）	混播比燕麦播提高（%）	混播比光叶紫花苕单播提高（%）
燕麦单播	77 684. 25ab	22 162. 05a		
25% 燕麦+75% 光叶紫花苕	77 067. 75ab	19 740. 75a	-10. 92	44. 99
50% 燕麦+50% 光叶紫花苕	96 498. 60a	24 512. 55a	10. 60	80. 04
75% 燕麦+25% 光叶紫花苕	90 778. 50a	23 029. 80a	3. 92	69. 15
光叶紫花苕单播	55 880. 70b	13 615. 20b		

2. 生物量动态

生物量的高低反映植物群落光合产物积累的大小，是生产力的度量，也是群落功能的体现。燕麦和光叶紫花苕混播各物候期生物量测定表明，随着牧草的生长，干物质积累在不断增加。安宁河流域利用冬闲田开展燕麦与光叶紫花苕混播试验，在各生育期进行生物量测定，得出燕麦拔节期单播干草产量分别为 7 690.35 kg/hm² （表 4-36） 和 9 333.45 kg/hm²高于其他处理，孕穗、抽穗期混播处理中75%燕麦+25%光叶紫花苕的干草产量分别为 14 360.55 kg/hm² 和 22 393.95 kg/hm² 高于燕麦单播，灌浆期混播处理中50%燕麦+50%光叶紫花苕和 75%燕麦+25%光叶紫花苕的干物质产量分别为 24 512.55 kg/hm² 和 23 029.80 kg/hm² 高于燕麦单播，其中 50%燕麦+50%光叶紫花苕的干物质产量最高。光叶紫花苕产草量一直较低，到结荚期为最高，为 13 615.20 kg/hm²，比初花期产量提高53.59%。从牧草产量形成的动态分析，3 月 27 日单播燕麦和光叶紫花苕的鲜草产量分别为 77 684.25 kg/hm² 和 55 880.70 kg/hm²，干草产量分别为 22 162.05 kg/hm² 和 13 615.20 kg/hm²，鲜干草产量达到最高。混播各处理的干草产量也在 3 月 27 日达到最高，分别为 19 740.75 kg/hm²、24 512.55 kg/hm² 和 23 029.80 kg/hm²，鲜草和干草产量最高值同期，此时燕麦为灌浆期，光叶紫花苕为结荚期，由于在安宁河流域冬闲田种植牧草，为了不影响下一茬作物的生长受时间的制约，燕麦不能完成整个生育期，但为了获取优质青干草，燕麦与光叶紫花苕混播最佳刈割期应在燕麦灌浆期，光叶紫花苕结荚期。

表 4-36　单播及混播燕麦与光叶紫花苕牧草群落地上生物量动态　　　　　　　（kg/hm²）

处理		测定日期（月/日）				
		1/22	2/2	2/27	3/14	3/27
燕麦生育期		拔节	拔节	孕穗	抽穗	灌浆
光叶紫花苕生育期		分枝	现蕾	初花	盛花	结荚
燕麦单播	鲜重	40 067.85a	53 529.75a	64 740.00a	68 475.00bc	77 684.25ab
	干重	7 690.35a	9 333.45a	13 548.30a	20 188.65a	22 162.05a
25%燕麦+75%光叶紫花苕	鲜重	38 743.95a	46 540.80a	72 527.25a	73 491.75ab	77 067.75ab
	干重	6 280.05b	7 708.35ab	12 793.50a	18 329.40a	19 740.75a
50%燕麦+50%光叶紫花苕	鲜重	40 681.65a	44 712.75a	68 501.55a	76 335.60ab	96 498.60a
	干重	6 866.85ab	8 170.5a	12 579.30a	19 961.70a	24 512.55a
75%燕麦+25%光叶紫花苕	鲜重	40 302.75a	46 484.40a	75 203.55a	93 368.55a	90 778.80a
	干重	6 942.15ab	8 086.20a	14 360.55a	22 393.95a	23 029.80a
光叶紫花苕单播	鲜重	21 821.40b	25 759.20a	52 060.80a	53 212.50c	55 880.70b
	干重	3 901.35c	1 504.05b	8 864.25b	12 026.85b	13 615.20b

3. 混播生物量构成动态

混播生物量是由燕麦和光叶紫花苕共同构成的，两者在各生物量构成所占比例及其变化趋势见表 4-37。混播群落在形成发育成熟的过程中，燕麦和光叶紫花苕在生物量中所占比例也随之发生变化，在不同测定时期25%燕麦+75%光叶紫花苕、50%燕麦+50%光叶紫花苕、75%燕麦+25%光叶紫花苕混播处理中燕麦生物量占总生物量的比例保持在63.90%、80.02%、92.33%以上，光叶紫花苕生物量占总生物量的比例保持在15.61%、8.41%、5.39%以上，说明燕麦在混播生物量构成中一直占主导地位，在群落中占优势。

表4-37　燕麦与光叶紫花苕混播群落生物量比例动态　　　　　（%）

处理	测定日期（月/日）									
	1/22		2/2		2/27		3/14		3/27	
	燕麦	苕子	燕麦	苕子	燕麦	苕子	燕麦	苕子	燕麦	苕子
25%燕麦+75%光叶紫花苕	76.34	23.66	75.55	24.45	63.90	36.10	83.42	16.58	84.39	15.61
50%燕麦+50光叶紫花苕	82.76	17.24	89.58	10.74	80.02	19.98	91.59	8.41	89.65	10.35
75%燕麦+25%光叶紫花苕	93.35	5.65	93.77	6.23	93.35	6.65	92.33	7.67	94.61	5.39

4. 生物量积累速率

将相邻两次测试的生物量相减，再除以生长时间，即得出某一时期生物量的积累速率。燕麦单播从出苗后10月21日到翌年3月27日，生物量积累速率为8.35～44.25 g/（m²·d）（表4-38），混播处理中25%燕麦+75%光叶紫花苕的生物量积累速率为6.82～36.89 g/（m²·d），50%燕麦+50%光叶紫花苕的生物量积累速率为7.46～49.19 g/（m²·d），75%燕麦+25%光叶紫花苕的生物量积累速率为4.89～53.53 g/（m²·d），光叶紫花苕单播生物量积累速率为4.24～21.07 g/（m²·d），单播与混播各处理生物量积累模式均为前期慢，拔节期（现蕾期）生物积累速率逐渐加快，到孕穗—抽穗（初花—盛花）生物积累速率达到最快，为21.07～53.53 g/（m²·d），以后开始减慢，说明安宁河流域利用冬闲田种植燕麦和光叶紫花苕混播草地生物量积累速率的高峰期在孕穗—抽穗期（初花—盛花）期，此期加强田间管理，可有效提高牧草产量。

表4-38　单播及混播燕麦与光叶紫花苕牧草群落生物量积累速率　　［g/（m²·d）］

处理	测定日期（月/日）				
	10/21～1/22	1/23～2/2	2/3～2/27	2/28～3/14	3/15～3/27
燕麦单播	8.35	14.93	16.85	44.25	15.17
25%燕麦+75%光叶紫花苕	6.82	12.98	20.33	36.89	10.85
50%燕麦+50%光叶紫花苕	7.46	11.85	20.02	49.19	34.99
75%燕麦+25%光叶紫花苕	7.54	10.40	25.08	53.53	4.89
光叶紫花苕单播	4.24	5.48	18.14	21.07	12.21

5. 草群高度变化

在不同生育期混播组合中25%燕麦+75%光叶紫花苕、50%燕麦+50%光叶紫花苕、75%燕麦+25%光叶紫花苕中的燕麦和光叶紫花苕比其单播高度都有所增加，在拔节—初花期，混播组合中的燕麦株高分别为 62.36 cm（表 4-39）、65.07 cm、69.13 cm，比燕麦单播提高 0.33%、4.69%、11.23%，混播中光叶紫花苕株高比光叶紫花苕单播株高提高 7.60%、10.50%、18.69%，到灌浆—结荚期混播组合中的燕麦株高分别为 137.29 cm、142.11 cm、141.75 cm，分别比燕麦单播株高 134.33 cm 提高 2.20%、5.79%、5.52%，混播组合中的光叶紫花苕草群高度为 85.74 cm、85.15 cm、86.36 cm，比光叶紫花苕单播 73.37 cm 提高 16.86%、16.06% 和 17.70%，在燕麦与光叶紫花苕混播草地中，由于牧草生长初期燕麦与光叶紫花苕个体较小，资源需求强度较弱，燕麦对光叶紫花苕荫蔽度较小，光叶紫花苕依赖自身生长特性横向扩展，在拔节期，混播牧草个体变大，资源需求增强，促使燕麦株高迅速增加，对光叶紫花苕的荫蔽度增强，行间光照已不能满足光叶紫花苕生长需求，光叶紫花苕为了获得生存所需光照以混播中燕麦的直立茎秆对生长起到的支撑作用，光叶紫花苕上层枝叶向更高的空间伸展，使群落形成较高的冠层，改善了混播草层受光结构，提高了光能利用率，光叶紫花苕下层枝叶由于光照充足，透气性好，能够保持良好生长，不仅减少了单播种群中常出现的下层枝叶脱落或霉变发黄现象，而且增强光叶紫花苕顶端对光照竞争。光叶紫花苕株高增加促进燕麦向更高处生长，燕麦与光叶紫花苕株高变化具有比单播植物高度高的趋同现象，混播牧草的种内种间竞争关系趋于复杂化，混播草地种间关系表现为互惠与竞争的动态平衡。

表 4-39　燕麦与光叶紫花苕草群高度　　　　　　　　　　　　　　　（cm）

处理	测定日期（月/日）									
	1/22		2/2		2/27		3/14		3/27	
	燕麦	光叶紫花苕	燕麦	光叶紫花苕	燕麦	光叶紫花苕	燕麦	光叶紫花苕	燕麦	光叶紫花苕
燕麦单播	62.15		75.09		92.32		104.26	78.08	134.33	
25%燕麦+75%光叶紫花苕	62.36	38.22	76.89	50.48	95.85	77.30	106.18	78.7	137.29	85.74
50%燕麦+50 光叶紫花苕	65.07	39.25	79.93	54.05	101.61	78.09	108.09	77.15	142.11	85.15
75%燕麦+25%光叶紫花苕	69.13	42.16	86.14	56.4	110.6	75.88	113.88	64.8	141.75	86.36
光叶紫花苕单播		35.52	47.71	47.71		63.57				73.37

6. 种间竞争力变化

在混播中由于豆科牧草和禾本科牧草生态位不同，对地上、地下光、热、水、土壤、养分利用不同，由于环境资源的有限性，两种牧草间存在着激烈的竞争，并影响其二者在混播中的作用与地位，从而影响其生产力。RYT 值可说明植物种间在资源利用上的不同。25%燕麦+75%光叶紫花苕、50%燕麦+50%光叶紫花苕、75%燕麦+25%光叶紫花苕三个混播组合在 3 月 27 日灌浆—结荚期的 RYT 值分别为 0.92（表 4-40）、0.97、0.98，均小于 1，说明在这个时期混播中的燕麦与光叶紫花苕对水分、营养、光、热的利用上表现出相互拮抗关系。25%燕麦+75%光叶紫花苕和 50%燕麦+50%光叶紫花苕从拔节到抽穗的

RYT 值均大于等于 1，表明在生长发育前期这两个混播组合占有不同的生态位，利用共同或不同的资源，表现出一定的协调关系。75%燕麦+25%光叶紫花苕在拔节期的 RYT 值分别为 0.95 和 0.93，小于 1，而到孕穗及抽穗期的 RYT 值为 1.06 和 1.18，大于 1，表明 75%燕麦+25%光叶紫花苕混播在拔节期表现出相互拮抗关系，随着生长的加快，表现为共生关系。竞争率（CR）能表明混播中某种植物竞争力的强弱，种间竞争力总是向一边倒，有一强者。50%燕麦+50%光叶紫花苕和 75%燕麦+25%光叶紫花苕的 CR_y 燕麦竞争力都大于 1，25%燕麦+75%光叶紫花苕的 CR_y 燕麦竞争力在孕穗前小于 1，抽穗以后燕麦的竞争力就大于 1，说明在燕麦与光叶紫花苕混播群落中燕麦的竞争力强于光叶紫花苕，燕麦抑制了光叶紫花苕的生长，在竞争中占优势。

表 4-40　燕麦与光叶紫花苕混播草地群落相对总生物量及种间竞争率

处理		测定日期（月/日）				
		1/22	2/2	2/27	3/14	3/27
25%燕麦+75%光叶紫花苕	RYT	1.02	1.05	1.11	1.02	0.92
	CRy	0.53	0.52	0.37	1.04	1.15
	CRs	1.87	1.91	2.66	0.96	0.87
50%燕麦+50%光叶紫花苕	RYT	1.06	1.01	1.00	1.06	0.97
	CRy	2.36	3.61	2.57	6.71	5.13
	CRs	0.42	0.27	0.39	0.15	0.19
75%燕麦+25%光叶紫花苕	RYT	0.95	0.93	1.06	1.18	0.98
	CRy	26.22	21.26	26.66	23.33	22.18
	CRs	0.04	0.05	0.04	0.04	0.57

注：RYT 表示相对总生物量，CR_y 表示燕麦竞争率，CR_s 表示光叶紫花苕的竞争率

（三）燕麦+饲用豌豆混播

1. 产草量

安宁河流域利用冬闲田种植燕麦和饲用豌豆，于 10 月 12 日播种，10 月 21 日出苗，到第二年 3 月中旬燕麦抽穗，豌豆完熟时测定产草量，得出燕麦单播的鲜草产量为 73 948.50 kg/hm²（表 4-41），豌豆单播鲜草产量为 49 928.70 kg/hm²，混播鲜草产量为 75 028.05~77 277.00 kg/hm²，燕麦单播和燕麦与豌豆混播的鲜草产量显著（$P<0.05$）高于豌豆单播的鲜草产量，燕麦单播与燕麦与豌豆混播鲜草产量差异不显著（$P>0.05$）。燕麦单播的干草产量为 20 395.20 kg/hm²，混播的干草产量为 20 962.8~24 009.75 kg/hm²，豌豆的干草产量为 18 695.25 kg/hm²，50%燕麦+50%豌豆混播的干草产量显著（$P<0.05$）高于豌豆单播，与燕麦单播、25%燕麦+75%豌豆、75%燕麦+25%豌豆混播差异不显著（$P>0.05$），混播中干草产量高的是 50%燕麦+50%豌豆为

24 009.75 kg/hm²，其次是 75% 燕麦 +25% 豌豆为 22 090.05 kg/hm²，最后是 25% 燕麦 +75% 豌豆。混播的干草产量比燕麦单播产量提高 2.78%~17.72%，混播各处理干草产量比豌豆单播产量提高 12.12%~28.42%，因此在安宁河流域利用冬闲田种植燕麦与豌豆混播草地与 50% 燕麦 +50% 豌豆为最适混播比例。

表 4-41　燕麦与饲用豌豆混播产草量

处理	鲜草（kg/hm²）	干草（kg/hm²）	混播比燕麦单播干草产量提高（%）	混播比豌豆单播干草产量提高（%）
燕麦单播	73 948.50a	20 395.20ab		
25%燕麦+75%豌豆	77 618.85a	20 962.8ab	2.78	12.12
50%燕麦+50%豌豆	77 277.00a	24 009.75a	17.72	28.42
75%燕麦+25%豌豆	75 028.05a	22 090.05ab	8.31	18.15
豌豆单播	49 928.70b	18 695.25b		

2. 生物量动态

燕麦和豌豆在安宁河流域 10 月 12 日播种后，10 月 21 日出苗，出苗后豌豆于 1 月初现蕾，1 月下旬盛花，2 月初结荚，2 月下旬乳熟，3 月中旬完熟，燕麦 1 月初至 2 月初都处于拔节期，2 月下旬孕穗，3 月中旬抽穗。同期播种后表现燕麦、豌豆的生长不同期，豌豆的生长发育先于燕麦。在各生育期进行生物量测定，燕麦单播鲜草产量为 18 262.20~73 948.50 kg/hm²（表 4-42），干草产量为 3 493.05~20 395.20 kg/hm²，25% 燕麦 +75% 豌豆鲜草产量为 21 590.85~77 618.85 kg/hm²，干草产量为 3 759.00~22 386.60 kg/hm²，50% 燕麦 +50% 豌豆鲜草产量为 24 829.35~77 277.00 kg/hm²，干草产量为 4 361.25~24 009.75 kg/hm²，75% 燕麦 +25% 豌豆鲜草产量为 24 181.65~75 028.05 kg/hm²，干草产量为 4 269.75~22 090.05 kg/hm²，豌豆单播鲜草产量为 29 417.40~64 217.55 kg/hm²，干草产量为 5 157.75~18 695.25 kg/hm²，1 月 4 日、1 月 22 日、2 月 2 日测定的各处理间的干草产量差异不显著（$P>0.05$），2 月 27 日豌豆单播干草产量显著（$P<0.05$）高于燕麦单播、燕麦与豌豆混播，燕麦单播与混播差异不显著（$P>0.05$），3 月 14 日 50% 燕麦 +50% 豌豆干草产量显著（$P<0.05$）高于豌豆单播，与燕麦单播、25% 燕麦 +75% 豌豆、75% 燕麦 +25% 豌豆混播差异不显著（$P>0.05$），从牧草产量形成的动态分析，3 月 14 日单播燕麦和燕麦与豌豆混播鲜、干草产量最高，单播豌豆干草产量最高，此时燕麦为抽穗期，豌豆为完熟期，通过对生物量动态的观测得出一是随着牧草的生长，干物质积累不断增加的趋势，二是燕麦以及燕麦与豌豆混播的鲜草与干草产量最高值同期，都在抽穗—完熟期，豌豆的鲜草和干草产量最高值不同期，豌豆的鲜草最高值是在乳熟期，干草产量最高值在完熟期，因此在安宁河流域利用冬闲田种植燕麦和豌豆混播草地，最佳刈割期应在燕麦抽穗期，豌豆完熟期。

表 4-42　单播及混播燕麦与豌豆牧草群落地上生物量动态 （kg/hm^2）

处理		测定日期（月/日）				
		1/4	1/22	2/2	2/27	3/14
燕麦生育期		拔节	拔节	拔节	孕穗	抽穗
豌豆生育期		现蕾	盛花	结荚	乳熟	完熟
燕麦单播	鲜重	18 262.20b	28 823.70b	46 690.05a	60 634.20a	73 948.50a
	干重	3 493.05a	5 576.40a	8 889.00a	12 817.05b	20 395.20ab
25%燕麦+75%豌豆	鲜重	21 590.85b	36 974.25ab	49 119.00a	59 022.30a	77 618.85a
	干重	3 759.00a	6 285.30a	9 444.00a	13 546.95b	22 386.60ab
50%燕麦+50%豌豆	鲜重	24 829.35ab	41 292.45a	50 333.55a	64 664.40a	77 277.00a
	干重	4 361.25a	7 361.70a	10 082.40a	14 508.00b	24 009.75a
75%燕麦+25%豌豆	鲜重	24 181.65ab	35 732.70ab	44 692.95a	63 045.15a	75 028.05a
	干重	4 269.75a	6 838.65a	8 655.30a	13 859.85b	22 090.05ab
豌豆单播	鲜重	29 417.40a	36 164.55ab	44 800.95a	64 217.55a	49 928.70b
	干重	5 157.75a	6 521.55a	9 916.35a	17 793.00a	18 695.25b

3. 混播生物量构成动态

混播生物量是由燕麦和豌豆共同构成的，两者在各生物量构成中所占比例（豆禾产量比）及种群消长动态可调控混播草地生产性能的维持。混播群落在形成、发育、成熟与衰败过程中燕麦和豌豆在生物量中所占比例也随之发生变化，生长前期 25%燕麦+75%豌豆的混播组合中燕麦的比例为 41.22%~47.08%（表 4-43），豌豆比例为 52.92%~58.78%，50%燕麦+50%豌豆中燕麦比例为 50.56%~63.23%，豌豆比例为 36.74%~49.44%，75%燕麦+25%豌豆中燕麦比例为 60.06%~64.30%，豌豆比例为 35.70%~39.94%，生长中期 3 个混播组合中燕麦比例为 56.13%~81.35%，豌豆比例为 18.65%~43.87%，生长后期 3 个混播组合中燕麦比例为 72.03%~83.41%，豌豆比例为 16.59%~27.97%，表现出规律较强的随播种比例的增加而组分增加的趋势，生长中后期燕麦与豌豆混播组合表现为燕麦组分高于豌豆。

表 4-43　燕麦与豌豆混播群落生物量比例动态 （%）

处理	测定日期（月/日）									
	1/4		1/22		2/2		2/27		3/14	
	燕麦	豌豆	燕麦	豌豆	燕麦	豌豆	燕麦	豌豆	燕麦	豌豆
25%燕麦+75%豌豆	42.15	57.84	47.08	52.92	41.22	58.78	56.13	43.87	72.03	27.97
50%燕麦+50豌豆	50.56	49.44	63.23	36.74	52.68	47.32	74.28	25.67	74.36	25.64
75%燕麦+25%豌豆	64.06	35.94	64.30	35.70	60.06	39.94	81.35	18.65	83.41	16.59

4. 生物量积累速率

燕麦单播从出苗后 10 月 21 日到翌年 3 月 14 日，生物量积累速率为 4.71~50.50 g/ $(m^2 \cdot d)$（表 4-44），混播处理中 25%燕麦+75%豌豆的生物量积累速率为 5.08~58.90 g/ $(m^2 \cdot d)$，50%燕麦+50%豌豆的生物量积累速率为 5.89~63.30 g/ $(m^2 \cdot d)$，75%燕麦+25%豌豆的生物量积累速率为 5.77~54.84 g/ $(m^2 \cdot d)$，豌豆单播生物量积累速率为 6.97~30.85 g/ $(m^2 \cdot d)$，燕麦单播与混播各处理生物量积累模式均为前期慢，拔节开始积累速率加快，到拔节盛期—结荚期生物量积累速率最快，孕穗—乳熟开始减慢，抽穗—完熟积累速率又加快，说明生物量积累速率出现两次高峰期，即拔节盛期、抽穗期，豌豆单播表现为现蕾开始生物量积累速率开始加快，到结荚期达到最高，乳熟期开始逐渐下渐，到完熟期渐到最低，因此安宁河流域燕麦与豌豆混播在燕麦抽穗，豌豆完熟刈割能获得较高产量。

表 4-44　单播及燕麦与豌豆混播牧草群落生物量积累速率　　　　　$[g/ (m^2 \cdot d)]$

处理	测定日期（月/日）				
	10/21~1/4	1/5~1/22	1/23~2/2	2/3~2/27	2/28~3/14
燕麦单播	4.71	11.57	30.10	15.70	50.50
25%燕麦+75%豌豆	5.08	14.03	28.70	16.40	58.90
50%燕麦+50%豌豆	5.89	16.66	24.72	17.69	63.30
75%燕麦+25%豌豆	5.77	14.26	16.51	20.81	54.84
豌豆单播	6.97	7.57	30.85	30.49	6.01

5. 草群高度变化

混播的豆禾牧草对光的竞争是来自邻株植物的遮阴，而株高增加有利于获得更多有限的光资源。因此，株高是植物竞争能力的重要组成部分，也反映了混播牧草垂直方向上的竞争状况。在不同生育期混播中 25%燕麦+75%豌豆、50%燕麦+50%豌豆、75%燕麦+25%豌豆中的燕麦和豌豆比其单播高度都有所增加，在拔节—现蕾期，混播组合中的燕麦株高分别为 53.78 cm（表 4-45）、54.90 cm、53.12 cm，比燕麦单播提高 2.23%~5.65%，混播中除 50%燕麦+50%豌豆外，其余混播豌豆株高与单播豌豆提高 0.42%~4.47%，拔节—盛花期混播中燕麦比单播燕麦株高提高 3.91%~7.35%，豌豆株高提高 5.15%~15.21%，拔节—结荚期混播中燕麦比单播燕麦株高提高 11.98%~13.39%，豌豆株高提高 11.50%~22.76%，孕穗—乳熟混播中燕麦比单播燕麦株高提高 0.19%~2.24%，豌豆株高提高 8.97%~20.73%，抽穗—完熟混播中燕麦比单播燕麦株高提高 1.36%~5.27%，豌豆株高提高 4.41%~15.36%。在混播组合中燕麦的株高显著高于豌豆，这与燕麦的叶片位置较高在竞争中占据竞争等级的上部，而不受营养条件的影响，豌豆叶片位置较低处于竞争等级的较低位置，因此豌豆垂直方向上的生长易受到抑制。燕麦前期生长迅速，到抽穗期已基本完成营养生长，进入生殖生长，株高变化不大。豌豆在现蕾期之前的生长速度较为平缓，进入现蕾期后生长速度明显加快，这说明燕麦和豌豆对资源的最大需求出现在不同时期，即资源需求不同步，具有时间互补性。一年生人工草地各混播组分对资源的利用是在竞争的基础上具有相互促进与协同效应。种间协同效应优化了资源组合，提高了对光能、养分、水分等资源的利用率。燕麦和豌豆在株高增长过程中的协同作用，使混播群落形成了较高的冠层，提高了光能利用率，混播群落较高的冠层，改善了混播草层受光结构，使豌豆下层枝叶能够正常生长，增大了牧草中叶片的含量，改善了牧草的品质及适口性。

表 4-45　燕麦与豌豆草群高度　　　　　　　　　　　　　（cm）

处理	测定日期（月/日）									
	1/4		1/22		2/2		2/27		3/14	
	燕麦	豌豆	燕麦	豌豆	燕麦	豌豆	燕麦	豌豆	燕麦	豌豆
燕麦单播	51.96		68.97		81.51		104.57		112.67	
25%燕麦+75%豌豆	53.78	70.50	71.71	89.21	92.43	97.97	106.00	98.97	114.21	85.98
50%燕麦+50 g 豌豆	54.90	67.32	74.04	84.77	91.28	90.53	106.92	92.27	116.89	89.28
75%燕麦+25%豌豆	53.12	67.77	71.67	81.42	91.46	88.98	104.77	89.33	118.61	80.81
豌豆单播		67.48		77.43		79.8		81.97		77.39

6. 种间竞争力变化

混播草地内各个物种之间的竞争表现为对空间和土壤资源的竞争。空间资源的竞争主要是指地上茎叶对光资源的竞争，土地资源的竞争则为根系对主要元素和水资源的竞争。相对总生物量（RYT）是测定混播 2 种植物间竞争力的重要指标，RYT 值表明 2 种植物间的相互关系以及对同一环境资源的利用情况。25%燕麦+75%豌豆在 1 月 22 日、3 月 14 日的 RYT 大于 1，其余时间 RYT 小于 1，表明在这种混播组合下燕麦豌豆在拔节—盛花、抽穗—完熟时两植物种占有不同的生态位，利用不同的资源，表现出一些共生关系，而在拔节—现蕾、拔节—结荚、孕穗—乳熟这些时间段上混播组合对光资源、土地资源的利用上两植物种间表现出相互拮抗关系。50%燕麦+50%豌豆在各个时间段的 RYT 都大于 1，75%燕麦+25%豌豆除在 2 月 2 日的 RYT 小于 1 外，其余时间段的 RYT 都大于 1，表现出在这种混播组合下燕麦、豌豆占有不同的生态位，利用不同的资源，表现出一些共生关系。CR 值反映混播组合中各物种之间竞争力的强弱，25%燕麦+75%豌豆混播组合中燕麦的 CR 值为 0.23~0.78（表 4-46），都小于 1，说明在此组合下燕麦的竞争力小于豌豆的竞争率，50%燕麦+50%豌豆、75%燕麦+25%豌豆在各个时期燕麦的竞争率都大于豌豆，说明随着豆禾比例的降低，禾草竞争力在提高，豆科牧草竞争力在降低。试验中燕麦的竞争力强于豌豆的竞争力，燕麦因其高度成为竞争的优胜者，抑制了豌豆的生长。

表 4-46 燕麦与豌豆混播草地群落相对总生物量及种间竞争率

处理		测定日期（月/日）				
		1/4 （拔节-现蕾）	1/22 （拔节-盛花）	2/2 （拔节-结荚）	2/27 （孕穗-乳熟）	3/14 （抽穗-完熟）
25%燕麦+75%豌豆	RYT	0.61	1.27	0.93	0.90	1.16
	CRy	0.31	0.32	0.23	0.63	0.78
	CRw	3.27	3.11	4.24	1.59	1.28
50%燕麦+50%g豌豆	RYT	1.10	1.12	1.02	1.01	1.21
	CRy	1.35	2.16	1.21	4.18	2.76
	CRw	0.74	0.46	0.83	0.24	0.36
75%燕麦+25%豌豆	RYT	1.12	1.11	0.91	1.08	1.10
	CRy	7.05	5.57	5.02	19.34	13.86
	CRw	0.14	0.18	0.20	0.06	0.07

注：RYT 表示相对总生物量，CRy 表示燕麦竞争率，CRw 表示豌豆的竞争率。

第五节 燕麦栽培管理技术流程

一、品种选择

冬闲田燕麦品种可选择早熟、高产及抗逆性强的青海 444、天鹅、胜利者等优良品种。高寒山区选择青海 444、领袖、美达等优良品种。

二、种植地选择

（一）土壤及肥力水平

60 cm 土层中有效氮含量低于 80 kg/hm^2 的中等肥力地块比较适合种植燕麦。燕麦生长初期，过多的氮会导致纤维素和木质素积累增多，可溶性碳水化合物含量降低和纤维含量提高会导致牧草品质下降，植株太高容易发生倒伏。因此，燕麦生长初期，不宜使用大量的氮肥。燕麦不宜连作，最好以大麦、豆类、马铃薯等为前茬作物。

（二）坡向

东西和南北坡向的不同，会导致燕麦成熟时间和遭受风灾时的损失程度不同。阳面接受更多的太阳辐射，作物成熟快。实际生产中，需要根据坡向选择不同的品种或调整收割时间。

（三）土壤酸碱度

燕麦对土壤的酸碱度适应性较广，在 pH 值为 5.5~8.0 的土壤上可生长良好，最低可耐的 pH 值为 4.5。

三、种植地准备

（一）深耕

整地应做到深、细，形成松软、上虚下实的土壤条件。播种前耕深要超过 20 cm，耙糖后清理干净各种污染物及作物残茬。

（二）基肥

施腐熟的农家肥 30 000 kg/hm² 左右，施磷酸二胺 375 kg/hm²，撒施，要求肥料撒施均匀一致，确保土壤肥力均匀。基肥撒施完成后，使用旋耕机进行旋耕处理，细碎土块，使土壤表层粗细均匀、质地疏松。

四、种子处理

用占种子重量的 0.2% 的拌种双或多菌灵拌种，可防治燕麦丝黑穗病、锈病等。用甲拌磷原液 100~150 g 加 3~4 kg 水拌种 50 kg，或用占种子重量 0.3% 的乐果乳剂拌种，可防治黄矮病，地下害虫严重的地区，可用辛硫磷拌种。农药种类的选择应严格按照农药管理的有关规定执行。

五、播种

（一）播种期

海拔 1 500 米左右地区播种期为 10 月中旬，海拔 2 000 米以上地区播种期在 3 月下旬至 4 月上旬。

（二）播种量

播种量的多少主要由种子的净度和发芽率来决定。播种量为 150~225 kg/hm²。

（三）播种方式

燕麦可采用条播或撒播的方式进行播种。条播是指采取人工或机械的方式，每隔一定行距开挖小沟，将种子均匀地撒播在沟中，成行播种的播种方式。燕麦播种行距为 20~25 cm，条播的优点在于播种均一，出苗整齐，同时省时增效，大幅减轻劳动强度，适用于集中连片规模化种植燕麦的播种方式。撒播是指把种子均匀撒在土壤表面，然后轻耙覆土的播种方式。撒播操作简单方便，缺点在于覆土厚度不一，造成出苗不齐。适用于农户小规模种植。

（四）播种深度

播种深度是指种子在土壤中的埋藏深度。播种过深，幼苗不能冲破土壤而被闷死；播种过浅，水分不足不能发芽。燕麦种子颗粒较大，适宜播种深度为 3~5 cm。

六、田间管理

（一）除杂草

苗后除杂草应在燕麦第二个茎节出现时喷除草剂，可用氯氟吡氧乙酸异辛酯60ml/亩，或灭草松200ml/亩按比例配制后于无风、无雨、无露水的天气喷施。农药种类的选择应严格按照农药管理的有关规定执行。

（二）灌溉管理

灌水充足时，除苗期建议适当蹲苗促进根系发育外，最好保证燕麦的各个生长期不缺水。如果播种后只能灌溉一次，在燕麦孕穗早期进行灌溉产量最高。如果可以灌溉2~3次，最好安排在分蘖期、拔节期和抽穗早期进行。

1. 早浇分蘖水

应在3~4片叶时进行，此时燕麦植株进入分蘖期，决定燕麦的群体结构。在这一阶段燕麦需要大量水分，宜早浇、小水浇。

2. 晚浇拔节水

拔节期是燕麦生长的重要时期，水肥需要量较大。拔节水一定在燕麦植株的第二节开始生长时再浇，且要浅浇轻浇。燕麦抽穗后不建议进行灌溉，防止倒伏。

3. 浇好孕穗水

孕穗期也是燕麦大量需水的时期。此时燕麦底部茎秆脆嫩，顶部正在孕穗，如果浇水不当往往造成严重倒伏。因此必须将孕穗水提前到顶心叶时期，并要浅浇轻浇。燕麦抽穗后不建议进行灌溉，防止倒伏。

（三）追肥管理

由于燕麦生长快，生育期短，所以要及时结合灌水追肥。第一次追施氮肥应该在分蘖中期到第一个茎节出现，每公顷追施尿素180~240 kg，第二次在孕穗期，每公顷追施尿素75~150 kg。

（四）病虫害管理

燕麦常见的病虫害有锈病、坚黑穗病、蚜虫、黏虫等。

1. 农业防治

选用优良抗病品种的优质种子，实行轮作，加强土、肥、水管理。燕麦收获后及时清除前茬宿根和枝叶、病株、杂草，冬季深翻灭茬，减轻病虫基数。

2. 化学防治

（1）蚜虫防治。孕穗抽穗期百株蚜量达500头以上时，每公顷用50%抗蚜威可湿性粉剂60~120 g，对水40~50 kg均匀喷雾，残留期7 d，可灭蚜虫。

（2）黏虫防治。用90%的敌百虫1 200倍液，或50%敌敌畏2 000倍液喷雾，750 kg/hm² 药液。

（3）对地下害虫可用 75% 甲拌磷颗粒剂 15～22.5 kg/hm²，或用 50% 辛硫磷乳油 3.75 kg/hm² 配成毒土，均匀撒在地面，耕翻于土壤中防治。

农药种类的选择应严格按照农药管理的有关规定执行。

3. 生物防治

保护和利用田间害虫天敌或使用生物制剂防治虫害。

七、收割

选择在无露水、晴朗的天气进行。

调制干草时，一般在乳熟至蜡熟期收割，留茬高度 10 cm 在右，收割后需要翻晒 2 次，然后搂草、打捆。也可在拔节至开花期 2 次刈割作青饲料，第一次在株高 50～60 cm 时刈割，留茬 5~6 cm，隔 30~40 d 刈割第二次，不留茬。

调制青贮时一般在乳熟期至蜡熟期收获。

八、技术流程

燕麦栽培技术路线如图 4-4 所示。

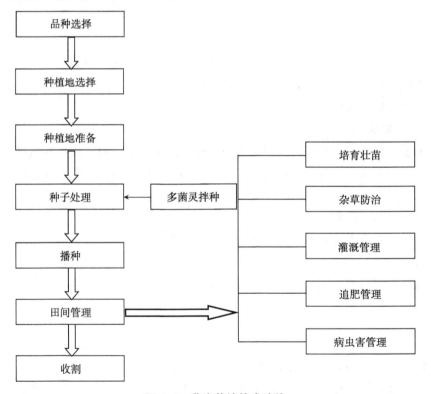

图 4-4　燕麦栽培技术路线

第五章 多花黑麦草栽培利用

多花黑麦草对环境条件要求与多年生黑麦草相似，由于其生长速度快，再生性能好，适宜南方种植，可多次刈割，可鲜饲或青贮或调制干草。在温带牧草中多花黑麦草为生长最迅速的禾本科牧草，冬季如气候温和亦能生长，在初冬或早春可供应草料。在凉山地区，多花黑麦草一般9月下旬至10月中旬播种，来年3月下旬达拔节期，4月中旬达抽穗期，5月中旬种子成熟。

第一节 多花黑麦草的生物学特性

一、多花黑麦草生物学特性概述

（一）名称及分布

多花黑麦草又名意大利黑麦草，为一年生黑麦草，学名 *Loliun multiforum Lam.* 英文名 Italian ryegrass，Annual ryegrass。

原产于欧洲南部，非洲北部及小亚细亚等地。13世纪已在意大利北部草地生长，改名意大利黑麦草，现分布于世界温带与亚热带地区，与多年生黑麦草相似，我国长江流域以南、江苏省沿海各地有大面积栽培。

（二）形态

一年生或短期多年生草。根系发达致密，分蘖较少，茎秆粗壮，圆形，高可达130 cm以上。叶片长10~30 cm，宽6~8mm，色较淡，早期卷曲，叶耳大，叶舌膜状，叶鞘开裂，与节间等长或较节间短，位于基部叶鞘红褐色。穗长17~30 cm，每穗小穗数可多至38个，每小穗有小花10~20朵，多花黑麦草之名即由此而来。种子扁平略大，千粒重略高。外稃披针形，背圆，顶端有6~8mm微有锯齿的芒，内稃与外稃等长。发芽种子幼根在紫外线下发出荧光，而多年生黑麦草则没有。

（三）习性

对环境条件要求与多年生黑麦草相似，适于生长在气候温和而湿润地区，亦能在亚热带地区生长，尚耐寒、不耐热，喜壤土或沙壤土，亦适于黏壤土，在肥沃，湿润而土层深厚的地方生长极为茂盛，产量较高。耐盐碱能力较强。

多花黑麦草寿命较短，通常一年生，种后翌年生长结束后则大多数即行死亡，但在水肥条件适宜情况下亦可成为短期多年生牧草。在温带牧草中多花黑麦草为生长最迅速的禾本科牧草，冬季如气候温和亦能生长，在初冬或早春可供应草料。

多花黑麦草是春天最早开始生长的牧草之一。其开始生长的日期比多年生黑麦草早熟品种早，而抽穗开花日期却比多年生黑麦草晚。多花黑麦草与多年生黑麦草的杂交种，类似其亲本多花黑麦草，产量虽略低，但持久性较长。

二、多花黑麦草生物学特性

（一）冬闲田多花黑麦草植株性状

1. 冬闲田多花黑麦草植株性状

8 个多花黑麦草于 9 月下旬播种，刈割时的株高为 32.00~68.45 cm（表 5-1），海湾的株高最高，为 68.45 cm，其次是兰天堂，为 65.70 cm，海湾和兰天堂的株高差异不显著（$P>0.05$），显著（$P<0.05$）高于其他品种。参试品种的茎叶比为 5.60~7.70，百慕大的茎叶比为 5.60，显著（$P<0.05$）低于其他品种。8 个燕麦品种的干物质率为 19.50%~23.80%，海湾、邦德、兰天堂、特高、百慕大、牧杰的干物质率差异不显著（$P>0.05$），显著高于劲能、泰德。

表 5-1　冬闲田 8 个多花黑麦草植株性状

品种	株高（cm）	茎叶比	干物质率（%）
特高	56.93b	7.17a	21.20a
邦德	59.45b	6.55b	22.15a
百慕大	32.00c	5.60c	20.55a
牧杰	39.68c	6.00b	20.00ab
劲能	39.23c	7.33a	19.50b
兰天堂	65.70a	7.32a	21.75a
海湾	68.45a	7.70a	23.80a
泰德	36.15c	6.10b	19.85b

注：同一列标有不同字母表示数据间差异显著（$P<0.05$），同一列标有相同字母表示数据间差异不显著（$P>0.05$）。下同

2. 冬闲田多花黑麦草生长初期植株性状

多花黑麦草在凉山地区 9 月中下旬至 10 月中旬播种，7 d 出苗，30 d 达分蘖期，3 月下旬达拔节期，4 月中旬达抽穗期，5 月中旬种子成熟。muxzwus、特高、剑宝 3 个品种于 10 月 12 日播种，11 月 20 日达分蘖期。达到分蘖期后，每隔 15 天进行株高、分蘖数的测定。在整个分蘖期 3 个品种的分蘖数由少到多，逐渐增加，muxzwus 由 3.22 个（表 5-2）

增长到 9.78 个，特高由 5.00 个增长到 13.11 个，剑宝由 3.45 个增长到 13.22 个，分蘖期 3 品种的株高也逐渐增长。拔节期三个品种的分蘖数达到高峰，muxzwus 的分蘖数为 10.19 个，特高为 15.33 个，剑宝为 14.78 个，特高和剑宝的分蘖数差异不显著（$P>0.05$），与 muxzwus 差异显著（$P<0.05$）。三个品种间株高差异不显著。

表 5-2 冬闲田多黑麦草生长初期植株性状

	物候期		muxzwus	特高	剑宝
分蘖期	12~7	株高（cm）	25.05a	27.38a	27.01a
		分蘖数（个）	3.22b	5.00a	3.45b
	12~20	株高（cm）	26.25b	30.58a	27.94b
		分蘖数（个）	5.89b	8.67a	9.11a
	1~5	株高（cm）	26.65b	32.53a	30.86a
		分蘖数（个）	8.00a	10.33a	9.39a
	1~22	株高（cm）	27.28b	35.57a	31.06ab
		分蘖数（个）	9.78b	13.11a	13.22a
拔节期	3-28	株高（cm）	65.92a	62.51a	64.38a
		分蘖数（个）	10.19b	15.33a	14.78a

3. 安宁河流域冬季多花黑麦草的生长速率

多花黑麦草在安宁河流域 12 月 29 日刈割后，在最冷 1 月开展定位观测，每隔 3d、6d、9d、12d、15d、18d 定株测定植株高度，多花黑麦草刈割后 3d、6d、9d、12d、15d、18d 的株高分别为 4.45 cm（表 5-3）、6.86 cm、8.42 cm、9.86 cm、10.8 cm 和 10.84 cm，阶段生长速度分别为 0.82 cm/d、0.80 cm/d、0.52 cm/d、0.48 cm/d、0.31 cm/d 和 0.01 cm/d，看出在冬季最冷时期，刈割后多花黑麦草的生长速度由快到慢，但是没有停止生长。

表 5-3 多花黑花麦冬季生长速率

处理	株高（cm）	生长速度（cm/d）
3d	4.45	0.82
6d	6.86	0.80
9d	8.42	0.52
12d	9.86	0.48
15d	10.8	0.31
18d	10.84	0.01

（二）干热河谷区多花黑麦草植株性状

8个品种的多花黑麦草在干热河谷区10月23日播种，10~12 d出苗，出苗后20~22 d分蘖，均能完成整个生育过程，生育期为202~207 d，其中牧丰、燎原、瑞奇思生育期比其他品种早4~5 d，牧丰和燎原孕穗、抽穗期比其他品种早5~7 d，各品种3月中下旬才开始孕穗，营养生长期较长，年刈割4茬。不同品种的株高为60.8~67.0 cm（表5-4），特高表现最高，为67.0 cm，显著高于绿岛、绿色长廊、牧丰、长江2号、燎原（$P<0.05$）；与杰威、瑞奇思差异不显著（$P>0.05$）；其余品种间差异不显著（$P>0.05$）。各品种的叶宽为9.4~10.9 cm，特高叶宽最宽，为10.9 cm，显著高于牧丰、燎原（$P<0.05$）；与其余品种间差异不显著（$P>0.05$）；表现最差的是牧丰，与燎原差异不显著外（$P>0.05$），显著低于其他品种（$P<0.05$）；其余品种间差异不显著（$P>0.05$）。各品种的叶长为41.3~46.7 cm，特高、绿岛叶长分别为46.7 cm和46.6 cm，显著高于牧丰、燎原、长江2号（$P<0.05$）；表现最差的是牧丰，与长江2号差异不显著外（$P>0.05$），显著低于其他品种（$P<0.05$）；瑞奇思与牧丰、长江2号差异显著外（$P<0.05$），与其余品种间差异不显著（$P>0.05$）。第4茬株分蘖数为14.5~17.7个。绿岛的分蘖数最多，为17.7个，显著高于绿色长廊（$P<0.05$）；其余品种间差异不显著（$P>0.05$）。

表5-4 干热河谷地区多花黑麦草植株性状

品种	株高（cm）	叶宽（cm）	叶长（cm）	株分蘖数（个）
特高	67.0a	10.9a	46.7a	16.0ab
绿岛	63.1bc	10.1ab	46.6a	17.7a
绿色长廊	62.6bc	10.3ab	45.2abc	14.5bc
杰威	64.7ab	10.6ab	45.6abc	16.1ab
牧丰	60.8c	9.4c	41.3 d	15.6ab
长江2号	62.2bc	10.5ab	43.7cd	15.0ab
燎原	62.1bc	9.9bc	44.0bc	15.5ab
瑞奇思	63.4abc	10.5ab	46.1ab	16.2ab

（三）多花黑麦草结实性状

1. 多花黑麦草结实性状的相关分析

多花黑麦草的株高（x_1）、分蘖数（x_2）、株穗数（x_3）、茎节数（x_4）、穗长（x_5）、花序小穗数（x_6）、叶长（x_7）、茎叶重（x_8）、根重（x_9）与单株种子产量均为正相关，其相关系数大小顺序是：穗数>分蘖数>茎叶重>根重>穗长>叶长>茎节数>花序小穗数>株高；其中穗数$rx_3y=0.854$（表5-5），分蘖数$rx_2y=0.841$，茎叶重$rx_8y=0.765$，根重$rx_9y=0.676$，为极显著相关。自变量间茎节数、穗长、花序小穗数、叶长、茎叶重与株高呈正强相关；分蘖数与株穗数、茎叶重、根重呈正强相关；株穗数与茎叶重、根重呈正强相关；茎节数与花序小穗数、茎叶重呈正强相关，穗长与花序小穗数、叶长、茎叶重呈正强相关；茎叶重与根重呈正强相关；由此可见株穗数、分蘖数、茎叶重、根重、花序小穗数、叶长与产种量的相关性关系密切，相关系数最大，相关性状最强的是株穗数、分蘖数。

表 5-5 多花黑麦草结实性状的相关系数

性状	X1	X2	X3	X4	X5	X6	X7	X8	X9	y
株高（X1）	1									
分蘖数（X2）	-0.005	1								
株穗数（X3）	0.020 1	0.980 1*	1							
茎节数（X4）	0.548*	0.057	0.039	1						
穗长（X5）	0.493*	0.038	0.080	0.297	1					
花序小穗数（X6）	0.355*	-0.003	0.006	0.373*	0.568**	1				
叶长（X7）	0.576**	-0.006	0.034	0.206	0.514**	0.282	1			
茎叶重（X8）	0.365*	0.798**	0.803**	0.364*	0.351*	0.250	0.337	1		
根重（X9）	0.228	0.701**	0.652**	0.315	0.025	0.090	0.221	0.685**	1	
株产种量（y）	0.159	0.841**	0.854**	0.198	0.230	0.170	0.201	0.765**	0.676*	1

注：R≥0.349 为显著水平，R≥0.449 为极显著水平

2. 株产种量与结实性状的通径分析

多花黑麦草各性状对种子产量的相关系数由该性状对种子产量的直接作用效应和间接作用效应所组成。株产种量的直接作用的大小顺序依次为株穗数（$pyx_3 = 0.801$）（表 5-6）>根重（$pyx_9 = 0.155$）>叶长（$pyx_7 = 0.119$）>茎节数（$pyx_4 = 0.108$）>穗长（$pyx_5 = 0.095$）>小穗数（$pyx_6 = 0.074$）>分蘖数（$pyx_2 = 0.046$）>株高（$pyx_1 = -0.044$）>茎叶重（$pyx_8 = -0.136$）；对株产种量的间接作用中株高对分蘖数、茎叶重对其他各性状均为负作用，分蘖数对花序小穗数、叶长为负间接作用外，其他间接作用为正。可见影响株产种量的主要性状是株穗数、根重、叶长、茎节数和穗长，株穗数直接通径系数远大于其他性状，是最主要的性状。

表 5-6 多花黑麦草结实性状的通径系数

相关系数（rx_iy）	直接作用（pyx_i）	间接作用									总和
		X1	X2	X3	X4	X5	X6	X7	X8	X9	
0.159	-0.044		-0.002	0.016	0.060	0.047	0.026	0.068	-0.049	0.035	0.159
0.841	0.046	0.000		0.786	0.006	0.004	-0.000	-0.001	-0.108	0.108	0.841
0.854	0.801	-0.001	0.045		0.004	0.008	0.000	0.004	-0.109	0.101	0.854

（续表）

相关系数（rx$_i$y）	直接作用（pyx$_i$）	间接作用									总和
		X1	X2	X3	X4	X5	X6	X7	X8	X9	
0.198	0.108	0.024	0.003	0.032		0.028	0.028	0.024	−0.049	0.049	0.198
0.230	0.095	0.022	0.002	0.064	0.032		0.042	0.061	−0.048	0.004	0.230
0.170	0.074	0.016	−0.000	0.004	0.041	0.054		0.033	−0.034	0.014	0.170
0.201	0.119	0.025	−0.000	0.027	0.022	0.049	0.021		−0.046	0.034	0.201
0.765	−0.136	0.016	0.036	0.643	0.040	0.033	0.019	0.040		0.106	0.765
0.676	0.155	0.010	0.032	0.522	0.034	0.002	0.006 6	0.026 1	−0.093		0.676

3. 株产种量与结实性状的决定系数

从所获的 45 个决定系数可看出从大到小靠前的排序是株穗数（dyx$_3$ = 0.642）（表 5-7）>穗数与根重（dyx$_3$x$_9$ = 0.162）>分蘖数与穗数（dyx$_2$x$_3$ = 0.072）>根重（dyx$_9$ = 0.024）>茎叶重（dyx$_8$ = 0.018）>叶长（dyx$_7$ = 0.014）>穗数与穗长（dyx$_3$x$_5$ = 0.012）>茎节数（dyx$_4$ = 0.012）>穗长与叶长（dyx$_5$x$_7$ = 0.012）>茎节数与根重（dyx$_4$x$_9$ = 0.011），决定系数是通径系数的平方和，表示自变量对依变量的相对决定程度，影响单株产种量决定程度大的主要性状是株穗数、分蘖数、根重、茎叶重、叶长、穗长和茎节数，株穗数的决定系数大于其他性状，应是最突出影响株产种量的指标，与相关分析、通径分析结果相一致，汇总所获多元决定系数 $\sum$d = 0.796，表明影响单株产种量的主要性状已包括在内。

表 5-7　多花黑麦草结实性状的决定系数

组成因素	决定系数	组成因数	决定系数	组成因素	决定系数
dyx$_1$	0.002	dyx$_1$x$_9$	−0.003	dyx$_4$x$_7$	0.005
dyx$_2$	0.002	dyx$_2$x$_3$	0.072	dyx$_4$x$_8$	−0.011
dyx$_3$	0.642	dyx$_2$x$_4$	0.001	dyx$_4$x$_9$	0.011
dyx$_4$	0.012	dyx$_2$x$_5$	0.000	dyx$_5$x$_6$	0.008
dyx$_5$	0.009	dyx$_2$x$_6$	−2.047E−05	dyx$_5$x$_7$	0.012
dyx$_6$	0.005	dyx$_2$x$_7$	−5.901E−05	dyx$_5$x$_8$	−0.009
dyx$_7$	0.014	dyx$_2$x$_8$	−0.010	dyx$_5$x$_9$	0.001
dyx$_8$	0.018	dyx$_2$x$_9$	0.010	dyx$_6$x$_7$	0.005
dyx$_9$	0.024	dyx$_3$x$_4$	0.007	dyx$_6$x$_8$	−0.005
dyx$_1$x$_2$	1.965E−05	dyx$_3$x$_5$	0.012	dyx$_6$x$_9$	0.002
dyx$_1$x$_3$	−0.001	dyx$_3$x$_6$	0.001	dyx$_7$x$_8$	−0.011

（续表）

组成因素	决定系数	组成因数	决定系数	组成因素	决定系数
dyx_1x_4	−0.005	dyx_3x_7	0.007	dyx_7x_9	0.008
dyx_1x_5	−0.004	dyx_3x_8	−0.174	dyx_8x_9	−0.029
dyx_1x_6	−0.002	dyx_3x_9	0.162	多元决定系数 $\sum d=0.7961$	
dyx_1x_7	−0.006	dyx_4x_5	0.006		
dyx_1x_8	0.004	dyx_4x_6	0.006		

三、多花黑麦草产草量

（一）冬闲田多花黑麦草产草量

9月下旬播种的多花黑麦草全年鲜草产量为 23 698.30~38 528.74 kg/hm²（表5-8），鲜草产量差异显著（$P<0.05$），兰天堂的鲜草产量最高，为 38 528.74 kg/hm²，与海湾差异不显著（$P>0.05$），显著高于（$P<0.05$）其他品种。8个品种的干草产量为 4 870.00~8 380.00 kg/hm²，干草产量最高的是兰天堂，为 8 380.00 kg/hm²，其次为海湾，为 8 300.00 kg/hm²，兰天堂与海湾干草产量差异不显著（$P>0.05$），显著（$P<0.05$）高于其他品种。

表5-8　冬闲田多花黑麦草产草量

品种	鲜草产量（kg/hm²）	干草产量（kg/hm²）
特高	34 575.47b	7 330.00b
邦德	33 137.70b	7 340.00b
百慕大	23 698.30d	4 870.00d
牧杰	31 800.00bc	6 360.00bc
劲能	29 589.74c	5 770.00c
兰天堂	38 528.74a	8 380.00a
海湾	34 873.95a	8 300.00a
泰德	28 967.25c	5 750.00c

（二）干热河谷地区多花黑麦草产草量

8个多花黑麦草的鲜草产量为 142 340~16 673 kg/hm²（表5-9）鲜草产量以绿岛最高，为 16 673 kg/hm²，瑞奇思其次，为 164 920 kg/hm²，牧丰最低，为 142 340kg/hm²，各品种间鲜草产量差异不显著（$P>0.05$）；各品种的干草产量为 19 330~22 820 kg/hm²，干草产量以杰威最高，特高其次，牧丰最低，各品种间干物质产量差异不显著（$P>$

0.05）。鲜草及干草产量以绿岛、特高、瑞奇思、杰威较高，每公顷鲜草产量均在 162 000 kg 以上，干草产量在 21 000 kg 以上。绿岛、特高、瑞奇思、杰威在干热河谷地区种植表现出较高的生产性能，适宜在该地区种植。

表 5-9 干热可谷区不同品种多花黑麦草的产草量

品种	鲜草产量（kg/hm²）	干草产量（kg/hm²）
特高	163 120a	22 450a
绿岛	16 673a	21 550a
绿色长廊	154 170a	20 850a
杰威	162 340a	22 820a
牧丰	142 340a	19 330a
长江 2 号	154 510a	20 770a
燎原	151 720a	21 100a
瑞奇思	164 920a	21 950a

第二节 多花黑麦草的饲用价值

一、安宁河流域多花黑麦草营养品质

8 种多花黑麦草在安宁河流域种植，粗蛋白质含量为 12.54% ~ 15.31%（表 5-10），特高的粗蛋白质含量最高，为 15.31%，其次是劲能和百慕大，分别为 14.71% 和 14.17%。中性洗涤纤维、酸性洗涤纤维含量的高低直接影响家畜的采食率和消化率。中性洗涤纤维含量高的，适口性差，消化率低，营养价值低，反之，则适口性好，消化率高，营养价值也高。8 种多花黑麦草的中性洗涤纤维为 40.12% ~ 43.36%，酸性洗涤纤维为 35.71% ~ 38.22%，酸性洗涤纤维均低于 40%，而中性洗涤纤维均低于 45%，牧草品质都优良。参试多花黑麦草的粗脂肪为 1.03% ~ 1.58%，无氮浸出物为 48.37% ~ 49.74%，粗灰分为 6.67% ~ 7.51%，相对饲喂价值为 120.39 ~ 131.08，相对饲喂价值高的是劲能、兰天堂和牧杰。

表 5-10 安宁河流域 8 种多花黑麦草营养品质 （%/DM）

品种	粗蛋白质	中性洗涤纤维	酸性洗涤纤维	木质素	粗脂肪	无氮浸出物	粗灰分	相对饲喂价值
特高	15.31	41.66	36.73	5.62	1.12	49.74	6.94	125.48

（续表）

品种	粗蛋白质	中性洗涤纤维	酸性洗涤纤维	木质素	粗脂肪	无氮浸出物	粗灰分	相对饲喂价值
邦德	12.90	42.71	37.34	5.47	1.03	49.08	7.37	121.43
百慕大	14.17	40.43	36.50	6.32	1.43	48.37	7.50	125.97
牧杰	13.56	41.09	36.26	5.72	1.22	49.51	6.67	127.42
劲能	14.71	40.12	35.71	5.89	1.58	48.93	6.92	131.08
兰天堂	12.62	43.36	38.22	5.82	1.26	48.64	7.20	131.04
海湾	12.54	42.87	38.09	5.92	1.22	49.06	7.51	120.39
泰德	13.74	41.87	36.82	6.06	1.34	48.52	7.32	124.09

二、干热河谷地区多花黑麦草营养品质

8种多花黑麦草的粗蛋白质含量为14.6%~25.9%（表5-11），粗蛋白质以杰威含量最高，为25.9%，绿岛其次，为25.4%，牧丰最低，为14.6%。粗纤维含量为13.3%~19.6%，以牧丰、燎原含量最低，分别为13.3%，特高、杰威含量较高。钙含量为0.37%~0.62%，以绿岛含量最高，长江2号、瑞奇思其次，特高最低，磷含量为0.59%~0.81%，以绿色长廊含量最高，特高其次，牧丰最低。综合营养品质指标得出，绿岛、杰威、特高、瑞奇思最适宜在干热河谷地区种植。

表5-11　不同品种多花黑麦草的营养品质　　　　　　　　（%/DM）

品种	粗蛋白质	粗纤维	钙	磷
特高	22.5	19.6	0.37	0.70
绿岛	25.4	16.1	0.62	0.64
绿色长廊	15.6	15.7	0.41	0.81
杰威	25.9	19.5	0.40	0.65
牧丰	14.6	13.3	0.47	0.59
长江2号	18.1	16.2	0.52	0.61
燎原	18.1	13.3	0.40	0.60
瑞奇思	21.8	18.2	0.51	0.68

三、多花黑麦草不同物候期营养品质

拔节期3种多花黑麦草的粗蛋白质含量为11.61%~16.55%（表5-12），孕穗期为10.97%~12.19%，抽穗期为10.20%~11.68%，表现为随着物候期的推迟粗蛋白质含量逐渐下降的趋势，其中muxzmus在3个物候期中都表现为粗蛋白质含量最高。这是由于生

长前期叶的比例大于茎，叶的粗蛋白质含量明显高于茎，而随着饲草的持续生长，茎的含量逐渐大于叶，饲草中的茎叶比提高，导致饲草中粗蛋白质含量下降。3个品种的中性洗涤纤维拔节期为 38.26%～40.21%，孕穗期为 39.13%～40.36%，抽穗期为 39.98%～42.83%，酸性洗涤纤维拔节期为 18.98%～22.57%，孕穗期为 19.49%～22.64%，抽穗期为 22.93%～23.79%，都表现为随着物候期的推迟，中性洗涤纤维、酸性洗涤纤维呈逐渐增加的趋势。中性洗涤纤维和酸性洗涤纤维的含量可以作为估测奶牛日粮粗精比是否合适的重要指标，酸性洗涤纤维是指示饲草能量的关键，与动物消化率呈负相关，其含量越低，饲草的消化率越高，饲用价值越大。不同物候期 muxzmus 的酸性洗涤纤维含量较低，剑宝的中性洗涤纤维含量较低。综合粗蛋白质含量、中性洗涤纤维、酸性洗涤纤维含量得出 muxzmus 的营养价值最高，其次是剑宝，最后是特高。

表 5-12 不同物候期多花黑麦草营养成分 （%/DM）

物候期	品种	干物质（%）	粗蛋白质	中性洗涤纤维	酸性洗涤纤维
	muxzmus	17.71	16.55	40.21	18.98
拔节期	特高	12.97	11.61	38.33	21.39
	剑宝	18.51	13.59	38.26	22.57
	muxzmus	23.96	12.19	40.36	19.49
孕穗期	特高	16.31	10.97	39.13	21.82
	剑宝	19.64	11.34	39.18	22.64
	muxzmus	25.85	11.68	40.66	23.59
抽穗期	特高	27.11	10.94	42.83	23.79
	剑宝	29.29	10.20	39.98	22.93

四、刈割高度对多花黑麦草营养品质的影响

（一）干物质含量

随刈割高度的增加，牧草的水分含量下降，干物质含量增加，不同刈割高度特高的干物质含量为 12.0%～14.1%（表 5-13），杰威的干物质含量为 12.3%～14.9%，不同刈割高度间差异达显著水平（$P<0.05$）。特高和杰威两品种的规律基本一致，但相同的刈割高度，杰威的干物质含量高于特高，这与品种特性有关。两品种 30 cm 高刈割平均干物质含量为 12.15%，45 cm 高刈割平均干物质含量为 12.45%，60 cm 高刈割平均干物质含量为 13.25%，75 cm 高刈割平均干物质含量为 14.5%。可见饲喂不同牲畜可采用不同的刈割高度。

表 5-13 不同刈割高度多花黑麦草营养品质 （%/DM）

处理		干物质（%）	茎叶比	粗蛋白质	粗蛋白质产量（kg/hm²）	粗纤维
特高	30 cm	12.0 d	5.77	24.9a	1 439.1b	22.4
	45 cm	12.1cd	3.90	24.3a	1 537.3a	23.5
	60 cm	12.8cd	2.85	16.9b	1 444.5b	25.0
	75 cm	14.1a	1.79	15.8c	1 548.1a	29.7
杰威	30 cm	12.3cd	5.78	25.5a	1 618.4a	22.2
	45 cm	12.8c	4.70	23.6b	1 557.6b	22.5
	60 cm	13.7b	3.85	19.2c	1 654.4a	24.6
	75 cm	14.9a	1.96	15.9d	1 506.0c	27.9

（二）茎叶比

茎叶比是叶片的鲜重与茎鲜重的比值，是衡量多花黑麦草饲用价值的重要指标。牧草的各种营养成分主要存在叶片里，比值大，叶含量多，则有利于提高牧草的质量和利用效率。特高和杰威两品种在 30 cm 高刈割的茎叶比分别为 5.77（表 5-13）和 5.78；75 cm 高刈割的茎叶比分别为 1.79 和 1.96，可见随刈割高度增加，多花黑麦草的茎叶比明显下降。

（三）粗蛋白质含量与产量

粗蛋白质含量的高低，是反映牧草品质好坏的重要指标之一。粗蛋白质含量高，牧草的营养价值高。随刈割高度的增加，多花黑麦草的粗蛋白质含量明显降低。特高的 4 个处理中，以 75 cm 高刈割的粗蛋白质产量最高，达到 1 548.1 kg/hm²（表 5-13），30 cm 刈割的最低，比最高的粗蛋白质产量下降 7.57%。杰威的 4 个处理中，60 cm 高刈割的粗蛋白质产量最高，达到 1 654.4 kg/hm²，75 cm 高刈割的粗蛋白质产量最低，比最高的粗蛋白质产量下降 8.97%。刈割高度 30~45 cm 组平均粗蛋白质含量达到 23.6% 以上，而 60~75 cm 组粗蛋白质含量明显下降，这可能是因为幼嫩的多花黑麦草水分含量高，水中溶解的无机氮较多，直接影响了牧草的粗蛋白质含量。

（四）粗纤维含量

粗纤维含量高低，也是反映牧草品质好坏的重要指标之一。随刈割高度增加，特高和杰威多花黑麦草粗纤维含量增加，与粗蛋白质含量正好相反。在特高的 4 个处理中，以 75 cm 高刈割的粗纤维含量最高，达到 29.7%（表 5-13），30 cm 高刈割的最低，为 22.4%。杰威的 4 个处理中 75 cm 高刈割的粗纤维含量最高，达到 27.9%，30 cm 高刈割的粗纤维含量最低为 22.2%。总体来看多花黑麦草粗纤维含量较低，草质较好。

五、品种和茬次对多花黑麦草营养品质的影响

(一) 茬次对多花黑麦草营养品质的影响

3 个品种的多花黑麦草于 9 月 13 日播种, 分别于 1 月 17 日、3 月 4 日、4 月 11 日进行刈割。3 次刈割中各品种粗蛋白质含量特高为 8.25% ~ 13.74% (表 5-14), 杰威为 8.60% ~ 16.84%, 兰天堂为 7.63% ~ 16.57%, 表现为随刈割茬次的增加而降低, 各品种各茬次粗蛋白质含量差异显著 (P<0.05), 粗蛋白质含量表现为第一茬>第二茬>第三茬。各茬次特高的粗灰分为 7.67% ~ 11.26%, 杰威为 9.50% ~ 9.81%, 兰天堂为 9.33% ~ 11.53%。除杰威的粗灰分含量变化不显著 (P>0.05) 外, 其余两个品种的含量均随刈割茬次的增加而增多, 其中特高各茬次间增加极显著, 兰天堂一茬、二茬之间显著, 二茬、三茬之间不显著。特高各茬次钙含量为 0.05% ~ 0.26%, 杰威为 0.06% ~ 0.35%, 兰天堂为 0.08% ~ 0.24%, 3 个品种的钙含量均随茬次的增加而增加, 各品种各茬次之间差异均显著。特高各茬次磷含量为 0.61% ~ 0.65%, 杰威为 0.52% ~ 0.60%, 兰天堂为 0.57% ~ 0.68%, 特高各茬次差异不显著, 杰威第一茬与第二、第三茬之间显著, 第二、第三茬之间不显著, 兰天堂第一、第二茬之间差异显著, 第二茬与第三茬差异显著。特高的钾含量为 2.21% ~ 3.15%, 随茬次的增加而增多, 各茬次之间差异显著, 杰威钾含量为 2.15% ~ 2.76%, 随茬次的增加而降低, 一茬、二茬之间差异显著, 二茬、三茬之间差异不显著。兰天堂各茬次钾含量为 3.15% ~ 3.45%, 各茬次差异不显著。

表 5-14　多花黑麦草各茬次营养成分 (%/DM)

品种	茬次	粗蛋白质	粗灰分	钙	磷	钾
特高	第一茬	13.74a	7.67c	0.05c	0.63a	2.21c
	第二茬	10.02b	9.83b	0.13b	0.61a	2.86b
	第三茬	8.25b	11.26a	0.26a	0.65a	3.15a
杰威	第一茬	16.84a	9.50a	0.06c	0.60a	2.76a
	第二茬	9.92b	9.67a	0.26b	0.54b	2.37b
	第三茬	8.60c	9.81a	0.35a	0.52b	2.15b
兰天堂	第一茬	16.57a	9.33b	0.08c	0.57c	3.15a
	第二茬	10.49b	10.50a	0.13b	0.60b	3.20a
	第三茬	7.63c	11.53a	0.24a	0.68a	3.45a

(二) 同茬次多花黑麦草营养品质

第一茬 3 种多花黑麦草的粗蛋白质含量为 13.74% ~ 16.84% (表 5-15), 粗灰分含量为 7.67% ~ 9.50%, 钙含量为 0.05% ~ 0.08%, 磷含量为 0.57% ~ 0.63%, 钾含量为 2.21% ~ 3.15%, 3 个多花黑麦草品种以杰威的粗灰分、粗蛋白质含量最高, 次之为兰天

堂，两者间差异不显著，最低为特高，与前两者间差异显著；钙和钾含量均以兰天堂最高，杰威次之，特高最低，三者间差异显著。磷含量以特高最高，杰威次之，兰天堂最低，三者间差异显著。第二茬 3 个品种的粗蛋白质含量为 9.92% ~ 10.49%，兰天堂粗蛋白质含量最高，其次是特高，杰威的粗蛋白质含量最低，三品种间的粗蛋白质含量差异不显著。3 个品种的粗灰分含量为 8.67% ~ 10.50%，其中杰威的粗灰分最低，特高次之，兰天堂为最高，杰威、特高之间的粗灰分含量差异显著，特高与兰天堂的差异显著，钙含量杰威显著高于特高和兰天堂，后两者之间差异不显著。磷含量以杰威最低，兰天堂次之，特高最高，后两者与杰威差异显著，但二者间差异不显著。第三茬 3 个品种粗蛋白质含量的高低依次为杰威、特高、兰天堂，三者间差异不显著；3 个品种间粗灰分的变化与第二茬相同，最高兰天堂，特高次之，杰威最低，其中兰天堂的含量显著高于杰威，不显著于特高，特高则显著高于杰威；磷、钾含量以杰威最低，特高次之，兰天堂最高，其中杰威磷含量显著低于特高和兰天堂，钾含量显著低于特高，兰天堂，后两者间磷和钾含量的差异不显著。

表 5-15　同茬次多花黑麦草营养品质　　　　　　　　　（%/DM）

茬次	品种	粗蛋白质	粗灰分	钙	磷	钾
第一茬	特高	13.74b	7.67b	0.05c	0.63a	2.21c
	杰威	16.84a	9.50a	0.06b	0.60b	2.76b
	兰天堂	16.57a	9.33a	0.08a	0.57c	3.15a
第二茬	特高	10.02a	9.83b	0.13b	0.61a	2.86b
	杰威	9.92a	8.67c	0.26a	0.54b	2.37c
	兰天堂	10.49a	10.50a	0.13b	0.60a	3.20a
第三茬	特高	8.25a	11.26a	0.24b	0.65a	3.15a
	杰威	8.60a	8.05b	0.35a	0.52b	2.15b
	兰天堂	7.63a	11.53a	0.26b	0.68a	3.45a

（三）各茬次多花黑麦草的纤维含量

各茬次特高的中性洗涤纤维为 35.34% ~ 41.06%（表 5-16），酸性洗涤纤维为 21.69% ~ 28.59%，纤维素含量为 20.29% ~ 26.28%，半纤维素含量为 12.47% ~ 13.65%，酸性洗涤木质素为 1.44% ~ 2.31%，特高的中性洗涤纤维含量、酸性洗涤纤维含量、纤维素的含量以及酸性洗涤木质素的含量均随刈割茬次的增加而增加，其中中性洗涤纤维含量在第一、第二茬间变化不显著，第二与第三茬间变化不显著，酸性洗涤纤维、纤维素、酸性洗涤木质素的含量在各茬次间变化均显著；特高的半纤维素的含量随茬次的增加而降低，但变化不显著。

杰威各纤维素含量均随茬次的增加而增加，其中中性洗涤纤维含量在各茬次间差异显著，酸性洗涤纤维和酸性洗涤木质素含量各茬次间均差异显著，半纤维素含量随茬次的增加而增加，但差异不显著；纤维素含量第一、第二茬次之间差异显著，第二、第三茬次之间差异显著。兰天堂各纤维素含量在各茬次间的变化与杰威的相同。

表 5-16　各茬次多花黑麦草的纤维含量　　　　　　　　　　　　　　　（%/DM）

品种	茬次	中性洗涤纤维	酸性洗涤纤维	半纤维素	纤维素	酸性洗涤木质素
特高	第一茬	35.34b	21.69c	13.65a	20.29c	1.44c
	第二茬	37.50ab	24.48b	13.02a	22.80b	1.88b
	第三茬	41.06a	28.59a	12.47a	26.28a	2.31a
杰威	第一茬	32.23c	19.79c	12.44a	18.60c	1.20c
	第二茬	35.63b	21.78b	13.85a	20.16b	1.60b
	第三茬	38.55a	25.10a	13.45a	23.15a	1.90a
兰天堂	第一茬	36.77c	23.94c	12.83a	23.94c	1.60b
	第二茬	39.75b	27.38b	12.37a	27.38b	1.80b
	第三茬	46.04a	34.07a	11.97a	34.07a	2.20a

（四）同茬次多花黑麦草的纤维含量

第一茬 3 个品种的中性洗涤纤维为 32.23% ~ 36.77%（表 5-17），酸性洗涤纤维为 19.79% ~ 23.94%，半纤维素为 12.44% ~ 13.65%，纤维素为 18.60% ~ 23.94%，酸性洗涤木质素为 1.20% ~ 1.60%，第二茬 3 个品种的中性洗涤纤维为 35.63% ~ 39.75%，酸性洗涤纤维为 21.78% ~ 27.38%，半纤维素为 12.37% ~ 13.85%，纤维素为 20.16% ~ 27.38%，酸性洗涤木质素为 1.62% ~ 1.89%，第三茬 3 个品种的中性洗涤纤维为 38.55% ~ 46.04%，酸性洗涤纤维为 25.10% ~ 34.07%，半纤维素为 11.97% ~ 13.45%，纤维素为 23.15% ~ 31.87%，酸性洗涤木质素为 1.95% ~ 2.31%。在各茬次中，3 个品种的中性洗涤纤维、酸性洗涤纤维、纤维素的含量均以兰天堂最高，特高次之，杰威最低。中性洗涤纤维含量在第一茬 3 个品种中的差异为杰威显著低于特高和兰天堂，在第二茬中显著低于特高、显著低于兰天堂，在第三茬中兰天堂显著高于特高和杰威，而特高和杰威差异不显著；酸性洗涤纤维、纤维素含量在三茬中 3 个品种间的差异均显著；半纤维素含量在第一茬中以特高最高，兰天堂次之，杰威最低，在第二、第三茬中以杰威最高，特高次之，兰天堂最低，三茬中半纤维素含量品种间的差异均不显著。酸性洗涤木质素在第一、第二茬中以杰威最低，特高次之，兰天堂最高，其中第一茬杰威显著低于特高和兰天堂，而特高显著低于兰天堂；在第二茬杰威显著低于特高和兰天堂，而后两者之间差异不显著；在第三茬时以特高最高，兰天堂次之，杰威最低，其中特高显著高于杰威，而兰天堂与特高差异不显著。

表 5-17　同茬次多花黑麦草的纤维含量　　　　　　　　　　　　　　（%/DM）

茬次	品种	中性洗涤纤维	酸性洗涤纤维	半纤维素	纤维素	酸性洗涤木质素
第一茬	特高	35.34a	21.69b	13.65a	20.29b	1.44b
	杰威	32.23b	19.79c	12.44a	18.60c	1.20c
	兰天堂	36.77a	23.94a	12.83a	23.94a	1.60a
第二茬	特高	37.50b	24.48b	13.02a	22.80b	1.88a
	杰威	35.63c	21.78c	13.85a	20.16c	1.62b
	兰天堂	39.75a	27.38a	12.37a	27.38a	1.89a
第三茬	特高	41.06b	28.59b	12.47a	26.28b	2.31a
	杰威	38.55c	25.10c	13.45a	23.15c	1.95b
	兰天堂	46.04a	34.07a	11.97a	31.87a	2.20a

第三节　栽培技术对多花黑麦草生产性能的影响

一、不同播种量对多花黑麦草饲草产量的影响

（一）不同播种量对多花黑麦草植株性状的影响

多花黑麦草于 9 月中旬播种，达刈割期时不同播量的多花黑麦草的株分蘖数为 8.22~19.06 个（表 5-18），株分蘖数最多的是播种量为 24 kg/hm²，株分蘖数为 19.06 个，显著（$P<0.05$）高于 45 kg/hm² 播量的分蘖数，与其他播量分蘖数差异不显著（$P>0.05$）。不同播量多花黑麦草的株高为 47.63~53.88 cm，其中播量为 15 kg/hm² 的株高最高，为 53.88 cm，显著（$P<0.05$）高于 42 kg/hm² 播量的株高，与其他播量的株高差异不显著（$P>0.05$）。不同播种量多花黑麦草的株重为 26.76~50.37 g，其中播量为 24 kg/hm² 的株重最高，为 50.37 g，显著（$P<0.05$）高于 45 kg/hm² 播种量的株重，与其他处理的株重差异不显著（$P>0.05$）。不同播量的茎粗为 0.334~0.360 cm，播种量为 31.5 kg/hm² 的茎粗最大，为 0.360 cm，显著（$P<0.05$）高于播种量为 42 kg/hm² 的茎粗，与其他播种量的茎粗差异不显著（$P>0.05$）。

表 5-18　不同播种量的多花黑麦草的植株性状

性状	播种量（kg/hm²）				
	15	24	31.5	42	45
株分蘖数（个）	14.22ab	19.06a	16.50a	15.17a	8.22b
株高（cm）	53.88a	50.63ab	50.98ab	47.63b	53.51a

（续表）

性状	播种量（kg/hm^2）				
	15	24	31.5	42	45
株重（g）	44.71a	50.37a	47.38a	35.94ab	26.76b
茎粗（cm）	0.359a	0.345ab	0.360a	0.334b	0.345ab

（二）不同播种量对多花黑麦草饲草产量的影响

凉山地区多花黑麦草于9月中旬播种，到第二年的5月中旬可刈割利用3次。15 kg/hm^2、24 kg/hm^2、31.5 kg/hm^2、42 kg/hm^2、45 kg/hm^2 播量的多花黑麦草鲜草产量达 38 587.80~61 603.05 kg/hm^2（表5-19），干草产量达 8 451.45~13 659.15 kg/hm^2，其中播量为 24 kg/hm^2 的多花黑麦草鲜草和干草产量都最高，分别为 61 603.05 kg/hm^2 和 13 659.15 kg/hm^2，显著（$P<0.05$）高于其他处理，播量 31.5 kg/hm^2 的草产量次之，显著低于 24 kg/hm^2 的草产量，显著高于播量为 42 kg/hm^2 和 45 kg/hm^2 的产量，与 15 kg/hm^2 产量差异不显著。产草量较低的是播量 42 kg/hm^2 和 45 kg/hm^2 两个处理。可见在凉山地区种植多花黑麦草以 24 kg/hm^2 的播量为宜。

表5-19　不同播种量的多花黑麦草产草量

播种量（kg/hm^2）	鲜草产量（kg/hm^2）	干草产量（kg/hm^2）
15	49 263.15b	10 847.85b
24	61 603.05a	13 659.15a
31.5	53 632.20b	11 367.90b
42	41 165.55c	9 048.45c
45	38 587.80c	8 451.45c

（三）不同播种量对多花黑麦草种子产量的影响

不同播种量的多花黑麦草分蘖数为 518.67~600 个/m^2（表5-20），有效穗数为 331.80~396.37 个/m^2，结实率为 55.30%~76.42%，种子产量为 252.06~479.77 kg/hm^2，随播种量的增加，分蘖数逐渐增加，有效穗数、结实率、种子产量逐渐下降，其中播种量为 15 kg/hm^2 的产种量最高，为 479.77 kg/hm^2，其次为播量为 24 kg/hm^2 的种子产量为 418.45 kg/hm^2。不同播种量对多花黑麦草的穗部性状影响不明显，不同播种量的穗长为 26.30~32.31 cm，小穗数为 27.18~29.45 个，小穗粒数为 8.02~9.17 个。播种量与单位面积呈正相关，但由于多花黑麦草具有很强的分蘖能力和较强的补偿生长能力，即使在较低播种量条件下亦能达到较大的群体。因此，在种子生产中应适当控制分蘖，一方面减少无效分蘖的数量，减少养分的消耗，另一方面减少二次、三次分蘖，提高种子成熟的整齐度，有利于种子质量的提高。因此在凉山地区多花黑麦草的种子生产播种量为 15 kg/hm^2

为宜。

表 5-20　不同播种量对多花黑麦草产种量的影响

性状	播种量（kg/hm²）				
	15	24	31.5	42	15
分蘖数（个/m²）	518.67	530.67	566.33	589.33	600.00
分蘖成穗率（%）	76.42	68.50	62.50	59.25	55.30
有效穗数（个/m²）	396.37	363.51	353.96	349.18	331.80
穗长（cm）	32.31	31.09	26.30	30.01	26.51
小穗数（个）	29.45	28.94	28.27	27.33	27.18
小穗粒数（个）	9.17	8.78	8.15	8.08	8.02
种子产量（kg/hm²）	479.77	418.45	334.30	280.01	252.06

二、施氮对多花黑麦草饲草产量的影响

（一）施氮肥对多花黑麦草分蘖数的影响

在多花黑麦草的整个生长过程中设置 8 个氮肥水平 0 kg/hm²、75 kg/hm²、135 kg/hm²、195 kg/hm²、285 kg/hm²、375 kg/hm²、480 kg/hm²、570 kg/hm²，基肥施 40%，追肥在每次刈割后分别追肥，分别追施 30%。第一次刈割时黑麦草分蘖数分别为 3.98 个/株、5.48 个/株、5.71 个/株、5.31 个/株、5.26 个/株、5.20 个/株、5.36 个/株（表 5-21），高于第二次、第三次刈割时的分蘖数（$P<0.05$），随施氮量增加，分蘖数增加，第二、三次刈割各氮肥水平分蘖数差异也显著（$P<0.05$）。说明黑麦草栽培早期的分蘖数要高于晚期，早期受氮肥用量的影响较大，分蘖数随氮肥用量的增加而增加；第二、三次刈割分蘖数下降，但也随着施氮量的增加分蘖数增加，可见在西昌地区施氮肥是多花黑麦草萌发再生的有效措施。

表 5-21　不同施氮量多花黑麦草的分蘖数　　　　　　　　　　　　（个/株）

处理（kg/hm²）	第一次刈割		第二次刈割		第三次刈割	
	个数	增长（%）	个数	增长（%）	个数	增长（%）
0	3.96b	—	2.84c	—	1.07e	—
75	3.98b	0.51	3.4bc	19.72	1.84de	71.96
135	5.48a	38.38	3.99ab	40.49	2.18cd	103.74
195	5.71a	44.19	3.87ab	36.27	2.9bc	171.03
285	5.31a	34.09	3.81ab	34.15	3.49ab	226.17
375	5.26a	32.83	4.42a	55.63	3.61ab	237.38

（续表）

处理（kg/hm²）	第一次刈割		第二次刈割		第三次刈割	
	个数	增长（%）	个数	增长（%）	个数	增长（%）
480	5.20a	31.31	3.82ab	34.51	4.14a	286.92
570	5.36a	35.35	4.23ab	48.94	3.61ab	237.38

（二）施氮肥对多花黑麦草株高的影响

多花黑麦草的株高随着施氮量的增加而增加，不同施氮量均显著高于对照，均表现为480 kg/hm² 株高最高，各次分别为45.83 cm（表5-22）、76.11 cm 和75.68 cm，说明施氮量能显著促进多花黑麦草的生长，但施氮量过大的时候则增长效果不明显。第二、第三次刈割时高度比第一次刈割时高，相同施氮处理下多花黑麦草的株高是由低到高的生长过程。

表5-22　不同施氮量多花黑麦草株高

处理（kg/hm²）	第一次刈割		第二次刈割		第三次刈割	
	高度（cm）	增长（%）	高度（cm）	增长（%）	高度（cm）	增长（%）
0	29.06c	—	35.31e	—	54.32e	—
75	30.41c	4.65	44.36d	25.63	57.60de	6.04
135	41.24b	41.91	52.16c	47.72	57.49de	5.84
195	41.75ab	43.67	58.16bc	64.71	62.86cd	15.72
285	42.31ab	45.60	62.71b	77.60	68.67bc	26.42
375	44.39a	52.75	73.55a	108.30	73.68ab	35.64
480	45.83ab	57.71	76.11a	115.55	75.68a	39.32
570	45.11ab	55.23	75.84a	114.78	75.11ab	38.27

（三）施氮肥对多花黑麦草饲草产量的影响

多花黑麦草在西昌地区可刈割利用三次，第一次刈割为头年12月中旬，鲜草产量占总产量的21.43%~39.73%，第二次刈割为翌年4月中旬，产量占全年总产量的40.02%~48.15%，第三次为5月中旬，占全年总产量的17.72%~31.91%，产量的高峰期主要集中在次年的4月中旬，第二次刈割时的鲜草产量均显著高于第一次和第三次刈割时的鲜草产量。在不同施氮水平下多花黑麦草总鲜草产量达36 251.45~86 509.90 kg/hm²（表5-23），干草产量达8 537.60~18 009.00 kg/hm²，在各次刈割中多花黑麦草的产量随氮肥用量增加先升高后降低，在480 kg/hm² 时达到最高值，为86 509.90 kg/hm²，当施氮肥达到570 kg/hm² 时多花黑麦草产量不但没有继续提高，还略有下降，为82 107.7 kg/hm²。说明多花黑麦草对氮肥的用量有一定的限度，超过适宜用量后的过量氮肥对产量产生抑制作用。以对照相比，各处理鲜草产量分别比对照增长 45.91%、101.21%、140.67%、167.11%、202.82%、248.19% 和 230.47%，干草产量随施氮量变化与鲜草产量变化趋势相同。相同施氮处理三次刈割呈现出由低到高再到低的趋势，都表现为第二次刈割产量最高。

表 5-23　不同施氮量多花黑麦草饲草产量

处理 (kg/hm²)	第一次刈割（12/13）(kg/hm²)		第二次刈割（4/10）(kg/hm²)		第三次刈割（5/15）(kg/hm²)		总产量 (kg/hm²)		总增长（%）	
	鲜草	干草	鲜草	干草	鲜草	干草	鲜草	干草	鲜草	干草
0	9 871.60c	2 201.10	10 571.95e	2 668.00	4 402.20e	1 033.85	24 845.75f	5 902.95	—	—
75	10 805.40bc	2 334.50	15 541.10de	3 901.95	9 904.95d	2 301.15	36 251.45ef	8 537.60	45.91	44.63
135	16 474.90abc	3 468.40	20 843.75cde	5 369.35	12 673.00d	2 968.15	49 991.65de	11 805.90	101.21	100.00
195	17 375.35ab	3 635.15	25 712.85cd	6 603.30	16 708.35c	3 901.95	59 796.55cd	14 140.40	140.67	139.55
285	18 175.75a	3 782.37	26 813.40bcd	6 770.05	21 377.35b	4 935.80	66 366.5bcd	15 488.22	167.11	162.38
375	18 442.55a	3 354.70	33 083.20abc	8 304.15	23 711.85ab	5 135.90	75 237.6abc	16 794.75	202.82	184.52
480	18 542.60a	3 501.75	41 654.15a	9 137.90	26 313.15a	5 369.35	86 509.90a	18 009.00	248.19	205.08
570	17 141.90ab	3 234.95	38 952.80ab	9 071.20	26 013.00a	5 488.74	82 107.7ab	17 794.89	230.47	201.46

三、不同播种方式对多花黑麦草产量的影响

烤烟收获后 9 月 18 日播种特高多花黑麦草，7 d 后出苗整齐，于 10 月 28 日进行第 1 茬刈割，直至 2017 年 4 月 12 日最后 1 茬刈割，每茬的生长时间大约 30 d。特高黑麦草在撒播条件下，鲜草产量为 229 767.50 kg/hm²（表 5-24）。各茬产量分别是 28 015.00 kg/hm²、36 675.00 kg/hm²、39 997.00 kg/hm²、41 765 kg/hm²、43 067.50 kg/hm²、40 247.50 kg/hm²，其中以第 4、5 茬产量最高，1、2 茬产量最低。特高黑麦草在条播条件下，第 1~6 茬生长期与撒播相同，鲜草产量为 272 405 kg/hm²，第 1~6 茬产量分别为 31 020.00 kg/hm²、43 687.50 kg/hm²、48 562.50 kg/hm²、50 245.00 kg/hm²、50 615.00 kg/hm²、48 275.00 kg/hm²，其中以第 4、5 茬产量最高，1、2 茬产量最低。各茬次条播的产量均高于撒播的产量，高出 42 637.50 kg/hm²，条播产量比撒播提高 18.55%。

表 5-24　不同播种方式多花黑麦草鲜草产量

茬次	刈割时间（月/日）	撒播（kg/hm²）	条播（kg/hm²）
1	10/28	28 015.00	31 020.00
2	11/30	36 675.00	43 687.50
3	12/31	39 997.00	48 562.50

（续表）

茬次	刈割时间（月/日）	撒播（kg/hm²）	条播（kg/hm²）
4	1/29	41 765.00	50 245.00
5	3/02	43 067.50	50 615.00
6	4/01	40 247.50	48 275.00
合计		229 767.50	272 405.00

四、不同刈割高度对多花黑麦草产量的影响

（一）刈割高度对生长特性的影响

1. 再生速度

每次刈割时测定植株的自然高度，除以各刈割次数的间隔时间，即得再生速度。特高和杰威两品种 30 cm 高刈割平均再生速度分别为 1.49 cm/d 和 1.59 cm/d（表 5-25），比 45 cm 高刈割的平均再生速度分别快 5.4% 和 13.8%，比 60 cm 高刈割的平均再生长速度分别快 10.1% 和 17.6%，比 75 cm 高刈割的平均再生长速度分别快 55% 和 58.5%。表明随刈割高度增加，平均再生速度减慢。不同刈割次数来看，都是最后一次刈割的再生速度最快，最后一次刈割时期为 5 月初，此时气温升高，牧草进入拔节期。牧草的再生速度与其生育进程、温度有关。

表 5-25　不同刈割高度多花黑麦草的再生

处理		再生速度（cm/d）	生长强度（kg/hm²·d）
特高	30 cm	1.49	25.98
	45 cm	1.41	31.50
	60 cm	1.35	37.80
	75 cm	0.96	44.36
杰威	30 cm	1.59	27.80
	45 cm	1.40	32.50
	60 cm	1.35	38.20
	75 cm	1.00	42.72

2. 生长强度

单位时间内积累干物质的量为生长强度，是反映干物质积累状况的一个重要指标。生长强度为每次刈割牧草的干物质量除以生长时间。随刈割高度增加，生长强度增加。特高和杰威两品种 75 cm 高刈割的平均生长强度分别为 44.36 和 42.72 kg/（hm²·d）（表 5-26）；30 cm 高刈割的平均生长强度分别为 25.98 和 27.80 kg/（hm²·d）。75 cm 高

刈割生长强度比 30 cm 高生长强度分别高 70.3% 和 53.7%。两品种间生长强度趋势一致，差异不显著。

从再生速度和生长强度看出刈割高度对多花黑麦草生长性能产生影响。随刈割高度增加，则平均生长速度下降，生长强度增加。30 cm 高刈割时平均生长速度最快，但生长强度最小，干物质积累速度最低，平均达到 26.84 kg/（hm² · d）；75 cm 高刈割平均生长速度最慢，但生长强度最大，干物质积累速度最高，平均达到 43.54 kg/（hm² · d）。

（二）不同刈割高度对多花黑麦草产量的影响

同一品种，不同刈割高度全年牧草产草量差异显著（$P<0.05$）。75 cm 刈割时两品种平均鲜草产量和干物质产量分别为 70 451.9 kg/hm² 和 9 634.8 kg/hm²（表 5-26），比 30 cm 高刈割鲜草产量和干草产量平均增产 40.97% 和 58.9%。45 cm 和 30 cm 高刈割的干物质产量间差异不显著。可见随刈割高度增加，年平均产量逐步增加，年干物质产量增加的幅度比年鲜草产量更明显。不同刈割高度每次刈割产量分布趋势不同。30 cm 高刈割的刈割次数较多，一个生长季可以刈割 9 次，产量曲线呈双峰曲线，第 1 次峰值出现在翌年 1 月下旬，第 2 次峰值出现在翌年 3 月中旬，第 1 次的峰值高于第 2 次峰值。在 45 cm、60 cm 和 75 cm 高刈割的一个生长季分别可以刈割 7 次、6 次和 4 次，产量曲线都呈单峰曲线，峰值出现在 1~2 月。这可能是冬季低温，多花黑麦草生长缓慢，达到相同的刈割高度需要更长的时间，干物质积累较多造成的。同一刈割高度，2 个品种间草产量差异不显著（$P>0.05$）。但杰威干物质含量平均比特高的干物质含量高 0.6%。多花黑麦草采用不同的刈割高度明显影响其鲜草产量和干物质产量，随刈割高度增加，产量逐渐增加，干物质产量增加的幅度比鲜草更为明显。

表 5-26　不同刈割高度多花黑麦草的产量

处理		鲜草产量（kg/hm²）	干草产量（kg/hm²）
特高	30 cm	49 124.6b	5 779.60c
	45 cm	54 227.1b	6 326.50c
	60 cm	68 467.50a	8 547.60b
	75 cm	73 703.5a	9 798.20a
杰威	30 cm	50 825.40b	6 346.50c
	45 cm	52 326.20b	6 600.00c
	60 cm	63 064.80a	8 601.00b
	75 cm	67 200.3a	9 471.40a

五、多效唑对多花黑麦草种子产量的影响

（一）多效唑对多花黑麦草植株性状的影响

9月26日播种，第二年3月18日第1次刈割，4月1日拔节初期（20%拔节）、4月26日孕穗初期（20%孕穗）进行多效唑叶面喷施，各小区溶液浓度分别为90 mg/L、180 mg/L、270 mg/L和540 mg/L，喷施量1 500 L/hm²。将生长调节剂按设计的用量称好后，多效唑配以适量自来水，用小型喷雾器喷洒，喷洒时，其他小区用塑料覆盖。对照喷施等量自来水。通过观察得出多效唑对多花黑麦草的抽穗期和种子成熟期具有延迟作用，随着浓度的增加延迟作用略强，但对生育期无显著影响。各处理均于5月10—16日进入生殖生长，6月6—13日成熟。拔节初期多效唑处理的生育期在253~260 d，孕穗初期处理的生育期在259~266 d，随着浓度的增高，生育期越长，种子成熟期的推迟幅度越大。拔节初期喷施多效唑多花黑麦草倒伏程度比孕穗初期喷施严重，种子成熟期极不一致。

在拔节初期，多效唑处理后15 d，90 mg/L、180 mg/L、270 mg/L、540 mg/L处理的株高为12.18~12.71 cm（表5-27），分别为对照株高13.05 cm的97.4%、96.8%、96.2%和93.4%。日平均生长速率分别为0.85 cm、0.84 cm、0.83 cm、0.8 cm，对照为0.87 cm。在孕穗初期，各处理的株高为35.01~40.13 cm，分别为对照株高40.95 cm的98%、92.5%、91.3%和85.5%。各处理日平均生长速率分别为1.01 cm、0.98 m、0.92 cm、0.81 cm，对照为1.05 cm，孕穗初期喷施浓度为540 mg/L的多效唑处理株高与对照差异显著，与其他处理差异不显著。表现为多效唑对株高具有抑制作用，且抑制作用随喷施浓度的增加而增强。拔节初期和孕穗初期使用多效唑各处理的分蘖数为928~1 032个/m²和957~1 028个/m²，处理间分蘖数差异显著（$P<0.05$），分蘖数最大为处理540 mg/L（拔节初期）1 032个/m²，其次为540 mg/L（孕穗初期）1 028个/m²。与对照相比，分别提高了15.2%和9.6%。表明多效唑能促进分蘖，且分蘖数随着浓度的升高而增加，在相同浓度的处理下，拔节初期处理分蘖数要比孕穗初期少。

表5-27　多效唑处理后的多花黑麦草植株性状

处理	拔节初期			孕穗初期		
	株高（cm）	生长速度（cm/d）	分蘖数（个/m²）	株高（cm）	生长速度（cm/d）	分蘖数（个/m²）
0	13.05a	0.87a	896c	40.95a	1.05a	938b
90 mg/L	12.71b	0.85a	928b	40.13b	1.01b	957b
180 mg/L	12.63b	0.84a	956b	37.88b	0.98b	991b
270 mg/L	12.55b	0.83a	964b	37.39b	0.92b	1 006a
540 mg/L	12.18b	0.80a	1 032a	35.01b	0.81b	1 028a

（二）多效唑对多花黑麦草种子产量的影响

1. 多效唑对种子产量组成要素的影响

（1）穗长。拔节初期各处理的穗长在 34.67~38.4 cm（表 5-28），孕穗初期各处理在 33.8~36.10 cm，多效唑对多花黑麦草穗长的影响不显著（$P > 0.05$），穗长随着多效唑浓度的增加呈缩短趋势，说明随着多效唑浓度的增高，在抑制株高增长的同时，相应地缩短了穗长。

（2）千粒重。拔节初期各处理的千粒重为 2.32~2.5 g（表 5-28），孕穗初期各处理为 2.1~2.79 g，与对照相比，拔节初期多效唑处理对种子千粒重影响较小，处理间千粒重没有差异，拔节初期各处理与对照间差异不显著。孕穗初期随着多效唑浓度的增加，千粒重增加，其中 540 mg/L 千粒重最大为 2.79 g，比对照增加 0.7 g。孕穗初期处理与对照间差异显著。

（3）抽穗率。拔节初期各处理的抽穗率为 56.7%~70%（表 5-28），孕穗初期各处理为 54.58%~62.35%，多效唑对拔节初期与孕穗初期多花黑麦草的抽穗率影响显著（$P < 0.05$），相同浓度下，拔节初期抽穗率比孕穗初期大，这与多花黑麦草在拔节前形成的分蘖，绝大部分为有效分蘖，能正常结籽，拔节后，产生的少数分蘖绝大多数为无效分蘖有关。

（4）小穗数和小花数。拔节初期各处理小穗数为 30.73~35.73 个（表 5-28），小花数为 6.84~7.44 个，各处理之间的差异显著（$P < 0.05$），孕穗初期各处理小穗数为 31.7~34.00 个，小花数为 7.13~7.84 个，小穗数和小花数之间的差异显著（$P < 0.05$）。小穗数和小花数随着多效唑处理浓度的升高依次升高。

（5）穗粒数。拔节初期各处理穗粒数为 5.73~6.38 个（表 5-28），孕穗期各处理穗粒数为 5.78~6.39 个，不同时期多效唑处理对穗粒数的影响显著，两个喷施期随着浓度的增高穗粒数呈上升趋势。

（6）生殖枝数。拔节初期各处理平方米生殖枝数在 508~701 个（表 5-28），孕穗初期生殖枝数在 512~641 个，在多数情况下，拔节初期的生殖枝数比相同浓度的孕穗初期多。

2. 多效唑处理对多花黑麦草种子产量的影响

（1）倒伏。灌浆期进行调查，对照的倒伏程度最严重，倒伏面积达 80%~95%，拔节初期多效唑各处理倒伏程度比较严重，面积为 50%~70%，孕穗初期倒伏程度最轻，面积为 10%~40%。倒伏程度随着多效唑浓度的增加而依次减轻。处理 270 mg/L（孕穗初期）只有一小部分倒伏，而 540 mg/L（孕穗初期）几乎没有发生倒伏现象。从表观上看，倒伏者比没有倒伏的种子成熟早。试验表明，多效唑在防止多花黑麦草种子生产中的倒伏具有一定的作用。

（2）种子产量。拔节初期与孕穗初期处理间种子产量分别为 583.5~769.9 kg/hm²（表 5-28）、593.5~806.3 kg/hm²，各处理种子产量差异显著，但均高于对照，其中

540 mg/L（孕穗初期）处理种子产量高达 806.3 kg/hm²，比对照提高 35.8%，差异显著（$P<0.05$），540 mg/L（拔节初期）处理次之（769.9 kg/hm²），比对照提高 31.9%，差异显著（$P<0.05$）。随着多效唑浓度的降低，种子产量随之降低。拔节初期的种子产量小于相应浓度的孕穗初期，这说明了多效唑促进了籽粒灌浆，增加穗粒数，提高千粒重，从而达到增产的目的，明显提高多花黑麦草种子产量。

表 5-28　多效唑处理对多花黑麦草产种性状的影响

处理时间	项目	多效唑浓度（mg/L）				
		0	90	180	270	540
拔节初期	穗长（cm）	38.40a	37.10a	36.73a	35.60a	34.67a
	小穗数/生殖枝	30.73b	32.53a	34.87a	35.17a	35.73a
	小花数/小穗	6.84b	7.24a	7.33a	7.4a	7.44a
	穗粒数（个）	5.73b	5.89b	6.07a	6.13a	6.38a
	生殖枝数/m²	508c	577b	621ab	637ab	701a
	抽穗率（%）	56.7b	62.3a	66a	66.3a	70a
	千粒重（g）	2.4a	2.5a	2.32a	2.42a	2.36a
	产种量（kg/hm²）	583.5c	632.2b	679b	703.4a	769.9a
孕穗初期	穗长（cm）	36.10a	35.87a	35.37a	35.17a	33.80a
	小穗数/生殖枝	31.7b	33.87a	32.73a	33.33a	34a
	小花数/小穗	7.13b	7.29ab	7.33a	7.37a	7.84a
	穗粒数（个）	5.78b	5.93a	6a	6.27a	6.39a
	生殖枝数/m²	512c	524c	561.3b	584b	641.3a
	抽穗率（%）	54.58a	54.75a	56.61a	58.05a	62.35a
	千粒重（g）	2.1b	2.44a	2.48a	2.66a	2.79a
	产种量（kg/hm²）	593.5d	656.6c	695.3c	742.9b	806.3a

六、两种栽培方式对多花黑麦草产种性能的影响

（一）两种栽培方式对多花黑麦草结实性状的影响

多花黑麦草于 11 月 28 日播种，12 月 18~23 日出苗，撒播从播种到出苗 25 d，条播为 20 d，撒播比条播出苗晚 5 d。分蘖期撒播比条播晚 5 d，拔节期撒播比条播晚 6 d，抽穗期条播比撒播提前 6 d，开花期条播比撒播提前 7 d，种子成熟期条播比撒播提前 7 d。采用条播和撒播栽培多花黑麦草均能完成生育期，且条播从出苗期开始各阶段物候期均比撒播提前 5~7 d，生育天数条播为 176 d，撒播为 182 d，条播生育天数比撒播少 6 d，经田间观察条播多花黑麦草的沟底土壤比撒播黑麦草的表层土壤湿润，条播种子比撒播种子

易吸水发芽。株高条播为 120.30 cm（表 5-29），撒播为 108.72 cm，条播比撒播高 11.58 cm，增长 8.62%。生殖枝条播为 57.53 万个/667m²，撒播为 46.20 万个/667m²，条播比撒播多 11.33 万个/667m²，增长 19.69%。穗长条播为 28.68 cm，撒播为 24.96 cm，条播比撒播长 3.72 cm，增加 15.04%，饱满粒数条播为每株 146.50 粒，撒播为每株 128.68 粒，条播比撒播每株多结籽 17.82 粒，增加 12.16%。结实率条播为 86.05%，撒播为 90.70%，条播比撒播低 4.65 个百分点。

表 5-29　两种栽培方式多花黑麦草产种性状

处理	株高（cm）	生殖枝 （万个/667m²）	穗长（cm）	总粒数 （粒/株）	饱满粒数 （粒/株）	结实率（%）
条播	120.30	57.53	28.68	168.35	146.50	86.05
撒播	108.72	46.20	24.96	141.70	128.68	90.70

（二）两种栽培方式对多花黑麦草产种量的影响

条播多花黑麦草种子产量为 3 198.90 kg/hm²（表 5-30），撒播多花黑麦草种子产量为 2 457 kg/hm²，条播种子产量比撒播种子产量增加 741.90 kg/hm²，增产 30.19%。千粒重条播为 2.53 g，撒播为 2.42 g，条播比撒播增重 0.11 g，增加 4.55%。种子发芽率，条播多花黑麦草种子发芽率为 92.62%，撒播多花黑麦草发芽率为 90.34%，条播发芽率比撒播发芽率增加 2.28%。

表 5-30　两种栽培方式多花黑麦草产种量

处理	产种量（kg/hm²）	千粒重（g）	发芽率（%）
条播	3 198.90	2.53	92.62
撒播	2 457.00	2.42	90.34

条播和撒播 2 种栽培方式于 11 月 28 日播种繁殖多花黑麦草种子，于翌年 5 月上旬完成整个生育过程，种子成熟度高，不影响下茬种植。条播多花黑麦草生育期比撒播生育期短 6 d，种子产量条播多花黑麦草比撒播提高 30.19%，发芽率条播多花黑麦草比撒播高 2.46。在南方山区利用冬闲田繁育多花黑麦草种子时采用条播栽培方式较好。

七、春季不同施肥水平对多花黑麦草产种量的影响

（一）春季不同施肥水平对多花黑麦草种子结实性能的影响

9 月 26 日按照播种量 45 kg/hm²，行距 40 cm 条播的多花黑麦草，于第二年 3 月 18 日刈割后进行施肥试验。经不同施肥处理的多花黑麦草种子在 6 月上旬进行采收。各处理间穗长 32.77～36.90 cm（表 5-31），穗长间差异不显著（$P > 0.05$）小穗数 32.60～36.53 个，小穗数差异显著（$P < 0.05$），其中处理 A4 的小穗数最大为 36.53 个，处理 A5 次之

为 35.06 个，CK 最小为 32.60 个，小花数为 6.04~7.53 个，小花数间差异显著（$P<0.05$），其中处理 A5 最大为 7.53 个，处理 A8 次之为 7.27 个，处理 A6 最小为 6.04 个，穗粒数为 4.65~5.87，穗粒数差异显著（$P<0.05$），其中处理 A4 最大为 5.87 个，处理 A5 次之为 5.60 个，处理 A6 最小为 4.65 个，千粒重为 2.00~2.69g，各处理间差异显著（$P<0.05$），拔节期施肥显著高于分蘖期、孕穗期处理，以孕穗期施肥处理的千粒重最低。这可能与没有施入氮肥有关，可见氮肥对多花黑麦草千粒重的影响较大。处理 A5 的千粒重最大为 2.69 g，处理 A4 次之为 2.60 g，处理 A7 和 CK 最小为 2.0 g。

表 5-31　春季不同施肥水平多花黑麦草种子结实性能

	施肥水平	穗长（cm）	小穗数（个）	小花数（个）	穗粒数（个）	千粒重（g）
A1	分蘖期 NPK=30∶36∶45	35.07a	33.87ab	6.29cd	4.73c	2.50a
A2	分蘖期 NPK=60∶36∶45	34.13a	32.67b	6.87abcd	5.52ab	2.52ab
A3	分蘖期 NPK=90∶36∶45	36.10a	35.53ab	7.02abc	5.53ab	2.39ab
A4	拔节期 NPK=10∶36∶45	32.77a	36.53a	7.07abc	5.87a	2.60a
A5	拔节期 NPK=20∶18∶22.5	34.93a	35.60ab	7.53a	5.60ab	2.69a
A6	拔节期 PK=54∶67.5	35.55a	34.00ab	6.04d	4.65c	2.53a
A7	孕穗期 PK=18∶22.5	35.80a	35.07ab	6.25cd	5.46ab	2.00b
A8	孕穗期 PK=36∶45	36.90a	34.93ab	7.27ab	5.44ab	2.34ab
A9	孕穗期 PK=54∶67.5	36.43a	33.20ab	6.51bcd	5.04bc	2.33ab
CK	不施肥	35.03a	32.60b	6.62abcd	4.96bc	2.00b

（二）春季不同施肥处理对多花黑麦草种子产量的影响

各处理间多花黑麦草分蘖数为 922.67~1114.67 个/m²（表 5-32），分蘖数差异显著（$P<0.05$），生殖枝数、抽穗率差异显著（$P<0.05$），处理 A5 的生殖枝数、抽穗率最高，为 696 个/m² 和 73.55%，分别比对照提高了 12.25% 和 23.11%。种子产量为 417.12~620.41 kg/hm²，各处理间差异显著（$P<0.05$），处理 A5 的产量最高，达到 620.41 kg/hm²，比对照增产 48.74%，其次为处理 A4，产量达到 605.60kg/hm²，比对照增产 45.19%，处理 A5 和 A4 增产的原因是小穗数、小花数、穗粒数、千粒重、抽穗率等结实性能较优。这也说明多花黑麦草在种子生产的过程中，在拔节期施肥较好。因为多花黑麦草在拔节期形成的分蘖绝大部分为有效分蘖，能正常抽穗结籽。拔节后植株进入以生殖生长为主的时期，分蘖接近停止，产生的少数分蘖绝大多数为无效分蘖。在拔节时期施肥有利于提高生殖枝数和抽穗率，从而增加种子产量。

表5-32 春季不同施肥处理多花黑麦草种子产量

施肥水平	分蘖数（个/m²）	生殖枝数（个/m²）	抽穗率（%）	产量（kg/hm²）
A1 分蘖期 NPK = 30 : 36 : 45	925.33b	637.33abc	69.88abc	539.97abcd
A2 分蘖期 NPK = 60 : 36 : 45	926.67b	602.67bc	66.13abcd	502.05abcd
A3 分蘖期 NPK = 90 : 36 : 45	922.67b	650.67abc	70.87ab	474.94bcd
A4 拔节期 NPK = 10 : 36 : 45	1076.00ab	661.33ab	61.7abcd	605.60ab
A5 拔节期 NPK = 20 : 18 : 22.5	949.33ab	696.00a	73.55a	620.41a
A6 拔节期 PK = 54 : 67.5	1114.67a	620.00bc	55.86d	452.63cd
A7 孕穗期 PK = 18 : 22.5	1050.67ab	608.00bc	58.2cd	436.62d
A8 孕穗期 PK = 36 : 45	986.67ab	605.33bc	61.98abcd	587.00abc
A9 孕穗期 PK = 54 : 67.5	1069.33ab	597.33c	56.26d	479.04bcd
CK 不施肥	1040.00ab	620.00bc	59.74bcd	417.12d

春季不同时期施肥以拔节期处理 A5（N : P : K = 20 : 18 : 22.5）的种子产量最高，达 620.41 kg/hm²，比对照增产 48.74%。多花黑麦草的拔节期是有效分蘖形成和穗分化的关键时期，也是影响小穗数和穗粒数的重要时期。所以要加强这一时期的施肥管理。施肥处理中高氮施肥（A3）促进营养生长和小花分化，使其种子产量较低，为 474.94kg/hm²，低氮施肥（A4）有利于提高结实率，种子产量增加显著。产量增加的原因是提高了小穗数、穗粒数，增加了千粒重。而穗粒数的增加在于保证了小花发育期间的氮素供应，有利于小花之间的平衡发育，尤其是中部小穗的小花出现明显分化优势，使其向结实方向发展，增加了发育完善的小花数目，从而减少了小花的退化，提高了结实率。

第四节 多花黑麦草栽培管理技术流程

一、品种选择

播种的多花黑麦草种子质量应满足 GB6142—2008《禾本科草种子质量分级》中划定的 2 级以上（含 2 级）种子质量要求。凉山地区选择特高、杰威等适应性强的优良品种。

二、种植地选择

多花黑麦草对土地要求比较严格，适宜在排水较好的肥沃壤土或黏土上生长，适宜中性土壤，pH 值为 6~7，在较瘠薄的微酸性土壤能生长，但产量较低。

三、种植地准备

（一）整地

播种前喷施除草剂，尽可能除去种植地的杂草。一周后，深翻土地，不小于 20 cm。精细整地，使土地平整，土壤细碎。为保持良好的土壤墒情，在降水量过多的地区，应根据当地降水量开设适宜大小的排水沟，便于雨后排水。

（二）基肥

施腐熟的农家肥 45 000 kg/hm² 左右，过磷酸钙 375~750 kg/hm²。

四、播种

（一）播种期

在海拔 2 500 米以下地区春播、秋播均可，以秋播为宜。海拔 1 700 米以下地区秋播以水稻收割后的 9—10 月为宜。海拔 1 700~2 500 米地区秋播以 8—9 月为宜，以保证播种当年可刈割 1~2 次，并有一定生物量能安全越冬，春播在 4 月中下旬。

（二）播种方法

用人工或机械按要求的行距分行条播播种，行距以 15~20 cm，播深以 2~3 cm 为宜。也可撒播，撒播则要求播种均匀。播种后用细土覆盖，盖土厚度一般以 1~2 cm 为宜，适当镇压，使种子与土壤紧密结合。

（三）播种量

播种前检查测定种子的纯度、净度、发芽率，确定适宜的播种量。当种子用价为 100% 时，理论条播播种量为 10~15 kg/hm²，撒播播种量为 18~22 kg/hm²。种子用价不足 100% 时，则实际播种量=理论播种量（100%种子用价/纯净度×发芽率）。

五、田间管理

（一）补播

当幼苗长到 2~3 cm 时进行查苗，若有缺苗 20% 以上斑块，应及时补播。

（二）杂草防除

苗期应视杂草滋生情况及时进行除杂。可使用内吸传导型苗后除草剂 20% 氯氟吡氧乙酸对水喷雾，防除阔叶杂草。

（三）排灌水

遇干旱气候应视墒情适当灌溉。雨水较多的季节应开设排水沟，便于排水。

（四）追肥

每次刈割后宜追施尿素或人畜粪尿或者沼液。尿素 75~112.5 kg/hm²，人畜粪尿或者沼液 15 000~25 000 kg/hm^2。

（五）病虫害防治

多花黑麦草的主要病害有锈病，虫害有黏虫、蝗虫、地老虎、蝼蛄等。

1. 锈病

锈病病斑为铁锈或橘黄色的粉状斑点，易于黏附人体衣物，防治方法用 25%粉锈宁可湿性粉剂 1 000 倍液喷洒或提前刈割阻止蔓延。

2. 黏虫

黏虫为为害禾本科牧草的重要害虫，雨水多的年份往往大量发生。用糖醋酒液诱杀成虫，配制方法是取糖 3 份、酒 1 份、醋 4 份、水 2 份，调匀后加 1 份 2.5%敌百虫粉剂，每公顷面积放 2~3 盆，白天将盆盖好，傍晚开盆，5~7 d 换一次，连续 16~20 d。诱蛾采卵。从产卵初期开始，直到盛卵期末止，在田间插设小草把，把带有卵块的草把收集起来烧毁。药剂防治是在幼虫 3 龄用 90%敌杀死、敌百虫 1 000~1 500 倍液喷洒。

3. 蝗虫

清除田边、田间杂草，以避免产卵，如已产卵，应将杂草集中处理，以减少虫源。利用黑光灯，频振式杀虫灯捕杀成虫。化学药物防治是用 90%敌百虫 1 000~1 500 倍液喷施，在 50 kg 药液中加 2 两碱面效果更佳。

4. 地老虎

主要有大、小地老虎，以第一代幼虫对春播作物的幼苗为害最严重，常咬断幼苗近地面的茎部，使整株死亡，有时也取食上部的叶片。防治方法有两种，一是除草灭虫，及时拔除田间杂草，消灭卵和幼虫。二是诱杀成虫，利用黑光灯、频振式杀虫灯、糖醋酒诱蛾液，诱杀成虫。药剂防治有三种，一是 75%辛硫磷乳油按种子干重的 0.5%~1%药剂拌种。二是用 50%辛硫磷乳油每亩 0.2~0.3 L 加水 400~500 kg 药液灌根。三是用 90%敌百虫 800~1 000 倍液喷雾。

5. 蝼蛄

防治方法有两种。一是清除杂草，减少产卵场所，进行冬灌，消灭越冬虫源，二是用 90%敌杀死，敌百虫 1 000~1 500 倍液喷雾。

6. 蚜虫

蚜虫多在春天发生，是主要多发害虫，利用乐斯本或蚜剑防治均可收到良好效果。

六、收获利用

多花黑麦草生长迅速，产量高，秋播次年可收割 3~5 次，亩产量 4 000~5 000 kg，在良好水肥条件下，亩产鲜草可达 7 500 kg 以上。种子产量高，每亩可收种子 50~100 kg。种子易脱落，应及时收获。

多花黑麦草草质好，柔嫩多汁，适口性好，为各种家畜所喜食，也是草鱼的好饲料。利用方法，用以放牧、青饲，制干草或青贮料。多花黑麦草直接青贮效果良好，是大面积栽培多花黑麦草时一种良好的保存方法。饲喂牛羊，一般在抽穗期刈割，饲喂兔、鹅、鱼、猪通常在拔节期至孕穗期株高 30~60 cm 时刈割。据报道每增长草鱼 0.5 kg，需多花黑麦草 11 kg，而苏丹草则需 10~15 kg。刈割时，应注意留茬 5~8 cm。除直接鲜喂外，也可晒制成干草或青贮。

七、技术流程

多花黑麦草栽培技术路线图。

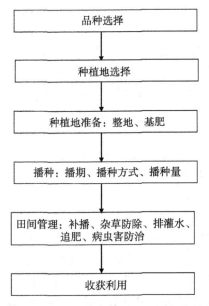

图 5-1　多花黑麦草栽培技术路线图

第六章　凉山圆根

圆根是十字花科芥菜属二年生草本植物，圆根是古老的栽培作物之一，它的根膨大形成扁圆形或略近圆形的肉质块根。圆根喜冷凉湿润的气候条件，抗寒性强，适宜凉山地区栽培，一直被当作高寒地区主要的饲料作物进行栽培利用。圆根在凉山地区特定环境的长期栽培种植中，形成了大扁圆形或略近圆形的肉质块根，同时凉山圆根具有高产、味美、多汁、适口性好，为牛、羊、猪所喜食。尤其是在冬春季，能保证供给家畜所需要的各种营养物质。

第一节　圆根概述

一、生物学特性

学名：*Brassica rapa* L.

圆根是古老的栽培作物之一。在长期的栽培实践中，我国劳动人民培育了许多优良的地方品种，当时主要作为蔬菜用。新中国成立后在西藏、青海和四川阿坝地区广泛栽培。近年来，江苏、湖北、江西、广西壮族自治区等县（区）都在进行推广。新疆维吾尔自治区、甘肃、内蒙古自治区和河北坝上牧区也开始种植，是一种适于高寒地区栽培的块根类饲料作物。目前栽培的圆根有两个类型：一个是块根扁圆形，多头（茎），叶片多，另一个是块根近圆形，单头，叶片较少。

圆根是十字花科芥菜属二年生草本植物。根膨大形成扁圆形或略近圆形的肉质块根。播种的第一年只长根叶，翌年抽薹、开花、结实。在温暖地区秋播时，冬季通过春化阶段，翌年在长日照条件下通过光照阶段，然后抽薹、开花、结实，寒冷地区春播，块根在冬季贮藏期间通过春化阶段，翌年栽植后抽薹开花并结实。播种当年生育期为130～140 d，种根栽植至种子成熟的生育期为110～120 d。

圆根喜冷凉湿润的气候条件，抗寒性强。地温在3～5℃时种子便可萌发。幼苗能忍受−3～−5℃低温。成株遇−3～−4℃低温可以免遭冻害，并能忍受−7～−8℃短时间的寒冷。开花期的种株不抗寒，−2～−3℃低温即受冻害。其生育的第一年，最适宜温度为15～18℃。在气温较低，空气湿润的条件下，块根和叶的生长较快，根中糖分增加，叶质变厚。如果温度过高，气候较为干燥时，则生长不良，产量降低。叶变小而质薄，块根变得干硬而苦辣，饲料品质大为下降。

圆根生长较快，块根肥大，叶子繁茂，不抗旱，耗水量较多。在整个生育过程中，要求土壤经常保持湿润状态，但幼苗生长，就具有较强的抗干旱的能力。圆根对水分总的要求是前期较少，中期较多，到块根已长成后，叶开始干枯时较少。如果生育后期多雨，空气过湿时，则块根变小，糖分减少，产量和品质均降低。

圆根要求土层深厚、疏松、通气良好的肥沃土壤，以沙壤土为最宜，也能成功地栽种在排水良好的黏土上，切忌土壤板结。圆根较耐酸性土壤，最适宜的土壤 pH 值为 6~6.5，黏重而沼泽化的酸性土壤则不相宜。圆根对土壤的坚实度很不敏感，甚至在未经耕翻过的土地上种植，其产量高于耕翻过的土壤。

圆根属长日照植物。圆根在生育过程中，随着植物的生长，块根中的干物质和糖分含量逐渐增高，相对的蛋白质和维生素 C 含量却有所下降。同时随着植株的生长，叶内干物质和含糖量亦渐增高。块根在贮藏期间发生一系列物质转化过程，主要是消耗淀粉、糖及其他营养物质以进行呼吸作用。块根贮藏期间要求最适温度为 0~1℃，湿度为 80%~90%。

二、圆根经济价值

圆根是高产优质的饲料作物。一般每公顷产鲜块根叶 37.5~67.5 t，在精细管理下可达 75 t 以上。如在青海玉树的栽培试验表明，水肥供应充足时，每公顷产块根 60 t，最高达 100.5 t。在海拔 3 200 米的青海河卡地区，公顷产块根 115.5 t。圆根叶柔软，块根肉质味美，多汁，青嫩，适口性好。含有较高的营养成分，为马、牛、羊、猪所喜食。尤其在冬春淡季，能保证供给家畜所需要的营养物质。其营养成分如表 6-1 所示。

表 6-1　圆根营养成分　　　　　　　　　　　　　　　　　　（%）

类别		水分	粗蛋白质	粗纤维	粗脂肪	无氮浸出物	粗灰分	钙	磷
块根	新鲜	87.25	1.39	1.46	0.16	6.44	1.23	0.025	0.002
	风干	12.65	11.39	11.93	1.30	52.61	10.12	0.205	0.017
	全干		13.04	13.66	1.49	60.23	11.56	0.265	0.019 5
叶	新鲜	85.70	2.16	1.71	0.39	6.85	1.76	0.051	0.002 5
	风干	10.03	15.11	11.99	2.72	47.87	12.28	0.345	0.018 0
	全干		16.79	13.33	3.02	53.21	13.65	0.393	0.010 0

除一般营养物质外，圆根尚含丰富的维生素和矿物质。据分析，圆根块根中每 500 g 含维生素 C 105~185 mg，含维生素 $B_1$0.4~1.2 mg，维生素 $B_2$0.8mg，维生素 PP 19.4mg，泛酸 28mg。圆根块根中含有一种能刺激甲状腺分泌的活性物质（d-5 苯基-2 硫代-羧基

丙酯），这种物质起甲状腺素的功能。圆根叶汁液中还含有乙酸胆碱、组胺和腺甙，能起到降低家畜血压的作用。

第二节 凉山圆根

一、凉山圆根的品种来源

圆根是凉山古老的栽培作物之一，在长期的栽培实践中，劳动人民积累了很多丰富的栽培经验。圆根一直被当作高寒地区主要的饲料作物进行栽培利用。近几年随着草田轮作的推广，又被当作草田轮作的主要饲料品种之一。

凉山圆根，由凉山州圆根中心产区的农家种，经整理、提纯复壮、混合选择、鉴定评价而成。经 2009 年第五届全国草品种审定委员会审定，品种登记号为 382，为国审地方品种。

凉山圆根根膨大形成扁圆形或略近圆形的肉质块根。圆根是高产饲料作物，一般亩产根叶 2 500~4 500 kg，圆根味美、多汁、适口性好，为牛、羊、猪所喜食。尤其是在冬春淡季，能保证供给家畜所需要的各种营养物质。据查圆根的块根在风干的状况下粗蛋白质为 11.39%，粗纤维 11.93%，粗脂肪 1.30%，无氮浸出物 52.61%、粗灰分 10.12%，钙 0.2%，磷 0.017%，叶风干后粗蛋白质 15.11%，粗纤维 11.99%，粗脂肪 2.72%，无氮浸出物 47.87%，粗灰分 12.28%，钙 0.354%，磷 0.018%。圆根的总消化养分含量是很高的。从饲料的能量来看，圆根无论是消化能或代谢能都高于甘薯的同类饲料。

圆根喜冷凉湿润的气候条件，抗寒性极强，地温在 3~5℃ 时便可萌发，幼苗能忍受 -2~-3℃ 短时间的寒冷。因此圆根能作为凉山高寒山区当家饲料作物，并且圆根耐贮存，整个冬春缺草季节都可作牲畜的青饲料。

二、凉山圆根的生物学特性

（一）不同生长期植株性状

生长 46 d 块根发生率为 54.84%（表 6-2），生长 78 d 发生率就达高峰期为 93.13%，以后为块根继续生长期；生长 46 d 为顶芽发生前期，发生仅 18.20%；46 d 后生长加快到 78 d 顶芽发生率达 77.89~81.84%。生长 46 d 时株重、块根直径、叶片数、叶片长度、块根厚度分别为 43.94 g、2.30 cm、13.74 个、29.18 cm、2.40 cm，平均日生长量分别为 0.95 g、0.05 cm、0.63 cm、0.050 cm；生长 78 d 分别为 148.89 g、5.74 cm、17.73 个、34.96 cm、3.60 cm，平均日生长量分别为 1.91 g、0.07 cm、0.45 cm、0.05 cm，生长 109 d 分别为 218.89 g、7.36 cm、21.95 个、35.91 cm、4.28 cm，平均日生长量分别为 2.0 g、0.07 cm、0.33 cm、0.04 cm，块根重生长 78 d、109 d 平均日生长量为 1.10 g、1.38 g 可见圆根的生长过程有两个高峰期，生长前期表现为叶片数、叶片生长迅速，出现

地上茎叶生长的高峰，伴随茎叶生长高峰期的到来，地上茎叶生长维持平衡生长，地下根开始出现向下生长膨大，逐渐过渡到第二个生长高峰，生长中期整个发育过程由地上茎叶生长向地下块根生长转变，地下块根迅速增大，增厚，达到块根发育高峰期；然后过渡到地上、地下生长同步的生长过程。经测定将块根直径划分为 1~2.99 cm、3~4.99 cm、5~6.99 cm、7~8.99 cm、9 cm 及以上几个分布范围，生长 46 d、78 d、109 d，1~2.99 cm 的分别为 78.75%、3.80%、0；3~4.99 cm 的分别为 19.21%、31.90%、0.53%，5~6.99 cm 的分别为 2.17%、45.12%、46.63%，7~8.99 cm 的分别为 0、16.89%、39.91%，9 cm 及以上的分别为 0、3.55%、12.93%，表现为圆根的块根增大是中期较快生长过程，收获期块根直径 7 cm 及以上的达 52.84%；试验获得植株性状的基本参数，块根膨大到收获的生育期 115 d 左右，块根发生率生长中期达到 97.00%，叶片数平均 21.95，叶片长度 35.91 cm，收获期顶芽发生率 81.84%，顶芽平均数 5.59，收获期平均块根直径 7.36 cm，厚度 4.28 cm，块根重是全株重的 0.7 倍，块根直径大小的数量分布为正态分布。

表 6-2　不同生长期圆根植株性状

性状		生长 46 d	生长 78 d	生长 109 d
块根发生率（%）		54.84%	93.13%	97.00%
株重（g）		43.94	148.89	218.89
块根重（g）			86	150.44
叶片数（个）		13.74	17.73	21.95
叶片长度（cm）		29.18	34.96	35.91
块根直径分布	平均	2.30	5.74	7.36
	1~2.99 cm	78.75%	3.80%	
	3~4.99 cm	19.21%	31.90%	0.53%
	5~6.99 cm	2.17%	45.12%	46.63%
	7~8.99 cm		16.89%	39.91%
	9 cm 及以上		3.55%	12.93%
厚度（cm）		2.40	3.60	4.28
顶芽发生率（%）		18.20%	77.89%	81.84%
顶芽数（个）		0.82	6.20	5.59

（二）收获期凉山圆根性状

1. 收获期凉山圆根植株性状

收获期凉山圆根平均株重为 0.29 kg（表 6-3），块根重为 0.20 kg，叶片数为 24 个，叶片长度 36.64 cm，块根直径 8.45 cm，块根厚度 4.67 cm，顶芽数 7.75 个。各性状的变异系数分别为 42.31%、45.27%、20.15%、17.17%、15.39%、16.63% 和 63.83%，各性

状表型值离差较大。其中株重、块根重、顶芽数的变异系数较大，说明收获期凉山圆根植株性状和产量差异明显，高产性状的选择性明显。

表6-3 凉山圆根产量性状

性状	平均数	标准差	变异系数
株重（kg）	0.29	0.12	42.31
块根重（kg）	0.20	0.09	45.27
叶片数（个）	24.00	4.84	20.15
叶片长度（cm）	36.64	6.29	17.17
块根直径（cm）	8.45	1.30	15.39
块根厚度（cm）	4.67	0.78	16.63
顶芽数（个）	7.75	4.95	63.83

2. 凉山圆根性状相关

凉山圆根性状间直接相关系数、间接相关系数均为正相关，其中与株重强相关性状有 x_1 块根重（$rx_1y = 0.97$）（表6-4），x_4 块根直径（$rx_4y = 0.69$），x_5 块根厚度（$rx_5y = 0.66$），x_2 叶片数（$rx_2y = 0.57$），x_3 叶片长度（$rx_3y = 0.37$），x_6 顶芽数（$rx_6y = 0.41$），并达到极显著（$P < 0.01$）和显著（$P < 0.05$）水准。影响株重的主要性状是块根重、叶片数、叶片长度、块根直径、块根厚。凉山圆根性状与株重通径的直接作用较大的性状是 x_1 块根重 $Px_1y = 0.947$（表6-5）、x_3 叶片长度 $Px_3y = 0.149$、x_2 叶片数 $Px_2y = 0.102$；间接作用影响大的是块根直径 x_4 通过 x_1 块根重、x_2 叶片数、x_3 叶片长度、x_5 块根厚、x_6 顶芽数的间接作用之和为 0.755。以上相关分析，通径分析可看出 x_1 块根重、x_2 叶片数、x_3 叶片长度是影响株重的主要性状。

表6-4 凉山圆根性状与株重的相关系数

性状	X_1块根重	X_2叶片数	X_3叶片长度	X_4块根直径	X_5块根厚	X_6顶芽数	Y株重
X_1块根重	1	0.53	0.25	0.72	0.68	0.42	0.97
X_2叶片数	0.52**		0.14	0.56	0.48	0.38	0.57
X_3叶片长度	0.25*	0.14	1	0.28	0.36	0.09	0.37
X_4块根直径	0.72**	0.56**	0.28*	1	0.77	0.54	0.69
X_5块根厚	0.68**	0.48**	0.36**	0.77**	1	0.41	0.66
X_6顶芽数	0.42**	0.38**	0.09	0.54**	0.41**	1	0.41
Y株重	0.97**	0.57**	0.37**	0.69**	0.66**	0.41**	1

注：$r_{0.05} = 0.361$*，$r_{0.01} = 0.403$**

表6-5　凉山圆根性状与株重通径分析直接、间接作用

性状	相关系数（rxij)	直接作用（pyxi）	间接作用						总和
			X_1	X_2	X_3	X_4	X_5	X_6	
X_1	0.971	0.947		0.054	0.038	−0.047	−0.028	0.007	0.024
X_2	0.570	0.102	0.497		0.021	−0.037	−0.020	0.007	0.468
X_3	0.371	0.149	0.240	0.014		−0.018	−0.015	0.002	0.222
X_4	0.689	−0.066	0.679	0.057	0.041		−0.032	0.009	0.755
X_5	0.661	−0.041	0.643	0.049	0.054	−0.051		0.007	0.703
X_6	0.414	0.017	0.397	0.039	0.013	−0.035	−0.017		0.397

3. 凉山圆根性状与株重决定系数

直接决定系数较大是株重与块根重 $dyx_1 = 0.897$（表6-6）、株重与叶片长度（$dyx_3 = 0.022$）、株重与叶片数（$dyx_2 = 0.010$），间接决定系数较大的是株重与块根重、叶片数（$dyx_1x_2 = 0.101$）、株重与块根重、叶片长度（$dyx_1x_3 = 0.072$）、株重与块根重、顶芽数（$dyx_1x_6 = 0.014$），由此可见影响株重相关性强的性状应是 x_1 块根重、x_2 叶片数、x_3 叶片长度；总的多元决定系数 $\sum d = 0.968$，反映出直接和间接作用的总信息量较大，可见影响块根生物量的主要性状包括在内。

表6-6　凉山圆根性状与株重决定系数

组成因素	决定系数	组成因素	决定系数	组成因素	决定系数
dyx_1	0.897	dyx_2x_3	0.004	dyx_2x_5	−0.004
dyx_1x_2	0.101	dyx_4x_5	0.004	dyx_3x_5	−0.004
dyx_1x_3	0.072	dyx_5	0.002	dyx_3x_4	−0.005
dyx_3	0.022	dyx_2x_6	0.001	dyx_2x_4	−0.007
dyx_1x_6	0.014	dyx_3x_6	0.000	dyx_1x_5	−0.053
dyx_2	0.010	dyx_6	0.000	dyx_1x_4	−0.089
dyx_4	0.004	dyx_4x_6	−0.001	$\sum d$	0.968

三、凉山圆根结实性状

（一）凉山圆根结实性状

成熟期凉山圆根块根平均直径 11.09 cm（表6-7），厚度 6.50 cm，株高达到

110.11 cm，株花序数 92.71，荚果种子粒数为 21.03 粒，株产种量 48.53 g，花序结荚率为 53.54%。

表 6-7　凉山圆根结实性状

性状	平均数	标准差	变异系数
块根直径（cm）	11.09	1.51	13.62
块根厚度（cm）	6.50	1.37	21.07
株高（cm）	110.11	21.11	19.17
株重（g）	0.74	0.21	28.37
株花序数（个）	92.71	31.67	34.16
花序结荚数（个）	49.90	17.33	34.72
千粒重（g）	1.88	0.28	14.89
花序小花数（个）	93.20	19.88	21.33
荚果长度（cm）	4.28	0.48	11.21
荚果种子粒数（个）	21.03	3.16	15.02
株产种量（g）	48.53	4.25	8.75

（二）凉山圆根结实性状的相关

凉山圆根产种量和块根直径 $rx_1y = 0.20$（表 6-8），块根厚度 $rx_2y = 0.19$，株重 $rx_4y = 0.59$，花序数 $rx_5y = 0.61$，荚果种子粒数 $rx_9y = 0.23$ 的直接相关程度有强和较强的正相关性；株重与花序数有强的相关性（$rx_4x_5 = 0.59$），块根直径与块根厚度、花序结荚数、花序数 $rx_1x_2 = 0.37$，$rx_1x_6 = 0.21$，$rx_1x_5 = 0.21$，较强正相关性；表明块根直径、株重、株总花序数、荚果种子数、花序结荚数是影响产种量的主要性状。

表 6-8　凉山圆根结实性状相关系数

性状	块根直径	块根厚度	株高	株重	株总花序数	花序结荚数	千粒重	荚果长度	荚果种子数	产种量
X_1 块根直径	1									
X_2 块根厚度	0.37*	1								
X_3 株高	-0.59	-0.31	1							
X_4 株重	0.12	0.15	0.23	1						
X_5 株总花序数	0.21	0.08	-0.08	0.59**	1					

（续表）

性状	块根直径	块根厚度	株高	株重	株总花序数	花序结荚数	千粒重	荚果长度	荚果种子数	产种量
X_6 花序结荚数	0.21	0.10	-0.03	0.19	0.12	1				
X_7 千粒重	0.17	0.27	-0.19	-0.36	-0.15	-0.09	1			
X_8 荚果长度	-0.01	0.36*	0.41*	0.34	0.24	0	0.08	1		
X_9 荚果种子数	0.13	-0.12	-0.07	-0.07	0.05	-0.17	-0.17	0	1	
y 产种量	0.20	0.19	-0.26	0.59**	0.61**	-0.12	-0.03	0.06	0.23	1

注：$r_{0.05} = 0.36$，$r_{0.01} = 0.40$。

第三节　凉山圆根的饲用价值

一、凉山圆根的营养成分

凉山圆根的块根的干物质含量为 12.50%（表 6-9），粗蛋白质含量为 7.93%，粗脂肪为 1.69%，粗纤维为 14.60%，无氮浸出物为 60.71%。凉山圆根叶的干物质含量为 10.03%，粗蛋白质含量为 8.70%，粗脂肪含量为 2.52%，粗纤维含量为 14.20%，无氮浸出物为 59.08%，凉山圆根的块根、叶的营养差异不大。

表 6-9　凉山圆根营养成分

样品	风干率（%）	营养成分（%）						
		粗蛋白质	粗脂肪	粗纤维	无氮浸出物	粗灰分	钙	磷
块根	12.5	7.93	1.69	14.60	60.71	13.58	0.251	0.021
叶	10.03	8.70	2.52	14.20	59.08	14.50	0.381	0.012

二、凉山圆根的饲用

凉山圆根具有较高蛋白质含量和消化率，粗纤维含量低，对许多家畜有较高营养价值。凉山圆根叶柔软，块根肉质味美，多汁，青嫩，适口性好，根、叶均含有丰富粗蛋白质、碳水化合物、维生素和矿物质元素，对促进家畜生长发育、饲料营养平衡和提高产奶量等具有重要饲用价值，为马、牛、羊、猪所喜食。尤其在冬春淡季，能保证供家畜所需要的营养物质。凉山圆根含用丰富维生素和有利于家畜健康生长的生物活性物质。圆根汁液中还含有乙酸胆碱、组胺和腺苷，能降低家畜血压。

凉山圆根可地窖贮藏，直接青饲，采用切碎后再加少量盐直接饲喂牲畜。

凉山圆根可挂晒，晾干贮藏，饲喂时用水浸泡后，再切碎直接饲喂。

凉山圆根可熟喂。先将鲜圆根或晾干后的圆根经浸泡切碎后放入锅内，加入少量水，用中小火煮熟，再加入玉米粉20%、麦麸15%混合均匀，饲喂体弱多病牲畜、怀孕母畜、羔羊等。

第四节　栽培技术对凉山圆根生产性能的影响

一、不同播期对凉山圆根产量的影响

（一）不同播种期对凉山圆根性状的影响

7月20日播种的顶芽数为11.71个（表6-10），8月5日为8.98个，8月20日为6.67个，7月20日播种的顶芽数显著（$P<0.05$）高于8月5日和8月20日的顶芽数，8月5日与8月20日的顶芽数差异不显著（$P>0.05$）。表现为随播种日期的推后顶芽数逐渐减少的趋势。7月20日播种的叶片数为16.49个，与8月5日的叶片数差异不显著（$P>0.05$），与8月20日播种的叶片数差异显著（$P<0.05$），7月20日播种的叶片数比8月20日播种的叶片数提高25.39%。凉山圆根的叶长、叶宽随播种日期的变化差异不显著（$P>0.05$）。

表6-10　不同播种期凉山圆根的性状

播种期（月/日）	顶芽数（个）	叶片数（个）	叶长（cm）	叶宽（cm）
7/20	11.71a	16.49a	16.49a	6.07a
8/5	8.98ab	15.16ab	15.16a	5.34a
8/20	6.67b	13.15b	13.15a	6.09a

注：同一列标有不同字母表示数据间差异显著（$P<0.05$），同一列标有相同字母表示数据间差异不显著（$P>0.05$）。下同

（二）不同播种期对凉山圆根产量的影响

7月20日播种的圆根块根重191.30 g（表6-11），8月5日的圆根块根重为126.28 g，8月20日播种的圆根块根重66.33 g，7月20日播种的块根重显著（$P<0.05$）高于8月20日播种的块根重，与8月5日播种的块根重差异不显著（$P>0.05$）。7月20日播种的圆根直径为8.51 cm，与8月5日种的圆根直径差异不显著。7月20日播种的凉山圆根厚度与8月20日播种的块根厚度差异显著（$P<0.05$），7月20日播种的圆根厚度比8月20日播种的厚度提高27.32%，8月5日播种的圆根厚度比8月20日播种的提高18.31%。7月20日播种的圆根产量为47 661.45 kg/hm^2，8月5日播种的圆根产量为33 665.70 kg/hm^2，8月20日播种的圆根产量为25 448.55 kg/hm^2，不同播种期的圆根产量差异显著（$P<0.05$），7月20日播种的圆根产量为最高，显著高于8月5日和8月20

日播种的圆根产量，7月20播种的圆根产量比8月5日播种的圆根产量提高41.57%，比8月20日播种的产量提高87.28%，8月5日播种的圆根产量比8月20日播种的提高32.28%。不同播种期圆根的块根生长状况与产量都表现为随着播种期的推迟，产量逐渐下降的趋势，得出凉山圆根在二半山区适宜的播种期为7月中下旬。

表6-11 不同播种期凉山圆根产量性状

播种期（月/日）	块根重（g）	块根直径（cm）	块根厚度（cm）	产量（kg/hm²）
7/20	191.30a	8.51a	4.38a	47 661.45a
8/5	126.28ab	7.14a	4.07ab	33 665.70b
8/20	63.33b	5.44b	3.44b	25 448.55c

二、不同施肥水平对凉山圆根产量的影响

（一）不同施肥水平对凉山圆根植株性状的影响

采用基肥+追肥的形式，P、K肥作基肥用，N肥作追肥用，追肥在块根膨大期施，NPK的配比都是1∶1∶1。施肥水平的顶芽数为8.56~10.44个（表6-12），叶片数为15.43~16.45个，叶长为17.05~21.56 cm，叶宽为4.66~6.16 cm，施肥水平的顶芽数、叶片数、叶长、叶宽显著（$P<0.05$）高于不施肥组，施肥水平各性状间差异不显著（$P>0.05$）。

表6-12 不同施肥水平圆根植株性状

施肥水平	顶芽数（个）	叶片数（个）	叶长（cm）	叶宽（cm）
450 kg/hm²NPK	10.44a	16.41a	18.93a	4.66a
600 kg/hm²NPK	9.78a	16.45a	18.00a	5.79a
750 kg/hm²NPK	9.71a	16.16a	21.56a	6.16a
30 000 kg/hm² 有机肥	8.56a	15.43a	17.05a	5.17a
不施肥	4.20b	10.80b	6.70b	3.1b

（二）不同施肥水平对凉山圆根产量的影响

施肥水平的块根重为151.95~174.85 g（表6-13），块根直径为7.66~8.11 cm，块根厚度为4.16~4.29 cm，施肥水平块根重、块根直径、块根厚度显著（$P<0.05$）高于不施肥组，各施肥处理间差异不显著（$P>0.05$）。施肥水平的圆根产量为39 864.30~46 423.20 kg/hm²，显著（$P<0.05$）高于不施肥组。施肥组比不施肥组产量提高192.07%~218.53%，施肥组间产量差异不显著（$P>0.05$），施肥组中450 kg/hm²NPK的

产量最高，为 46 423.20 kg/hm²，比 600 kg/hm²NPK 的产量提高 9.06%，比 750 kg/hm²NPK 提高 6.56%，比 30 000 kg/hm² 有机肥组产量提高 16.45%，表现为随着 N、P、K 施肥量的增加，产量呈下降趋势。试验表明施肥对植株性状和块根产量显著（$P<0.05$）高于不施肥，施肥水平中施 NPK 肥比施有机肥产量高，提高 6.77%~16.45%，施 NPK 肥中以 450 kg/hm² 产量最高，比其他 NPK 施肥处理产量提高 6.56%~16.45%，450 kg/hm²NPK 施肥处理是适宜凉山高山山地暖温区凉山圆根生产的最适施肥量。

表 6-13　不同施肥水平凉山圆根产量

施肥水平	块根重（g）	块根直径（cm）	块根厚度（cm）	产量（kg/hm²）
450 kg/hm²NPK	174.85a	8.11a	4.29a	46 423.20a
600 kg/hm²NPK	174.16a	7.99a	4.23a	42 565.65a
750 kg/hm²NPK	174.34a	8.03a	4.24a	43 566.15a
30 000 kg/hm² 有机肥	151.95a	7.66a	4.16a	39 864.30a
不施肥	51.31b	5.11b	2.98b	14 574.00b

三、不同播种量对凉山圆根产量的影响

（一）不同播种量对凉山圆根块根个数的影响

海拔 2 200 米地区不同播种量凉山圆根的块根数分别为 183 425 个/hm²（表 6-14）、206 770 个/hm²、250 125 个/hm² 和 280 140 个/hm²，播种量为 5.25 kg/hm² 的块根数最多，为 280 140 个/hm²，与播种量 3.75 kg/hm² 和 2.25 kg/hm² 的块根数差异不显著（$P>0.05$），显著（$P<0.05$）高于播种量 1.5 kg/hm² 的块根数。海拔 2 600 米地区不同播种量凉山圆根的块根数分别为 323 462 个/hm²、313 457 个/hm²、363 515 个/hm² 和 402 423 个/hm²，播种量为 5.25 kg/hm² 的块根数显著（$P<0.05$）高于 1.5 kg/hm²、2.25 kg/hm² 和 3.75 kg/hm² 的块根数，播种量为 1.5 kg/hm²、2.25 kg/hm² 和 3.75 kg/hm²间的块根数差异不显著（$P>0.05$）。两个地区都表现出随着播种量的增加，凉山圆根块根数逐渐增加的趋势。海拔 2 600 米地区的块根数比海拔 2 200 米地区的块根数提高 43.65%~76.35%。

表 6-14　不同播种量的凉山圆根产量

播种量 kg/hm²	海拔 2 200 米			海拔 2 600 米		
	块根数/hm²	块根重（kg）	产量（kg/hm²）	块根数/hm²	块根重（kg）	产量（kg/hm²）
1.5	183 425b	0.955	175 087.50	323 462b	0.347	112 278.33
2.25	206 770a	0.836	172 919.75	313 457b	0.282	88 544.25

（续表）

播种量 kg/hm²	海拔 2 200 米			海拔 2 600 米		
	块根数/hm²	块根重（kg）	产量（kg/hm²）	块根数/hm²	块根重（kg）	产量（kg/hm²）
3. 75	250 125a	0. 643	160 913. 75	363 515b	0. 194	70 702. 00
5. 25	280 140a	0. 598	167 417. 00	402 423a	0. 234	94 191. 52

（二）不同播种量对凉山圆根产量的影响

海拔 2 200 米地区不同播种量的凉山圆根的块根重为 0. 598~0. 955 kg（表6-14），产量为 160 913. 75~175 087. 50 kg/hm²，1. 5 kg/hm² 播种量的块根最重，为 0. 955 kg，产量为最高，为 175 087. 50 kg/hm²，播种量 为 1. 5 kg/hm² 的块根重比其他播种量分别提高 14. 23%、48. 52%和59. 70%，产量提高 1. 25%、8. 88%和4. 58%。海拔 2 600 米地区不同播种量的凉山圆根的块根重为 0. 194~0. 347 kg，产量为 70 702. 00~112 278. 33 kg/hm²，1. 5 kg/hm² 播种量的块根最重，为 0. 347 kg，产量为最高，为 112 278. 33 kg/hm²，播种量为 1. 5 kg/hm² 的块根重比其他播种量分别提高 23. 05%、78. 87%和48. 29%，产量提高 26. 80%、58. 81% 和 19. 20%。通过两个地区的试验得出凉山圆根适宜的播种量为 1. 5 kg/hm²。

第五节　凉山圆根栽培管理技术流程

一、品种选择

选择籽粒饱满，千粒重 1. 88 g 左右，深褐色或枣红色的凉山圆根。

二、种植地选择

（一）适宜种植区域

凉山圆根喜温凉湿润气候，适宜沙壤土或壤土，抗寒耐酸性强，在海拔 1 000~3 200 米的亚热带区、山地河谷区、山地暖温带区、山地温带区均能种植。

（二）土壤选择

选择生态条件适宜、无污染、灌排方便、土壤肥沃、疏松，不含残毒和有害物质的地块。

三、种植地准备

（一）整地

凉山圆根种子小，块根入土较深，深耕细作，保证土地平整，表土疏松，有利于块根发育和保墒。苗期生长较弱，易受杂草为害。播前应清理地面杂草或于播前一周喷施除草剂，待杂草枯黄死亡后进行翻耕。深度为 18~20 cm，并喷施杀虫剂消除土壤中的害虫。

（二）基肥

施腐熟农家肥 37 500 kg/hm²，磷、钾肥各 150 kg/hm²，同时配合施入适宜草木灰，在酸性土壤上还应施石灰。凉山圆根不耐连作，需间隔 2~3 年轮作 1 次，前茬以施用过大量有机肥料的作物为好，如瓜类、豆类、马铃薯等，也可用麦茬地。后作以小麦、大麦、豌豆、蚕豆等较为适宜。

四、种子处理

为防止病虫害发生，播种前要进行种子消毒，可用 40%甲醛溶液稀释 300 倍液浸种 5min，然后用清水洗净，阴干后播种。

五、播种

1. 播种期
秋播，7—8 月
2. 播种方式
撒播、条播均可，以撒播为佳。条播行距为 20~30 cm，播后覆土 2 cm 左右，水分充足可不覆土。
3. 播种量
撒播播种量为 2.25 kg/hm²，条播播种量 1.5 kg/hm²。
4. 种植模式
净作：凉山圆根单作。
混作：凉山圆根与光叶紫花苕混作，凉山圆根与荞麦混作，凉山圆根与萝卜混作，播种量比净作少一半。

六、田间管理

1. 杂草防除
凉山圆根苗期生长缓慢，应结合间苗进行中耕除草。为防止块根外露，提高品质，生长期间还应进行 2~3 次中耕培土。
2. 间苗
大田直播要及时间苗，一般在 1 片真叶、3~4 片真叶时间苗，4~5 片真叶时定苗。间苗时，去除弱苗、病苗、畸形苗，保留健康和品种特征突出的苗，每平方米留植株数 30~50 株。
3. 排灌水

圆根喜湿润，水分充足，叶繁茂，块根产量高，但不宜过湿。通常土壤水分以田间持水量的60%~80%为宜，苗期少浇或不浇水，促使块根向下伸长和防止淹埋幼苗，干旱严重时可浇水，以保持田间湿润。生长中期可适当浇水，但不宜过多，防止叶簇徒长，影响块根营养物质积累。生长后期需水量较大，需充分灌溉，但块根长成后需水量减少。地势低洼、易水涝土地应挖沟排水。灌溉后必须中耕培土，以防土壤板结。

4. 追肥

追肥可施腐熟厩肥、人粪尿和化肥。前期以氮为主，后期以磷、钾肥为主。在三要素中，以氮为主，钾次之，磷最少。肥力中等土壤，施氮150 kg/hm²、磷105~120 kg/hm²、钾150 kg/hm²即可满足高产要求。第一次追肥在间苗或定苗时进行，第二次在封垄之前施入。追施较高比例氮肥（150 kg/hm²和160 kg/hm²）时，圆根叶面积和单株干重明显增加。施氮可以提高圆根总干重，但对块根比例影响不明显。追施氮、磷肥均可增加圆根产量，当氮、磷以较高比例（氮132 kg/hm²和磷60 kg/hm²）施用时，可以使圆根产量增加3倍。施用不同比例磷、钾肥对圆根产量增加幅度很小。氮、磷、钾肥混合施用增产较为显著。

5. 病虫害防治

圆根病害主要有白粉病、霜霉病等，可用波尔多液等防治。害虫主要有蚜虫和菜青虫等，可用乐果、辛硫磷等及时防治。

七、收获利用

（一）收获时间

凉山圆根出苗后110~130 d即可收获，收获期应注意霜冻，确保贮藏质量。

（二）收获方法

选择晴天进行人工收获。收获时，拔出块根，去除叶及附土，也可整株挖出，去掉附土后避雨挂晾风干即可。

（三）贮藏方式

须贮藏的圆根块根应首先晾干表面水分。可选用窖或室内贮藏，气温控制在0~3℃为佳，经常检查有无霉烂、发芽及冻伤等。也可在通风处挂晾风干贮藏。

（四）利用方式

可直接青饲或制作食品，也可进行风干贮藏待牧草短缺季节备用。

八、技术流程

凉山圆根种植技术流程如图6-1所示。

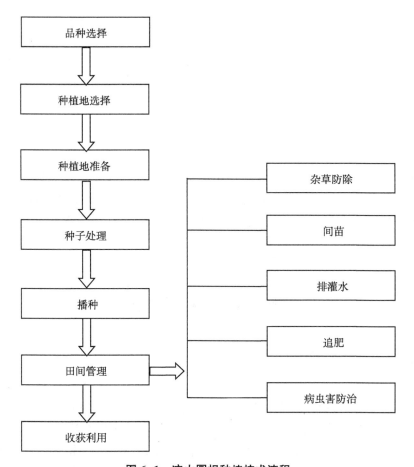

图 6-1 凉山圆根种植技术流程

第七章　蓝花子

蓝花子为十字花科植物，不仅可做优质饲料，而且也常用做绿肥植物，在用地养地、改良和熟化土壤等方面作用显著，同时也是很好的蜜源植物。根据生育特性，蓝花子可分为春蓝花子和秋蓝花子两种类型。春蓝花子适宜在海拔 1 500~2 000 米的山地、丘陵地生长，一般在 9 月上旬至 11 月下旬均可播种，以 10 月中旬播种为宜。一般在翌年二三月间成熟。蓝花子在凉山地区多年的栽培种植中形成了特有的特性。

第一节　蓝花子概述

一、蓝花子形态特征

蓝花子，学名：*Raphanus sativus* Linn. var. *raphanistroides*（Makino）Makino。蓝花子植株高 30~80 cm，具稀疏白色软毛。主根细长而肥厚，但不呈肉质肥大，侧根发达。茎直立，圆柱形，具稀疏硬毛，并有分支。叶片稍带白粉，基生叶多数，大头羽状分裂，长 5~15 cm，宽 2~5 cm，顶裂片大，长椭圆形，侧裂片 2~3 对，交错排列；茎生叶小，宽椭圆形或宽披针形。总状花序顶生，花大；萼片 4；花瓣 4，淡红色或淡紫红色，宽倒卵形，长约 2 cm，基部具长爪，瓣片具紫色脉纹；雄蕊 6，4 长 2 短；雌蕊 1，子房钻状，柱头头状。长角果圆柱形，长 4~6 cm，果瓣近革质，具海绵状横隔，果实因种子间缢缩而呈念珠状，先端具细长的喙。种子扁圆形，直径 3~4 mm。表面淡褐色，具网状纹理，一端可见点状种脐。去皮后可见肥厚的子叶 2 片，富油性，相互折叠，胚根位于子叶之间。气微，味微苦。蓝花子属喜凉作物，具有耐寒、耐旱、耐瘠的特性。对土壤要求不严，在 pH 值 4.5~7.5 的土壤上均可种植。常与马铃薯、荞麦、燕麦轮作。

二、蓝花子类型

根据其生育特性，一般分为春蓝花子和秋蓝花子两种类型。

（一）蓝花秋子

幼茎绿色，心叶微紫，幼苗直立或半直立。主根较壮，不膨大。基生叶和下部叶大头羽状分裂，顶裂片卵形，侧裂片 2~6 对，叶片绿色，微被茸毛。总状花序，花为淡紫色和白色，花冠大而薄，分离，上有棕褐色规则细脉纹。角果皮厚，比春子略松。株高 50~110 cm，分枝下生，第一次有效分枝 5~8 个。单株有效角果 80~200 个，闭果，不开裂，内有海绵状隔膜，有明显或不明显果腰。每角果有效粒数平均 4.5~5.5 粒，种子扁圆光滑，千粒重 10~28 g。蓝花秋子一般种植在高寒山区海拔 2 300~3 300 米的撂荒地、轮歇地上，多数集中在海拔 2 500~2 800 米之间。蓝花秋子集中产区一般人少地广，耕作较原始，土地瘠薄，多为贫困地区，利用夏秋水热同季，温度适宜的自然优势，发展秋子。适宜播种期在 5 月上旬至 7 月下旬均可播种，以 6 月上旬至 7 月上旬为宜。多数采用点播，也有撒播和条播。一般到 10 月中下旬成熟。

（二）蓝花春子

幼茎多为绿色，少数微紫，心叶绿色或微紫色。幼苗匍匐或半直立，根部膨大。基生叶和下部叶片羽状裂叶，侧裂片 3~6 对，叶色深绿，密被茸毛。总状花序，花为白色或淡紫色，花瓣微皱，分离，上有棕褐色细脉纹。果实为闭果，不开裂，内有海绵质，角果皮厚而坚。株高 80~116 cm，下生分枝型。第一次有效分枝 5~10 个，单株有效角果 70~150 个，每角果有效粒数平均 2.65~3.5 粒，种子扁圆或不规则，粒较秋子小，饱满度差，千粒重 9~11 g。蓝花春子多数种植在海拔 2 000 米以下的山地、丘陵地。一般在 9 月上旬至 11 月下旬均可播种，以 10 月中旬播种为宜。一般在翌年二三月间成熟。春子生育期间所需的活动积温 1 200~1 500℃，冬春季阳光充足，这些因素有利于春子生长发育，但由于降水量极少，多数缺水又无灌溉条件，春子产量低而不稳。

三、蓝花子分布范围

蓝花子自北纬 22°~28.5°，海拔从 700~3 500 米均有分布。春子主要分布在北纬 23°~25°，海拔 1 400~1 900 米的山区、丘陵及平坝周围。它对自然条件适应性较广，不择土壤，对热量要求不高，生育期较短，且有耐瘠、耐旱、耐寒特点。山区、高寒山区适宜蓝花子栽培。四川、云南、湖南、浙江、广西壮族自治区、中国台湾等种植较多。

四、蓝花子经济生态价值

蓝花子含油量较高（33%~50%）、油质佳（芥酸 23.4%、油酸 22.5%、亚油酸 28.8%）是优良食用油。饼枯蛋白质含量高（50%左右）、硫代葡萄糖甙含量低（0.3%以下），是优质饲料。其氮、磷、钾含量较高（分别为 4.6%、2.5% 和 1.4%），亦是优良肥料。花粉蛋白质含量高（29.4%），是高级食品原料。花朵蜜腺发达是重要蜜源植物。茎秆、果壳含养分丰富（粗蛋白质 4%、粗脂肪 1%、无氮浸出物 30%左右），粉碎后也是较好的饲料。此外，蓝花子主根发达，它分泌的有机酸溶解土壤中难溶性物质而被吸收利用，同时残根落叶回地起到用地养地作用。促使后作显著增产。鲜草的养分也丰富（氮 0.55%、磷 0.12%、钾 0.45%），在盛花期翻压土中，亦是优良的绿肥。

种植蓝花子能起到用地养地、改良和熟化土壤的作用，常作为绿肥利用，来提高大春作物的产量，它是玉米、马铃薯、荞麦、燕麦等的良好前茬。蓝花子可以综合开发利用，榨油后的饼枯可以提取蛋白质，也是优良的精饲料。茎秆、果壳碾碎后可以做饲料。油脂中芥酸含量较低，油酸和亚油酸含量较高为优质食油，还可以深加工为人造奶油等。高寒山区、积极发展蓝花子可以起到以油促牧，以牧促粮，以粮促林、林牧促副，达到牧、农、副全面发展，脱贫致富。

第二节　蓝花子生物学特性

一、冬闲田蓝花子植株性状

蓝花子在西昌地区于10月4日播种，10月10日出苗，11月6日达分枝期，11月30日达初花期，从播种到初花生长 57 d。抽样观测的植株中平均株高为 45.52 cm（表7-1），株高在 30~40 cm 的达 23.33%，41~50 cm 的达 43.33%，50 cm 以上的达33.33%。株重为 24.81 g，叶片数为 18.79 个，叶重为 14.17 g，茎重为 10.64 g，节数为6.07 个，茎粗为 0.59 cm，叶面积为 249.74 cm^2，花蕾数为 148.69 个。蓝花子的株重、茎重都表现为随着株高的增高，产量增加的趋势。随着株高的增高，叶片数逐渐减少。株高为 30~50 cm 的节数、花蕾数差异不大，到株高 50 cm 以上就减少，分别减少 8.34% 和8.70%。茎粗、叶面积随着株高的增加，也逐渐增加。经性状间的相关分析得出株重与叶片数、茎重、叶重、茎粗、叶面积、花蕾数成极显著正相关，相关系数分别为 0.641（表7-2）、0.857、0.661、0.476、0.749、0.611，与株高的相关系数为 0.126，相关性弱，这也说明株高是蓝花子自身特性所决定，而株高与茎重是极显著正相关，说明株高越高，茎越重，间接影响着单株产量。

表 7-1　蓝花子植株性状

株数	株高（cm）	株重（g）	叶片数（个）	叶重（g）	茎重（g）	节数（个）	茎粗（cm）	叶面积（cm^2）	花蕾数（个）
7	30~40 cm	22.86	20.44	14.25	8.61	6.22	0.57	229.12	151.00
13	41~50 cm	24.62	18.31	13.83	10.79	6.23	0.59	254.63	153.69
10	50 cm 以上	26.94	17.63	14.42	12.52	5.75	0.60	265.46	141.38
平均	45.52 cm	24.81	18.79	14.17	10.64	6.07	0.59	249.74	148.69

表 7-2　蓝花子植株性状间的相关分析

性状	株高	叶片数	叶重	茎重	节数	茎粗	叶面积	花蕾数
株高	1							
叶片数	-0.002	1						

（续表）

性状	株高	叶片数	叶重	茎重	节数	茎粗	叶面积	花蕾数
叶重	0.181	0.744**	1					
茎重	0.509**	0.569**	0.706**	1				
节数	−0.142	0.176	−0.107	−0.102	1			
茎粗	0.316	0.494**	0.595**	0.533**	−0.086	1		
叶面积	0.264	0.687**	0.879**	0.725**	−0.105	0.716**	1	
花蕾数	−0.065	0.588**	0.422*	0.542**	0.396*	0.194	0.421*	1
株重	0.126	0.641**	0.857**	0.661**	0.177	0.476**	0.749**	0.611**

注：*、** 表示相关性显著（$P<0.05$）、极显著（$P<0.01$）

二、蓝花子饲草产量

对蓝花子进行产草量测定，刈割时植株高度为 41.17~47.21 cm（表 7-3），平均为 43.95 cm，鲜草产量为 25 672.83~30 722.02 kg/hm²，平均为 28 345.28kg/hm²，干草产量为 7 188.39~8 592.29 kg/hm²，平均为 7 922.80 kg/hm²。

表 7-3　蓝花子产草量

重复	植株高度（cm）	鲜草产量（kg/hm²）	干草产量（kg/hm²）
重复 1	47.21	30 722.02	7 987.73
重复 2	43.48	28 640.98	8 592.29
重复 3	41.17	25 672.83	7 188.39
平均	43.95	28 345.28	7 922.80

三、蓝花子结实性状

蓝花子在西昌地区冬前刈割一次后，再生草萌发进入产种期，于第二年 3 月 28 日收种。产种期对单株进行抽样测定得出，多数植株高度在 70~100 cm 之间，株高为 70~80 cm 的占 18.97%，株高 81~90 cm 的占 22.41%，株高 91~100 cm 的占 44.83%，101 cm 以上的占 13.79%，株分枝数、一级分枝结荚数、一级分枝荚果种子数、一级分枝荚果长、株产种量都表现为随着株高的增长，而逐渐增长，株高达到 91~100 cm 时达到最大值，分别为 4.92 cm、61.19 个、3.19 cm、5.96 g（表 7-4），然后随着株高的增加逐渐下降。株高为 91~100 cm 的主枝结荚数、主枝荚果种子数、主枝荚果长、千粒重也较高。产种期平均单株产种量 4.00 g，株分枝数 4.64 个，主枝结荚数 81.46 个，主枝荚果种子数 4.16 个，主枝荚果长 3.85 cm，一级分枝结荚数 33.89 个，一级分枝荚果种子数 2.23

个，一级分枝荚果长 2.04 cm，千粒重 8.04 g。经单株结实性状相关分析看出一级分枝的结实性状与单株产种量为强的正相关，其中一级分枝荚果数与单株产种量相关系数最大，为 0.737（表 7-5），其次是一级分枝荚果种子数，相关系数为 0.594，再后来是一级分枝荚果长，相关系数为 0.514，说明蓝花子株高在 91~100 cm，一级分枝结荚数多的单株产种量最高。

表 7-4　蓝花子植株产种量构成

n	株高 (cm)	株分枝数 (个)	主枝结荚数 (个)	主枝荚果种子数 (个)	主枝荚果长 (cm)	一级分枝结荚数 (个)	一级分枝荚果种子数 (个)	一级分枝荚果长 (cm)	千粒重 (g)	株产种量 (g)
11	70~80 cm	4.25	83.88	4.46	3.57	22.29	1.73	1.43	7.79	2.94
13	81~90 cm	4.63	71.38	4.00	3.87	28.70	2.42	1.98	7.11	3.14
26	91~100 cm	4.92	89.56	4.37	3.94	61.19	3.33	3.19	8.57	5.96
8	101 cm 以上	4.75	81.03	3.79	4.02	23.37	1.45	1.57	8.69	3.96
平均		4.64	81.46	4.16	3.85	33.89	2.23	2.04	8.04	4.00

表 7-5　蓝花子单株结实性状相关分析

	株高	主枝荚果长	主枝荚果数	主枝荚果种子数	一级分枝荚果数	一级分枝荚果长	一级分枝荚果种子数	千粒重	主枝分枝数
株高	1	0.307*	−0.011	−0.080	0.130	0.118	0.078	0.235	0.217
主枝荚果长	0.307*	1	0.343**	0.250	0.146	0.118	0.047	0.252	−0.049
主枝荚果数	−0.011	0.343**	1	0.352**	0.240	0.140	0.097	0.343**	0.019
主枝荚果种数	−0.080	0.250	0.352**	1	0.298*	0.283*	0.315*	0.100	0.219
一级分枝荚果数	0.130	0.146	0.240	0.298*	1	0.773**	0.774**	0.392**	0.135
荚果长	0.118	0.118	0.140	0.283*	0.773**	1	0.939**	0.268*	−0.091
荚果种子数	0.078	0.047	0.097	0.315*	0.774**	0.939**	1	0.294*	0.067
千粒重	0.235	0.252	0.343**	0.100	0.392**	0.268*	0.294*	1	0.095
主枝分枝数	0.217	−0.049	0.019	0.219	0.135	−0.091	0.067	0.095	1
株产种量	0.179	0.198	0.341**	0.360**	0.737**	0.514**	0.594**	0.485**	0.087

四、蓝花子种子产量

蓝花子于头年 11 月 28 日刈割后，再生草从萌发到收种生长 118 d。成熟期 15 m² 有效株数为 3 103.33~3 676.67 株（表 7-6），平均为 3 467.78 株，产种量为 1 054.13~1 272.86 kg/hm²，平均为 1 132.58 kg/hm²，千粒重为 10.10~10.44 g，平均为 10.29 g。

表 7-6　蓝花子产种量

重复	15 m² 有效株数	产种量 （kg/hm²）	千粒重 （g）
重复 1	3 103. 33	1 054. 13	10. 10
重复 2	3 676. 67	1 070. 76	10. 44
重复 3	3 623. 33	1 272. 86	10. 33
平均	3 467. 78	1 132. 58	10. 29

第三节　栽培技术对蓝花子生产性能的影响

一、不同播种期对蓝花子产量的影响

（一）不同播种期对蓝花子株高的影响

蓝花子在 9—10 月播种，播种后 7~10 d 出苗，花期长达 4~5 个月。9 月 15 日、10 月 5 日和 10 月 25 日播种的蓝花子从出苗期到开花期分别为 31 d、35 d、37 d，开花期再到成熟期分别为 134 d、121 d、116 d。9 月 15 日播种蓝花子生育天数为 173 d，10 月 5 日和 10 月 25 日播种整个生育天数分别为 159 d 和 174 d。9 月 15 日播种蓝花子与 10 月 5 日播种蓝花子在各个生育期高度基本一致，开花期高度分别为 47.7 cm（表 7-7）和 49.7 cm，10 月 25 日播种蓝花子开花期高度为 32.6 cm，与其他播种时期差异显著（$P<0.05$）。成熟期高度分别为 66.2 cm、65.4 cm、47.0 cm，9 月 15 日播种蓝花子与 10 月 5 日播种蓝花子高度差异不显著，与 10 月 25 日播种蓝花子高度差异显著（$P<0.05$）。10 月 25 日播种植株表现矮小，这与播种期过晚，地温较低，植株出苗缓慢，出苗后生长受抑，植株营养生长不良，开花期后进入凉山地区最冷时节，植株基本处于休眠状态，生殖生长缓慢。

表 7-7　不同播种期蓝花子株高　　　　　　　　　　　　　　　（cm）

播种期 （月/日）	分枝期	现蕾期	开花期	结荚期	成熟期
9/15	27. 15a	40. 15a	47. 70a	62. 15a	66. 20a
10/5	32. 86a	42. 86a	49. 70a	59. 78a	65. 40a
10/25	21. 43b	25. 72b	32. 60b	38. 58b	47. 0b

注：同一列标有不同字母表示数据间差异显著（$P<0.05$），同一列标有相同字母表示数据间差异不显著（$P>0.05$）。下同

（二）不同播种期对蓝花子种子产量的影响

9 月 15 日播种的蓝花子成熟期的株高为 66.20 cm（表 7-8），种子产量为 777.30 kg/hm²，10 月 5 日播种的蓝花子株高为 65.4 cm，种子产量为 1 139.49 kg/hm²，

10月25日播种的蓝花子株高为47.0 cm，产量为657.53 kg/hm²。9月15日播种的蓝花子株高比10月25日播种的株高提高40.85%，10月5日播种的蓝花子株高比10月25日播种的提高39.15%，9月15日播种的蓝花子比10月5日播种的株高提高1.22%。不同播期蓝花子产量最高的是10月5日播种，其次是9月15日播期，最后是10月25日播期。9月15日播种的蓝花子产量比10月25日播种的蓝花子提高18.22%，10月5日播种的蓝花子产量比10月25日播种的蓝花子产量提高73.30%。从不同播种期可以看出，随着播种期的推迟，蓝花子产种量呈现先增加后降低的变化趋势，蓝花子在10月5日播种的产种量最高。

表 7-8　不同播种期蓝花子种子产量

播种期（月/日）	株高（cm）	产量（kg/hm²）	株高比最后一期提高%	产量比最后一期提高%
9/15	66.20	777.30b	40.85	18.22
10/5	65.40	1139.49a	39.15	73.30
10/25	47.00	657.53b	—	—

二、不同播种量对蓝花子种子产量的影响

播量为15 kg/hm²的种子产量为826.16 kg/hm²（表7-9），播量为22.5 kg/hm²的种子产量为1 027.73 kg/hm²，播量为30 kg/hm²的种子产量为720.09 kg/hm²。不同播量蓝花子的种子产量最高的是播量22.5 kg/hm²，其次是播量15 kg/hm²，种子产量最低的是播量30 kg/hm²。播种量22.5 kg/hm²的种子产量显著（$P<0.05$）高于其他播种量。播种量15 kg/hm²和30 kg/hm²差异不显著（$P>0.05$），播量15 kg/hm²比30 kg/hm²的种子产量提高14.73%，播量22.5 kg/hm²比30 kg/hm²提高42.72%。随着蓝花子播种量的增大，产种量呈现先增大后减少的趋势，与植物生长规律相一致，在一定范围内植株密度与结实呈正相关，超出范围则明显呈现负相关。蓝花子的适宜播种量为22.5 kg/hm²。

表 7-9　不同播种量蓝花子种子产量

播种量（kg/hm²）	种子产量（kg/hm²）	与30 kg/hm²产量相比
15	826.16b	14.73
22.5	1 027.73a	42.72
30	720.09b	—

第四节　蓝花子栽培管理技术流程

一、品种选择

选用大小均匀、颗粒饱满无病菌、虫卵的种子供播种用。

二、种植地准备

（一）整地

为保证蓝花子出苗整齐，苗匀粗壮，不论是撂荒地、轮歇地或是连作地都要翻耕，冬翻或秋翻，播种前半个月再翻耕耙平，除去杂草和残根。

（二）基肥

施足施匀基肥，施厩肥 2 500 kg/亩。

三、播种

（一）播种期

春子要抢墒早播，确保苗齐苗壮。秋子的适宜播期随海拔高度的升高而提早，其适宜播期为海拔 1 900~2 200 米的地方（前作多为马铃薯），在七月中下旬播种。海拔 2 200~2 500 米的地方，在六月下旬至七月上旬播种，海拔 2 500~2 800 米的地方，在六月中下旬播种，海拔 2 800~3 500 米的地方，五月下旬至六月上中旬播种。

（二）播种方式

可采用穴播和条播

（三）播种规格

穴播是开厢，厢宽 3~4 m，或 4~5 m，整平厢面，实行穴播，每亩一万穴左右，株行距 20 cm×33 cm 或 37 cm×18 cm 或 40 cm×17 cm。每穴留苗 4~6 株，即每亩 4 万~6 万株。

条播的行距 33 cm 或 40 cm，播幅 10~13 cm，株距 3~6 cm，每亩 4 万~6 万株。

（四）播种量

根据肥力情况，灵活掌握肥稀瘦密的原则，播种量每亩 1~1.5 kg，千粒重特别大的种子，每亩播种量应增加 2~2.5 kg 为宜。做到充分利用单位面积上的光、热、肥、气的效率。

（五）种肥

重视种肥，做好氮、磷、钾、微肥配合，加强管理。从山区、高寒山区生产的实际情况出发，种肥用量瘦地多用，肥地少用，秋子多用，春子少用。一般每亩用农家肥 300~

500 kg，尿素 4~6 kg，过磷酸钙 20~30 kg，硼砂 0.2 kg 混合均匀后，再与种子混合拌匀进行播种。

四、田间管理

（一）间定苗

春子 4~5 片真叶时定苗，秋子三片真叶时就要间、定苗。

（二）杂草防除

晴天进行中耕除草 1~2 次。

（三）病虫害防治

苗期要特别注意黄条跳甲、芜菁叶蜂幼虫、菜青虫等为害，中后期要严防蚜虫，钻角虫和黑斑病等为害。发生病虫害即选用国家允许的高效、低毒、低残留药物防治。

五、收获

初花期刈割。

六、技术流程

蓝花子种植技术流程如图 7-1 所示。

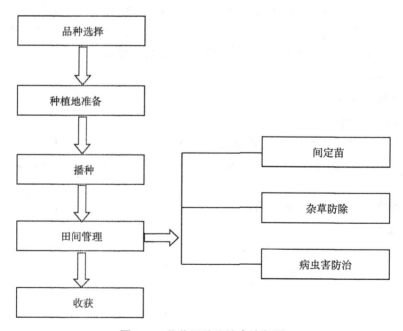

图 7-1 蓝花子种植技术流程图

第八章　凉山一年生饲草发展对策

饲草不仅是草业发展的基础，更是畜牧业发展的基础，也是种植业结构调整的重要组成部分。发展以饲草为基础的草食畜牧业是现代农业的重要组成部分，也是种植业结构调整不可或缺的部分。凉山州是四川省的三大牧区之一，草业在畜牧业乃至农业和生态建设及经济社会发展中具有十分重要的战略地位。大力发展草牧业，对于调整凉山农业产业结构，提高耕地利用效率，增加农民收入，全面推进凉山现代畜牧业提质增效，具有重大而深远的战略意义。

第一节　农牧业发展对饲草的需求

一、国家需求

（一）我国对饲草需求呈增加趋势

《2015 年全国草原监测报告》指出，中国饲草干草和草种进口量继续呈增加趋势。2015 年我国进口干草累计 136.5 万 t，同比增加 35.7%。其中，进口苜蓿草总计 121.3 万 t，同比增加 37.2%，占干草进口总量的 88.9%；进口燕麦干草总计 15.1 万 t，同比增加 25.2%。苜蓿干草主要从美国、西班牙和加拿大进口，燕麦干草主要从澳大利亚进口。2015 年我国进口草种 4.55 万 t，同比增加 0.9%。进口草种主要以黑麦草、羊茅、草地早熟禾、三叶草和紫花苜蓿为主。其中，羊茅种子、紫花苜蓿种子进口数量较上年略有减少，其他草种进口数量略有增加。

据海关数据统计，2018 年我国进口干草累计 167.76 万 t，同比降 7.75%；进口金额 52 615.89 万美元，同比升 2.13%。其中进口苜蓿草总计 138.37 万 t，同比降 1.01%；进口金额总计 44 643.28 万美元，同比升 4.08%。2018 年进口苜蓿 83.76% 来自美国，12.42% 来自西班牙。

从进口来源国看，由于中美贸易战影响，虽然 2019 年 6 月前牧场之前订单继续执行如期到港，但进口苜蓿美国统治地位受撼动，2018 年进口苜蓿 115.89 万 t 来自美国，占总进口量 83.76%，同比下降 8.81%；金额 38 335.384 万美元，同比降 3.93%，平均到岸价 330.71 美元/t，同比上升 10.98%。

以目前的奶牛养殖规模（1 400万头，45%为规模化养殖）、肉牛养殖量（存栏6 000万头、出栏2 400多万头）、羊饲养量（存栏约2.8亿只、出栏约2.7亿只）。按照调查市场状况，估计目前每年生产各类青贮饲料约2.6亿t，总值约870亿元。产品种类多样，依原料而言青贮产品在目前有玉米青贮饲料、玉米秸秆黄贮饲料、苜蓿青贮饲料、苜蓿半干青贮饲料、麦类（包括小麦、大麦、燕麦、黑麦等）青贮饲料、高粱属饲草青贮饲料、黑麦草青贮饲料。在此基础上，将产业化发展混合青贮、三叶草属饲草青贮、柱花草青贮、天然饲草青贮、甘蔗稍青贮、稻秸黄贮、麦秸黄贮等，原料源产品种类将更加多样化。青贮产品的形式，随着养殖集约化程度的提高，窖式青贮依然为主，堆贮、膜式捆贮、袋式捆贮为补充。目前青贮在奶牛生产中占据主要作用，但是在肉牛、羊等动物生产中尚不到1/3。根据《中国食物与营养发展纲要（2014—2020年）》提出的要求，和《全国牛羊肉生产发展规划（2013—2020年）》的发展目标，畜群规模还有增容的空间，而且粗放生产向集约化生产经营的转变，均需要优质青贮饲料的物质支撑。《全国农业可持续发展规划（2015—2030年）》中也提出"积极发展草牧业，支持苜蓿和青贮玉米等饲草料种植"。这将为青贮产业的发展提供了契机，将促进青贮产业的升级与进一步发展。

（二）国家农牧业发展对饲草的要求

为提高我国奶业生产和质量安全水平，2012年中央一号文件提出"启动实施振兴奶业苜蓿发展行动"。从2012年起，农业部和财政部实施"振兴奶业苜蓿发展行动"，中央财政每年安排3亿元支持高产优质苜蓿示范片区建设，片区建设以3 000亩为一个单元，一次性补贴180万元（每亩600元），重点用于推行苜蓿良种化、应用标准化生产技术、改善生产条件和加强苜蓿质量管理等方面。在今年的中央一号文件中对饲草的发展提出了更高的要求。

——2019年中央一号文件《关于坚持农业农村优先发展做好"三农"工作的若干意见》在"调整优化农业结构"中明确指出："大力发展紧缺和绿色优质农产品生产，推进农业由增产导向转向提质导向。深入推进优质粮食工程。实施大豆振兴计划，多途径扩大种植面积。支持长江流域油菜生产，推进新品种新技术示范推广和全程机械化。积极发展木本油料。实施奶业振兴行动，加强优质奶源基地建设，升级改造中小奶牛养殖场，实施婴幼儿配方奶粉提升行动。合理调整粮经饲结构，发展青贮玉米、苜蓿等优质饲草料生产。合理确定内陆水域养殖规模，压减近海、湖库过密网箱养殖，推进海洋牧场建设，规范有序发展远洋渔业。降低江河湖泊和近海渔业捕捞强度，全面实施长江水生生物保护区禁捕。实施农产品质量安全保障工程，健全监管体系、监测体系、追溯体系。加大非洲猪瘟等动物疫情监测防控力度，严格落实防控举措，确保产业安全。"

——2018年国务院办公厅关于《推进奶业振兴保障乳品质量安全的意见（国办发〔2018〕43号）明确指出："奶业是健康中国、强壮民族不可或缺的产业，是食品安全的代表性产业，是农业现代化的标志性产业和一二三产业协调发展的战略性产业。"《推进奶业振兴保障乳品质量安全的意见》还指出："促进优质饲草料生产。推进饲草料种植和奶牛养殖配套衔接，就地就近保障饲草料供应，实现农牧循环发展。建设高产优质苜蓿示范基地，提升苜蓿草产品质量，力争到 2020 年优质苜蓿自给率达到 80%。推广粮改饲，发展青贮玉米、燕麦草等优质饲草料产业，推进饲草料品种专业化、生产规模化、销售市场化，全面提升种植收益、奶牛生产效率和养殖效益。

根据中央对饲草发展的要求，许多农业发展规划中都对饲草的发展进行了中长期规划。

——2018 年《农业农村部等九部委关于进一步促进奶业振兴的若干意见》指出，按照《国务院办公厅关于推进奶业振兴保障乳品质量安全的意见》要求，以实现奶业全面振兴为目标，优化奶业生产布局，创新奶业发展方式，建立完善以奶农规模化养殖为基础的生产经营体系，密切产业链各环节利益联结，提振乳制品消费信心，力争到 2025 年全国奶类产量达到 4 500 万 t，切实提升我国奶业发展质量、效益和竞争力。《意见》提到，降低奶牛饲养成本。"大力发展优质饲草业。推进农区种养结合，探索牧区半放牧、半舍饲模式，研究推进农牧交错带种草养牛，将粮改饲政策实施范围扩大到所有奶牛养殖大县，大力推广全株玉米青贮。研究完善振兴奶业苜蓿发展行动方案，支持内蒙古、甘肃、宁夏等优势产区大规模种植苜蓿，鼓励科研创新，提高国产苜蓿产量和质量。（农业农村部、财政部分工负责）总结一批降低饲草料成本、就地保障供应的典型案例予以推广。"

——2017 年中央一号文件提出，"饲料作物要扩大种植面积，发展青贮玉米、苜蓿等优质饲草，大力培育现代饲草料产业体系。……继续开展粮改饲、粮改豆补贴试点。"

——2016 年中央一号文件提出，"扩大粮改饲试点，加快建设现代饲草料产业体系。"

——2015 年中央一号文件提出，"加快发展草牧业，支持青贮玉米和苜蓿等饲草料种植，开展粮改饲和种养结合模式试点，促进粮食、经济作物、饲草料三元种植结构协调发展。"

——2014 年中央一号文件提出，"加大天然草原退牧还草工程实施力度，启动南方草地开发利用和草原自然保护区建设工程。支持饲草料基地的品种改良……"

——2016 年农业部《全国种植业结构调整规划（2016—2020 年）》指出，协调"饲草生产与畜牧养殖协调发展。到 2020 年，……饲草面积达到 9 500 万亩。"

"构建粮经饲协调发展的作物结构。适应农业发展的新趋势，建立粮食作物、经济作物、饲草作物三元结构。……饲草作物：按照以养带种、以种促养的原则，积极发展优质饲草作物。"

"饲草作物。以养带种、多元发展。以养带种。根据养殖生产的布局和规模，因地制宜发展青贮玉米等优质饲草饲料，逐步建立粮经饲三元结构。到 2020 年，青贮玉米面积达到 2 500 万亩，苜蓿面积达到 3 500 万亩。多元发展。北方地区重点发展优质苜蓿、青贮玉米、饲用燕麦等饲草，南方地区重点发展黑麦草、三叶草、狼尾草、饲用油菜、饲用苎麻、饲用桑叶。"

"西南地区。——调整方向：稳粮扩经、增饲促牧，间套复种、增产增收。稳粮扩经、增饲促牧。……对坡度25°以上的耕地实行退耕还林还草，调减云贵高原非优势区玉米面积，改种优质饲草，发展草食畜牧业。"

——2016年农业部《全国草食畜牧业发展规划（2016—2020年）》指出，"坚持农牧结合，循环发展。合理引导种植业结构调整，大力发展青贮玉米、苜蓿等优质饲草料，加快构建粮经饲统筹的产业结构。突出以养带种，推进种养结合、草畜配套，形成植物生产、动物转化、微生物还原的生态循环系统。"

"农牧交错区饲草料资源丰富，又具备一定放牧条件。要推进粮草兼顾型农业结构调整，挖掘饲草料生产潜力，积极探索"牧繁农育"和"户繁企育"的养殖模式，发挥各经营主体在人力、资本、饲草等方面的优势，实现牧区与农区协调发展，种植户、养殖户与企业多方共赢，重点推广天然草原改良、人工种草建植、优质饲草青贮、全混合日粮饲喂、精细化分群饲养、标准化养殖等技术模式。"

"南方草山草坡地区天然草地和农闲田开发潜力大，可利用青绿饲草资源丰富。要大力推广粮经饲三元结构种植和标准化规模养殖，推行'公司+合作社''公司+家庭农（牧）场'的产业化经营模式，因地制宜发展地方优质山羊、肉牛、水牛和兔等产业。要重点推广天然草山草坡改良、混播饲草地建植、高效人工种草、闲田种草和草田轮作、南方饲草青贮、南方地区舍饲育肥等技术模式。"

"饲草料产业。饲草料产业坚持"以养定种"的原则，以全株青贮玉米、优质苜蓿、羊草等为重点，因地制宜推进优质饲草料生产，加快发展商品草。"

"推进人工饲草料种植，支持青贮玉米、苜蓿、燕麦、黑麦草、甜高粱等优质饲草料种植，推广农闲田种草和草田轮作，推进研制适应不同区域特点和不同生产规模的饲草生产加工机械。"

——2016年农业部《全国奶业发展规划（2016—2020年）》指出，"继续实施振兴奶业苜蓿发展行动，新增和改造优质苜蓿种植基地600万亩，开展土地整理、灌溉、机耕道及排水等设施建设，配置和扩容储草棚、堆储场、农机库、加工车间等设施，配备检验检测设备，提升国产优质苜蓿生产供给能力。在"镰刀弯"地区和黄淮海玉米主产区，扩大粮改饲试点，推进全株玉米等优质饲草料种植和养殖紧密结合，扶持培育以龙头企业和农民合作社为主的新型农业经营主体，提升优质饲草料产业化水平。"

"在奶牛养殖大县开展种养结合整县推进试点，根据环境承载能力，合理确定奶牛养殖规模，配套建设饲草料种植基地，促进粪污还田利用。"

——2015年农业部 国家发展改革委 科技部 财政部《全国农业可持续发展规划（2015—2030年）》（计发〔2015〕145号）提出，"推进生态循环农业发展。优化调整种养业结构，促进种养循环、农牧结合、农林结合。支持粮食主产区发展畜牧业，推进"过腹还田"。积极发展草牧业，支持苜蓿和青贮玉米等饲草料种植，开展粮改饲和种养结合型循环农业试点。"

"在农牧交错地带，积极推广农牧结合、粮草兼顾、生态循环的种养模式，种植青贮玉米和苜蓿，大力发展优质高产奶业和肉牛产业。""支持优化粮饲种植结构，开展青贮玉米和苜蓿种植、粮豆草田轮作……"

——2013 年《全国牛羊肉生产发展规划（2013—2020 年）》指出，"推广优质饲草和农作物秸秆利用技术，科学优化牛羊饲草料结构，提高饲草料利用水平。"

"因地制宜开展人工种草，减少天然草原载畜量，建设饲草料储备和防灾减灾设施，稳定生产能力。在半农半牧区，充分利用农区农作物秸秆资源丰富和牧区优质饲草、生产成本低廉的优势，适度扩大人工种草面积，推广专业化育肥，提高生产水平。在农区，加大农作物秸秆高效利用，提高饲草料利用率，承接牧区架子牛育肥，培育发展屠宰加工企业。"

"合理开发饲草料资源。积极发展牛羊饲草料种植，鼓励主产区扩大人工种草面积，增加青绿饲料生产，加强青贮、黄贮饲料设施建设，提高农作物秸秆的利用效率，扩大牛羊肉生产饲料来源。结合实施退牧还草、游牧民定居、饲草良种补贴、易灾地区草原保护建设、秸秆养畜示范等工程项目，增强饲草料生产供应能力，提高饲草料科学利用水平，重点加强饲料资源开发与高效利用、安全生态环保饲料生产关键技术研究开发。加强牧区能繁母畜暖棚、防灾饲草储备设施等建设，缓解牧区冬季雪灾时牛羊饲草料供应不足、牲畜死亡率增加的问题。"

二、地方需求

——2002 年《四川省人民政府关于〈全国生态环境保护纲要〉的实施意见》指出，继续有计划、有步骤地推进退耕还林还草工程、天然林保护工程。坚持以草定畜，加快人草畜"三配套"建设步伐。

——2012 年《四川省人民政府关于加快发展现代农业的意见》（川府发〔2012〕32号）提出，"着力发展现代畜牧业。深入推进现代畜牧业提质扩面，巩固和发挥川猪优势，建成国家优质商品猪战略保障基地，优化和提升生猪品质。大力发展节粮型草食牲畜、特色小家畜禽等资源节约型畜牧业和现代蜂业，实施"以草换肉蛋奶""以秸秆换肉奶"工程。……川西优质奶牛……产业集中区。"

——2015 年《四川省人民政府关于加快转变农业发展方式的实施意见》提出，"积极发展草食畜牧业，到 2020 年，全省肉牛年出栏 50 头以上规模养殖比重达 35% 以上，肉羊年出栏 100 只以上规模养殖比重达 40% 以上。"

——2016 年《四川省"十三五"农业和农村经济发展规划》指出，"饲草产业。适应现代畜牧业发展需求，提升耕地肥力，推进'粮改饲'试点，大力发展优质饲草及饲用玉米、饲用薯类等饲料作物，积极发展绿肥产业，推行"粮经饲"三元种植业结构，每年建设 20 个'粮改饲'示范区。"

"以生猪和草食畜牧业为重点推动畜牧业结构调整，巩固和稳定川猪优势，因地制宜发展饲用玉米、青贮玉米和优质饲草,大力发展有比较优势和市场潜力的节粮型草食牲畜、特色小家畜禽和蜜蜂,构建与资源环境承载能力相匹配的现代畜牧业生产新格局。"

"现代草原畜牧业和草牧业试点示范:大力开展标准化规模化草种基地、人工种草建植、天然草地改良和草产品生产加工试点项目建设,通过'两棚一圈'、现代家庭牧场等项目的建设,推动牧区草原畜牧业转型提质。到2020年,完成1 000个现代家庭牧场示范建设。"

——2016年四川省《推进农业供给侧结构性改革加快四川农业创新绿色发展行动方案》提出,"牛羊主产区开展粮改饲、'秸秆换肉奶'和'秸秆换肥料'试点,发展饲用玉米、人工种草,建立粮饲兼顾的新型农牧业结构。"

——2017年《四川省"十三五"科技创新规划》指出,"开展以饲草为主的种植模式、草食家畜养殖为主的养殖模式,以及种养废弃物循环利用等技术研究,构建粮改饲和种养加结合模式与技术体系。"

"对沙化草地和退化湿地、干旱河谷、林草交错区、水土流失严重区域等典型脆弱生态系统,开展生态恢复治理技术集成及模式创新、重大工程创面植被恢复、人工林结构调整与功能提升研究;开展典型生态系统服务功能提升技术研究,探索生态服务功能提升与生态产业融合新模式。"

三、市场需求

(一) 牧草需求分析

目前,国内人们的食物来源结构正在改变,对于草食型产物如牛羊肉、奶蛋等产品的需求日益增加,这就增加了人们对于草食畜产品食品安全的关注度,由于众多食品安全事件人们逐渐认识到优质安全的牧草才能生产出优质安全的草食畜产品。国内已经逐步建立了使用苜蓿等优质牧草的意识,许多大型养殖企业为提高畜产品数量和质量开始注重苜蓿等优质牧草的使用。但是我国种植苜蓿草的产量和质量均不能满足国内畜牧业巨大的需求,进口优质苜蓿草成为解决需求的一个重要途径。

1. 紫花苜蓿与苜蓿干草苜蓿青贮

市场所称苜蓿或苜蓿草一般指苜蓿干草,也就是种植紫花苜蓿生产加工而成的干草捆。除苜蓿干草外,苜蓿青贮也在我国部分多雨地区加快发展。自2018年7月6日美中贸易战开打以来,来自美国的苜蓿干草是贸易战在牧草领域冲突的焦点。未加征25%关税前,美国苜蓿干草长期占据进口苜蓿干草的90%以上。加征关税后,2018年美国苜蓿干草进口量为116万t,2017年为131万t,减少15万t。其他未受贸易战影响的国家对华苜蓿干草出口量增加,尤以西班牙脱水苜蓿干草表现突出,2018年达到17万t。美中贸易战对苜蓿干草使用产生了深刻影响。一方面使奶牛养殖场普遍减少了美国苜蓿干草的使用量,用来自其他国家的进口苜蓿干草替换,或者用国产苜蓿干草苜蓿青贮替代。另一方面也使国产苜蓿干草的价格摆脱长期偏低的困境,回归合理价位。使国产苜蓿干草的优质优价、国产苜蓿干草与美国苜蓿干草的同质同价方面比以往有明显改善。

2. 饲用燕麦与燕麦干草燕麦青贮

市场所称燕麦草一般指燕麦干草，也就是种植饲用燕麦（包括皮燕麦和裸燕麦两个种）生产加工而成的干草捆。除燕麦干草外，燕麦青贮也在我国部分多雨地区加快发展。我国生产燕麦干草有较为明显的优势。笔者经过多年研究，认为我国既可以生产优质 A 型燕麦干草，也可以生产优质 B 型燕麦干草。进口澳大利亚燕麦干草基本上是 B 型。国产 B 型燕麦干草的品质与澳大利亚燕麦干草品质相当或更好，而更有价格优势。澳大利亚燕麦干草 2017 年进口 31 万 t，2018 年为 29 万 t。

（二）苜蓿干草进口趋势

自 2013 年中国进口苜蓿干草突破 75 万 t 以来，由于中国奶牛养殖市场对优质苜蓿草的需求强劲，进口苜蓿干草数量连年稳步上升，至 2016 年已逼近 150 万 t 大关。2016 年中国进口苜蓿草总计 146.31 万 t，相比 2015 年的 121.36 万 t 增加 20.57%，进口金额总计 44 998.40 万美元，同比下降 4.00%；全年平均到岸价为 307.55 美元/t，同比下降 20.38%。

2017 年我国苜蓿干草进口增长放缓，燕麦草进口涨势强劲。1~12 月累计进口干草 182 万 t，同比增加 8%，其中：苜蓿干草进口 140 万 t，同比增长 0.8%；燕麦草进口 31 万 t，同比增加 38%；天然牧草进口 11 万 t，同比增加 48%。

2018 年我国进口干草累计 167.76 万 t，同比降 7.75%；进口金额 52 615.89 万美元，同比升 2.13%。其中进口苜蓿草总计 138.37 万 t，同比降 1.01%；进口金额总计 44 643.28 万美元，同比升 4.08%。2018 年进口苜蓿 83.76% 来自美国，12.42% 来自西班牙从进口来源国看，由于中美贸易战影响，虽然 6 月前牧场之前订单继续执行如期到港，但进口苜蓿美国统治地位受撼动，2018 进口苜蓿 115.89 万 t 来自美国，占总进口量 83.76%，同比下降 8.81%；金额 38 335.384 万美元，同比降 3.93%，平均到岸价 330.71 美元/t，同比上升 10.98%。

（三）燕麦干草进口趋势

据海关进口数据统计，2013 年我国进口燕麦草总计 4.28 万 t，2012 年进口 1.75 万 t，2013 年同比增 144.29%。2014 年中国进口燕麦草 12.10 万 t，较 2013 年度翻近 3 倍。2015 年中国进口燕麦干草总计 15.15 万 t，同比增 25.25%。燕麦草的进口全部来自澳大利亚。2016 年中国进口燕麦干草 22.27 万 t，同比增 47.00% 平均到岸价 328.54 美元/t，同比降 5.80%。2017 年燕麦草进口涨势强劲，1~12 月燕麦草累计进口达 31 万 t，同比增加 38%；平均到岸价格 280 美元/t，同比下跌 15%。我国进口的燕麦草则全部来自澳大利亚。2018 年中国进口燕麦草 29.36 万 t，同比降 4.71%；进口金额总计 7 972.62 万美元，同比降 7.54%；平均到岸价 271.51 美元/t。

（四）凉山饲草需求

凉山属亚热带季风气候，草牧资源丰富，草牧业发展历史悠久，是四川省三大牧区之一，拥有可利用天然草原2 980万亩、占辖区面积的32.9%，草地13类、天然草原植物155科，地方草食畜品种15个。近年来，凉山州委、州政府把草牧业作为事关全州经济发展和脱贫奔康大局的重要产业来抓，持续深化草牧业供给侧结构性改革，着力"建基地、优结构、创品牌、搞加工、拓市场"。探索创新"借羊还羊""借牛还牛""以购代捐"等产业扶贫新模式。全州共种植优质人工饲草330万亩，建成草食畜标准化养殖基地327个，建成全省最大的草食畜生产基地，实现草牧业产值89亿元、占农业总产值的17.5%，19万人依托草牧业实现脱贫。草牧业已成为凉山州农业经济结构调整的主要载体和贫困群众稳定增收的重要渠道。凉山存在的贫困问题，主要集中在粮食和经济作物种植不占优势的二半山彝族聚居区，而这些地方恰是发展草牧业的用武之地。这些地方海拔较高，天然草地资源丰富，轮歇地、空闲地也很多，水热资源并不缺乏，适合发展以饲草和饲料作物为主的营养体农业，加之当地农牧民有养殖草食家畜的习惯，草畜结合，发展草牧业。

四、生态需求

饲草栽培不仅是农田生态系统中重要成分，而且也是种植业中建立轮作制度，实现草田轮作的有效措施。一个高效、可持续发展的种植业系统必须由粮食作物、经济作物和饲料作物所组成，并且草田轮作是实现农牧业相结合的重要环节。从一些发达国家走的道路来看，在种植业结构的变化中，主要着眼于发展栽培草地，一方面促进畜牧业的发展，改善人们的食物结构和建立良好的农业生态环境，另一方面通过种植饲草实现草田轮作，维持土壤地力高效持续和实现农牧一体化发展。因此，这些国家的栽培草地占耕地面积的25%，有的高达50%以上。

第二节　饲草发展模式与关键技术

一、类型与模式

凉山饲草发展有以下几种模式。

（一）人工常年草地种植模式

1. 低山河谷区（海拔1 500米以下）

低海拔地区主栽牧草有多花黑麦草、光叶紫花苕、东非狼尾草、皇竹草、扁穗牛鞭草、青贮玉米、甜高粱等。人工常年单播草地以皇竹草、扁穗牛鞭草单种为主，季节性草地以种植多花黑麦草、光叶紫花苕、青贮玉米、甜高粱为主。

2. 二半山区（海拔1 500~2 500米）

二半山区主栽牧草有多年生黑麦草、燕麦、多花黑麦草、威宁球茎草芦、扁穗牛鞭草、青贮玉米、扁穗雀麦、苇状羊茅、白三叶、百脉根、鸭茅、紫花苜蓿、红三叶、菊苣、青贮玉米、甜高粱、凉山圆根等。人工多年生混播草地以鸭茅+多年生黑麦草+苇状羊茅+白三叶、鸭茅+苇状羊茅+宽叶雀稗+白三叶（紫花苜蓿、红三叶）为主；人工常年单播草地以皇竹草、菊苣、紫花苜蓿单种为主，季节性草地以种植燕麦、光叶紫花苕、多花黑麦草、凉山圆根、青贮玉米、甜高粱为主。

3. 高寒山区（海拔 2 500 米以上）

高寒山区人工常年混播草地以鸭茅+多年生黑麦草（多花黑麦草）+白三叶、鸭茅+多花黑麦草+红三叶或鸭茅+多年生黑麦草+紫花苜蓿为主；季节性高产草地以种植光叶紫花苕、凉山圆根、燕麦为主。

（二）改良草地模式

1. 二半山区

二半山区天然草地改良以围栏封育，带状划破草地补播白三叶、紫花苜蓿、鸭茅、猫尾草、羊草为主。

2. 高寒山区

高寒山区草地改良以围栏封育，带状划破草地补播白三叶、紫花苜蓿、猫毛草、鸭茅、多年生黑麦草的方式改良，同时追施氮、磷肥或复合肥，并清除有毒有害或不良牧草、控制合理放牧。

（三）冬闲田种草模式

1. 低山河谷区

低山河谷区冬闲田种植牧草有多花黑麦草、扁穗雀麦、光叶紫花苕等，冬闲田种草及三元种植模式有玉米+多花黑麦草（绿肥）套作、水稻+多花黑麦草免耕套作、稻+草轮作、油菜+牧草（绿肥）轮作、烤烟+牧草（绿肥）间套、轮作、冬闲田多花黑麦草、绿肥混种模式等。

2. 二半山区

二半山区适宜的冬闲田种植牧草有多花黑麦草、扁穗雀麦、紫花苜蓿、紫云英、光叶紫花苕、凉山圆根等；冬闲田种草及三元种植模式有玉米-光叶紫花苕、玉米+多花黑麦草（光叶紫花苕）套作、水稻+多花黑麦草免耕套作、稻+草轮作、油菜+光叶紫花苕轮作、烤烟+光叶紫花苕间套、轮作、冬闲田多花黑麦草、光叶紫花苕混种模式等。

3. 高寒山区

适宜的冬闲田种植牧草有燕麦、小黑麦、光叶紫花苕、凉山圆根等；冬闲田种草及三元种植模式有马铃薯-圆根、马铃薯-燕麦、马铃薯-光叶紫花苕、马铃薯-豌豆、荞麦-光叶紫花苕、玉米-光叶紫花苕、甜菜-光叶紫花苕等。

（四）栽培草地-奶牛模式

在一定面积土地上，将全年分为两个时期，5月上旬至10月上旬种植青贮玉米，10月中旬至4月下旬种植燕麦、小麦、大麦、多花黑麦草，可单播也可与苕子混播。

二、关键技术

(一) 优势草种/品种

栽培草地建设要考虑的因素较多,包括自然因素如光照、温度等,也包括牧草品种的生物学特性和生态特性,还包括人工管理水平、利用方式等,因此要根据自然条件和人类活动目的选择合适的草种。

从草地经济生产和生态效益的角度出发,栽培草地特别是永久性栽培草地建设以多品种混播为佳,其中又以豆科禾本科牧草混播为最好。多品种混播能充分地利用光、肥、气、热等自然资源,提高草地的生产能力。且多品种混播能较好地发挥各品种不同的适应性和抗逆性,丰富物种多样性,提高草地的生态稳定性,延长草地寿命。从生态稳定性和长期性来看,应根据不同生态类型筛选高产、优质牧草混播组合,以保证牧草高产稳产的持续性。适应凉山气候生长繁殖的种植禾本科和豆科优质牧草主要有多年生黑麦草、多花黑麦草、燕麦、光叶紫花苕、紫云英、皇竹草、苏丹草、紫花苜蓿、籽粒苋、串叶松香草、菊苣、三叶草、鸭茅、高羊茅等。

这些草种(品种)在不同的生态区表现特性不同,根据生态区的小气候特征和立体气候变化情况采用不同的草种和组合,如在干热河谷低海拔区通常选用耐热、耐旱的暖季型牧草皇竹草、矮象草、蕉藕、柱花草等,在水源丰富的地方还可选用牛鞭草,而在高海拔降水量丰富的地方可选用多年生黑麦草、多花黑麦草、鸭茅、苇状羊茅、白三叶、红三叶、紫花苜蓿等。

(二) 优势栽培与管理技术

1. 田间管理

栽培草地播种后,牧草种子要经历从发芽到出苗、生长的过程,这段时间当地的气候、土壤及水热条件对其影响较大,若遇干旱,牧草种子很难发芽或发芽后迅速干死,而适应性较强的杂草则迅速生长,影响了人工草场的建设效果。所以,播种后的 20 d 内,应保持土壤湿润有利于幼苗出土,若幼苗出土不整齐,应及时补种。若出土后的幼苗纤细、发黄,每亩应施 2 kg 尿素扶壮幼苗,栽培草地的雏形 60 d 左右即可形成。

2. 杂草防除

为使草地得以永续利用,杂草防除很关键。栽培草地杂草主要来源于建植地的土壤种子库、种源、灌溉用水、有机肥以及周边杂草传播等。清除方法主要是使用除草剂化学消除,也可结合一定的农业措施。农业措施主要针对杂草来源作预防处理。使用除草剂方面在杂草萌芽期或幼苗期效果最佳。杂草侵害越来越严重,不仅与优良牧草争夺养分和空间,而且降低了草地的产量和质量,制约了草地畜牧业的可持续利用。掌握栽培草地杂草发生规律,采取正确的防除技术措施,是改善栽培草地状况,提高栽培草地生产能力,使草地畜牧业得以可持续发展的关键。

3. 灌溉

牧草生长离不开充足的水分，为保证草场产量，应适当灌溉。牧草灌水期因为牧草种类、生育期及刈割特点而不尽相同。多年生牧草在返青后应浇水 1 次。从拔节开始至开花期至乳熟期，也多需水，需浇水 1~2 次。为提高再生草青草产量，每次刈割之后，也应灌溉。凉山半年干旱半年雨季，降雨季节不平衡，加上草地坡度大，降水得不到利用，若遇持续高温干旱，草地易遭到毁灭性的灾害。所以，建设栽培草地时应考虑好灌溉条件，应在草地的最高点修建蓄水池进行灌溉。草地面积小的可用胶管人工浇灌，面积大的可安装喷灌设施进行喷灌，浇灌时间和方法，以保持土壤湿润为宜。

4. 施肥

施肥是人工种草和改良天然草地的重要环节之一。开展种草养畜时，应掌握土壤中氮、磷、钾等微量元素含量和 pH 值，根据土壤的 pH 值和缺乏的微量元素，对土壤进行改良和牧草追施不同比例的氮、磷、钾肥，才能提高草地质量和牧草产量。施肥有基肥和追肥两种方式。播种前，结合开垦土地时施用的以有机肥为主的肥料即为基肥。基肥可供给牧草整个生长期需要的营养，以有机肥为主，也可用硫酸铵、过磷酸钙、钾肥。为保证草地的丰产性和长期使用，在播种前每亩应施磷肥 50 kg、复合肥 25 kg 或厩肥 2 000 kg 作基肥。播种时用于拌种或直接施入播种沟里的肥料称种肥。它可以满足牧草幼苗期养分的需要。一般以无机磷、氮肥为主，也可用腐熟的有机肥。在牧草生长期内施用的肥料称追肥。苗高至 10 cm 时应及时施 3 kg/亩尿素作提苗肥。在牧草生育期间要选择速效性化肥作田间追肥。它可满足牧草生长期对养分的需要。追肥通常以速效性无机肥为主，也可追施腐熟的有机肥。首次追肥应在牧草分蘖或分枝前，以氮肥为主，适当追施磷肥。一般每亩追施尿素 2 kg，磷肥 4 kg，可促进牧草分蘖或分枝。夏季追肥应在牧草利用过后施氮、磷、钾全肥，一般土壤每亩施 7 kg，贫瘠的土壤每亩施 13~17 kg，牧草即可迅速再生。秋季追肥不施氮肥，每亩施磷肥 5 kg、钾肥 5 kg，草地即可贮藏充足的养分，供给冬季牧草休眠和翌年再生利用。豆科牧草除幼苗期需少量氮肥外，主要追施磷、钾肥。豆科牧草在分枝前追施少量氮肥可促进其分枝，分枝后根部的根瘤逐渐形成，其中的根瘤菌可固定土壤空气中的氮素为豆科牧草所吸收利用，不必再施氮肥。每次利用后以施钾、磷肥为主。禾本科牧草则需要大量的氮肥，禾本科牧草追施氮、磷、钾量约为 5∶1∶2 的比例。追肥时间应在牧草形成新枝及生长旺盛期。豆科牧草则在每次刈割之后效果最佳。追肥最好分期进行，可在牧草返青期、分蘖期、现蕾期等条施或撒施，若能结合灌水或降雨天气则最好。

第三节　发展人工种草的路径

一、立草为业

饲草是发展畜牧业的物质基础，它的数量和质量左右着畜牧业生产的发展，畜产品的数量和质量以及产品成本的高低。畜产品的生产必须建立在可靠的饲草基础上，要把饲草生产纳入国民经济计划。要充分利用土地资源，保护和建设草场，发展粮草轮作，建设草地农业生态系统。

（一）保护和建设草场。

认真贯彻草原法，大力开发草场资源，在划留自留山的基础上，落实草山使用权，建立草山责任制。实行定点放牧，封育刈割草场和冬春草场，水土条件好的草场，要有计划地翻耕补播白三叶和其他豆科牧草，同时与有关部门配合，引种杨槐、山毛豆等改善植被增加牧草产量，提高草场质量，加快草场生产力的恢复和发展。

（二）推广粮草轮作

凉山地区有轮歇地草地 125.17 万亩，农隙地草地 344.36 万亩以及部分园林草地和近200 万亩冬闲地，可以利用这些土地种植牧草，发展粮草轮作，既能贮备越冬草料，又能提高粮食产量，对农牧业生产都有利，同时还能促进耕作制度的改革，实现农牧结合、林牧结合、果草结合，坚持粮草融合、林草融合、畜草融合、果草融合之路。

二、提倡种草养畜

大力发展草食畜，要充分合理利用草地广阔，农副产物丰富、粮草轮作潜力大的有利条件，提高出栏率和商品率。要加大推广草田轮作、间作的人工种草力度，进一步扩大发展，以促进牲畜的发展，在发展草食畜为主的同时，对生猪仍要继续发展。对西部的盐源、木里两县，草地类型有别于其他地区，盐源盆地多灌丛，两县适合牦牛、绵羊、山羊、黄牛的饲养，应大力发展。但要大量种植优质牧草，建设人工草地，才能更好地提高产肉量和商品率，提高经济效益。

三、植树种草

大力植树造林，扩大资源，扩大覆盖面，提高森林覆盖率。封山育林是凉山恢复森林植被的一项重要措施，对于有天然更新能力的以封山育林为主，封山与补植补播结合，天然更新能力差的以补植补播为主，结合封山育林，大力种草，采取三结合、两为主，即使多年生的与一年生的牧草相结合，引进优质牧草与发掘本地优质牧草相结合，种草与养畜相结合，种草当前来看以户为主，以小为主。人工草场的建设要与牲畜饲养管理形式和规模相适应。在粮食作物一年一熟的地区，要充分利用冬闲地多种饲草，充分利用土地，因地制宜地采取粮草轮作、间作、套作；果草、林草结合等多种形式种草。对天然草原要落实责任制，加强保护，合理利用，要改变那种认为草是一种自生自长的物质，不需要培育、管理的观念，要进行改良管理，采取施肥、灌溉、人工围栏、消灭鼠虫害等措施。

四、合理开发饲草料资源

积极发展牛羊饲草料种植，鼓励饲草适栽区扩大人工种草面积，增加青绿饲料生产，加强青贮、黄贮饲料设施建设，提高农作物秸秆的利用效率，扩大牛羊肉生产饲料来源。结合实施退牧还草、饲草良种补贴、易灾地区草原保护建设、秸秆养畜示范等工程项目，增强饲草料生产供应能力，提高饲草料科学利用水平，重点加强饲料资源开发与高效利用、安全生态环保饲料生产关键技术研究开发。加强防灾饲草储备设施等建设，缓解凉山地区旱季牛羊饲草料供应不足、牲畜死亡率高的问题。

五、整合饲草产业资源

坚持草地农业不动摇，大力发展草地畜牧业，积极调整种养结构，实行草田轮作制推动种植业由目前的"粮、经"二元结构向"粮、经、饲"三元结构转变，充分利用农区坡地和零星草地，建设高产、稳产苜蓿草地，提高苜蓿产出能力。积极探索奶—草一体化、肉—草一体化等的发展经营模式，推进苜蓿产业与奶牛养殖、肉牛养殖的结合。同时要重视开发利用中低产田、退耕地和贫瘠地等资源，选择抗逆性强、优质高产的苜蓿品种，采用先进的栽培管理技术进行重点突破。把苜蓿规模化种植、标准化管理基地建设与奶牛等畜牧养殖小区、标准化养殖场、家庭牧场建设结合起来，作为畜产品基地建设的重要组成部分抓紧、抓好；为满足畜牧业发展对优质饲草的需要，要把苜蓿生产纳入优质耕地作物生产的范畴，防止为增粮而翻草地的做法，并在条件较好的会东县、会理县进行苜蓿产业发展试点示范。

以粮改饲为契机，同步开展种养加结合的综合饲草基地建设。坚持以水定种、以草定畜和以畜定草，促进种草与养畜双赢发展。坚持土地利用率最大最优的基本原则下，因地制宜推进耕地种草，并根据饲草可利用数量确定种植面积，有序推进粮经饲三元结构调整。按照"连片种植"或"整村推进"的模式，推广多年生优质饲草和一年生禾草（燕麦草、多花黑麦草等）为主的混播、套种及草田轮作等技术。鼓励开展玉米全株青贮、苜蓿和燕麦裹包青贮。

第四节　凉山种草养畜发展草牧业的路径

一、种草养畜发展草牧业的因素分析

凉山种草养畜发展草牧业有许多有利因素，但也存在一些不利因素。为了充分发挥当地资源优势以利于种草养畜，现将有利和不利因素做如下分析。

（一）发展种草的有利因素

1. 气候资源

凉山日照长、热量丰富、雨量充沛，适宜多种优良牧草生长，具有实行粮草轮作建立人工草地的良好条件。

2. 土地资源

凉山各类天然草场面积 4 176 万亩，占总面积的 40%，为耕地面积的 7.5 倍。凉山地区现有撂荒地约 250 万亩，具有草场改良，建立人工草地，发展牧业经济的良好条件。

3. **野生牧草资源丰富**

据凉山州草地资源调查材料，植物有 2 106 种，其中有饲用价值的豆科和禾本科牧草占 19%，老芒麦、中华羊茅、紫羊茅、密花早熟禾、百脉根、野豌豆等野生牧草，产草量较高，质量较好，适应能力强，有栽培价值。

4. **撂荒地是发展粮草轮作建立高产优质人工草地的理想土地**

根据调查，撂荒地植被任其自然恢复，形成以多年生禾本科草占优势的植被要 10 ~ 15 年。利用这些轮歇地改种牧草，两年后即可见效，对牧业生产有着重大意义。

5. 该地区推广人工种草仅短短几年时间便取得较多的经济效益和社会效益。因此现在在当地推广粮草轮作，建立人工草地，发展牧业生产已成为农民群众的自觉行动。

（二）发展种草的不利因素

（1）凉山地处偏僻山区，交通闭塞信息不灵、流通不畅，农民想发家致富而无门路，部分农民为了增加收入，只有扩大耕地面积，在本来不适宜种植作物的陡坡开荒耕种（据调查坡度在 40° ~ 50° 的山坡都有辟为耕地的），造成严重的水土流失。由于科学技术落后，可耕地耕作粗放，掠夺性经营的结果，致使土壤肥力耗尽而弃耕轮歇。自然恢复的植被杂草丛生，产量低，对牧业生产无多大价值。因此轮歇期间的土地对人类经济建设效益极低。

（2）凉山年降水量较多，并能满足植物生长的需要，但因季节分配不均，降水多集中于夏秋，冬春稀少，易出现春旱，常影响植物的萌发和返青，夏秋雨水过多又不利于调制干草。

（3）凉山有几条大江大河，水源丰富，但地貌崎岖，山高水低。给发展人工灌溉带来困难。金沙江、雅砻江河谷有成片的山地草场，生长质地粗硬的禾草-油芒、黄背草、五节芒等杂类草在草群中居于优势。这些牧草利用率低，适口性差，应当改良。但关键问题在于水，而该区处于干旱河谷地带，以高温少雨为特征，如果把金沙江、雅砻江的水抽去灌溉，在目前人力物力的条件下，要改良这类草场是有困难的。

二、种草养畜发展草牧业原则

以提高经济效益、生态效益和社会效益为中心，促进各业协调一致，使整个经济建设持续而稳步地发展。

（一）经济效益

农林牧是不可分割的统一体，与其他行业也有必然的联系。在种草养畜中提高经济效益的同时，应注意纵向和横向的联系，按自然规律办事，使各种经济协调地发展。

（二）生态效益

生态的含义极广，但主要是气候、地形、土壤、生物（动植物）及人类活动等方面，种草养畜或别的生产应注意生态平衡。例如，放牧地及人工草地周围建立防护林带，能调节气候、保持水土。促进牧草生长，撂荒地种草不仅促进牧业生产，而且能提高土壤肥力，到一定时期翻耕种植作物可提高产量，农业发展又为牧业生产提供精料，疏林地放牧，可充分利用当地资源，变废为宝。而且减少杂草为害和家畜排出粪尿进行天然施肥，促进林木生长。农林牧合理布局是提高生态效益的重要措施，但这些都是人类活动起主导作用，要通过人类活动建立新的生态平衡。

（三）社会效益

通过种草发展草牧业，实现粮草融合、畜草融合、林草融合、果草融合和人草融合，使农业、畜牧业、林业、草业和生态业协调发展，使农民经济收入持续稳定增加，生态环境良性循环。

三、发展草牧业的路径

（一）改良天然草场

对于草场植被较理想，土壤较疏松，但因过度放牧，优良牧草受牲畜频繁采食，生长发育受到抑制，产草量低的草场，应实行封山育草，延期放牧，配合施肥，清除毒害草或补播草种均能收到良好效果。会东县江西街公社金钩大队采取这种改良方法产草由原来的400 kg/亩上升到1 500 kg/亩。提高了2.5倍经济效益很显著，牧业收入由1979年的4 339.82元上升到1984年的36 652.55元，增加7倍。

治标改良能够大幅度提高牧草产量，但要研究影响草场生产能力低的主导因子，例如高山、亚高山草甸类型的草场，植被以莎草科的蒿草属植物为主，根系发达，土壤板结，在这类草场补播草种或施肥因补播牧草被风吹走，或处于枯草丛中，以及肥料随水而流失，不能达到理想的效果。因此，必须在松土的前提下，配合其他改良措施才能收到良好的效果。

沼泽半沼泽草场，水分过多成为优良牧草生长发育的限制因子，在这类草场补播草种或施肥效果也不佳，必须在开沟排水的前提下配合其他改良措施才能有效。

治标改良是在不破坏原有植被条件下进行的。应选择竞争能力强的草种，红三叶、白三叶、雀麦草以及其他传统栽培的优良牧草是在人工长期栽培的条件下形成的，有一定竞争能力，但不如当地野生优良牧草，天然牧草适应能力、竞争能力强，应选择这类野生牧草补播。在高山、亚高山地区、垂穗披碱草、老芒麦、中华羊茅、紫羊茅、密花早熟禾均为当地野生种，产量高、质量好、适应能力强。经验证明，用于补播均收到良好效果。

凉山州有天然草场4 176.38万亩，对1/3的草场进行改良，载畜量以提高50%计，可增加载畜量63万个羊单位。

（二）实行粮草轮作

实行粮草轮作，促进农牧民同步发展。在常耕地里利用农隙时间种一季牧草或作物与粮食轮换种植，当地称为粮草轮作，这种方法在盆周各地经常采用，例如收水稻后种苕子或紫云英，用作饲喂奶牛或猪的饲料。凉山推广这种方法取得很大成效。如昭觉县推广10.8万亩粮草轮作，使1981年畜牧业占总产值由1978年的15.6%上升至21.1%。粮草轮作搞得最好的，烂坝公社五一大队，1982年牲畜由1977年的1 736头发展到2 864头，增长65%，粮食由1977年285 t，发展到444 t，增长55.8%。这是粮草轮作，促进农牧业同步发展的典型事例。凉山现有撂荒地250多万亩，如每年以150万亩进行粮草轮作，每亩产鲜草平均以2 500 kg计，共产鲜草375万t，1个羊单位以年食草1 825 kg计，可载畜102.7万羊单位，相当于凉山州现有羊群总数的26.8%。人工牧草粗蛋白质收获量比轮歇地杂草高13.7倍，比玉米高9.8倍，无氮浸出物比轮歇地高4.1倍，比玉米高1.1倍（表8-1）。

利用轮歇地建立人工草地是最经济的草场建设方法，它投资少见效快，在即将轮歇的最后一季用多年生牧草撒播，当作物收获后，第二年牧草自然生长，只要稍加管理，消除杂草，就可以割草或放牧。已经弃耕轮歇的土地，由于土壤疏松，耕翻容易，相对地减少人力和投资，比利用天然草场建立人工草地省工省事。

表8-1　白三叶、玉米、杂类草单位面积产量和主要营养物质收获量

类别	产量（kg/亩）		粗蛋白质		无氮浸出物	
	鲜草	干草	含量（%）	收获量（kg/亩）	含量（%）	收获量（kg/亩）
轮歇地杂类草	630	211	8.28	17.4	37.66	73.7
人工牧草（白三叶）	1 000	400	25.69	256.9	37.81	378.1
农作物（玉米）		250	9.51	23.8	71.65	179.2

（三）果草间作

在果园下种植牧草在国际上已有先例。果园下较阴，选用耐阴牧草——鸭茅栽培，国外把这种牧草称为果园草。凉山实行果草间作，既收获水果，又收获牧草，一举两得。凉山州园林面积小，只有1.08万亩，即使全部实行果草间作，对这个畜牧业的发展也是微不足道的，但果树集中的某些村庄，实行果草间作，对促进畜牧业的发展仍是起积极作用的，例如盐源县城，有一个幸福院，在数十亩苹果园下种植白三叶，由于管理得好，割三次，累计亩产鲜草5 350 kg，用于养鱼或养畜，扩大经济效益。据介绍，实行果草间作，每亩土地年产值达到300元，因此尽管园林面积小，但全部间作牧草，亩产以5 000 kg鲜草计，载畜量可达2.38万个羊单位。

参考文献

阿西伍牛 . 2014. 光叶紫花苕的种植技术与应用效益 [J]. 当代畜牧 (9)：85-86.

敖学成，傅平，陈国祥，等 . 2006. 凉山光叶紫花苕根蘖性状的测定分析 [J]. 四川草原 (6)：29-30.

敖学成，王洪炯，陈国祥，等 . 1993. 影响光叶紫花苕产量因素的通径分析 [J]. 四川草原 (1)：35-38.

敖学成，王洪炯 . 1992. 凉山州草业建设的回顾与展望 [J]. 四川草原 (3)：48-51.

敖学成，王洪炯 . 1993. 九十年代凉山州草业建设的思路 [J]. 四川草原 (4)：1-4.

敖学成 . 1981. 凉山草甸草场施氮肥提高产草量的效果试验 [J]. 中国畜牧杂志 (1)：13-15.

敖学成 . 1981. 三叶草在凉山昭觉草场上自然繁殖演替的初步调查 [J]. 中国畜牧杂志 (4)：19-21.

敖学成 . 1982. 三叶草自然繁殖演替昭觉草山的初步调查研究 [J]. 草业与畜牧 (3)：65-68.

白合松 . 2018. 冬闲田光叶紫花苕净种还田技术对后季作物产量影响力研究 [J]. 农民致富之友 (2)：83.

白史且，苟文龙 . 2017. 大小凉山现代草牧业实用技术 [M]. 成都：四川科学技术出版社 .

曹丽霞，赵世锋，石碧红，等 . 2017. 6 个饲用燕麦品种不同刈割期的产草量比较 [J]. 河北农业科学，21 (6)：11-16.

曹致中 . 2003. 牧草种子生产技术 [M]. 北京：金盾出版社 .

柴继宽，赵桂琴，师尚礼 . 2011. 7 个燕麦品种在甘肃二阴区的适应性评价 [J]. 草原与草坪，31 (2)：1-6.

常生华，侯扶江，于应文 . 2004. 黄土丘陵沟壑区三种豆科人工草地的植被与土壤特征 [J]. 生态学报，24 (5)：932-936.

陈宝书，王建光 . 2001. 牧草饲料作物栽培学 [M]. 北京：中国农业出版社 .

陈超，龙忠富，莫本田，等 . 2008. 贵草 1 号多花黑麦草冬闲田种植利用研究 [J]. 贵州畜牧兽医，32 (3)：17-18.

陈功，贺兰芳 . 2004. 多年生禾草混播草地初级生产力及群落动态研究 ［J］. 草业学报，13（4）：45-49.

陈国祥，傅平，敖学成，等 . 2006. 凉山不同产区光叶紫花苕植株植物学性状的分析研究 ［J］. 草业科学，23（7）：32-36.

陈国祥，傅平，敖学成，等 . 2006. 凉山光叶紫花苕生物性状与影响草、种生产因素的分析 ［J］. 草业科学，23（3）：30-34.

陈国祥，傅平，何萍，等 . 2004. 刈割次数对光叶紫花苕产草量和产种量的影响 ［J］. 四川草原（6）：13-14.

陈军强，李小刚，张世挺，等 . 2014. 甘南燕麦引种及其刈割期研究 ［J］. 家畜生态学报，35（9）：55-60.

陈莉敏，赵国敏，廖兴勇，等 . 2016. 川西北 7 个燕麦品种产量及营养成分比较分析 ［J］. 草业与畜牧（2）：19-23.

崔茂盛，匡崇义，薛世明，等 . 2016. 云南冬春农田种植的优良豆科牧草——云光早光叶紫花苕 ［J］. 草业与畜牧（7）：60-61.

戴征煌，刘水华，于徐根，等 . 2018. 适宜秋冬闲田种植的牧草品种筛选及刈割利用研究 ［J］. 江西畜牧兽医杂志（2）：44-48.

丁成龙，顾洪如，冯成玉，等 . 2007. 播种期与播种量对多花黑麦草种子生产性能的影响 ［J］. 中国草地学报，29（4）：56-60.

丁成龙，顾洪如，许能祥，等 . 2011. 不同刈割期对多花黑麦草饲草产量及品质的影响 ［J］. 草业学报，20（6）：189-194.

丁成龙 . 2008. 多花黑麦草在南方农区农业结构中的作用及其栽培利用技术 ［J］. 中国养兔（11）：15-17.

丁海荣，杨智青，钟小仙，等 . 2015. 施氮水平与播种量对多花黑麦草种子结实性及产量的影响 ［J］. 江苏农业科学，43（3）：190-193.

董世魁，胡自治，龙瑞军，等 . 2003. 高寒地区多年生禾草混播草地的群落学特征研究 ［J］. 生态学杂志，22（5）：20-25.

杜东英，王劲松，郭云周，等 . 2010. 曲靖市土壤有机质提升技术——光叶紫花苕种植及还田技术 ［J］. 云南农业科技（4）：29-31.

杜逸 . 1986. 四川牧草、饲料作物品种资源名录 ［M］. 成都：四川民族出版社 .

尔古木支，吉多伍呷 . 2002. 光叶紫花苕种植和干草调制技术 ［J］. 中国畜牧杂志，38（4）：62.

樊江文，钟华平，梁飚，等 . 2003. 在不同压力和干扰条件下黑麦草和其他六种植物的竞争研究 ［J］. 植物生态学报，27（4）：522-530.

樊江文 . 1996. 在施肥和不施肥条件下刈割频度对红三叶和鸭茅混播草地生产力的影响 ［J］. 草业科学，13（3）：23-28.

傅平，敖学成，王世斌，等．2004．安宁河流域黑麦草、白三叶的生长测定 [J]．四川畜牧兽医，12（31）：24-25．

高燕蓉，张瑞珍，谢永良，等．2006．杰威多花黑麦草引种试验报告 [J]．四川畜牧兽医（7）：31-33．

苟文龙，何光武，张新跃，等．2005．多花黑麦草不同品种的综合评价方法研究 [J]．四川畜牧兽医（11）：27-29．

苟文龙，何光武，张新跃，等．2005．多效唑对多花黑麦草生长及种子产量的影响（简报）[J]．草地学报，13（4）：349-351．

苟文龙，何光武，张新跃，等．2006．播期对光叶紫花苕种子生产的影响 [J]．草业与畜牧（11）：21-23，39．

苟文龙，张新跃，何光武，等．2006．刈割时期对光叶紫花苕生产性能的影响 [J]．中国草地学报，28（3）：35-38．

苟文龙，张新跃，李元华，等．2007．多花黑麦草饲喂奶牛效果研究 [J]．草业科学，24（12）：72-75．

顾洪如，李元姬，沈益新，等．2004．追施不同氮量对多花黑麦草干物质产量和可消化干物质产量的影响 [J]．江苏农业学报，20（4）：254-258．

郭太雷．2013．光叶紫花苕草粉在畜牧业上的应用前景 [J]．草业与畜牧（5）：22-24．

郭太雷．2013．光叶紫花苕营养价值及科学利用 [J]．畜禽业（10）：68-70．

郭太雷．2014．贵州省织金县开发绿肥饲料资源的实践探讨 [J]．饲料博览（8）：62-64．

国家牧草产业技术体系．2015．中国栽培草地 [M]．北京：科学出版社．

韩德梁，何胜江，陈超，等．2008．豆禾混播草地群落稳定性的比较 [J]．生态环境，17（5）：1974-1979．

韩建国，马春晖．1998．优质牧草的栽培与加工贮藏 [M]．北京：中国农业出版社．

韩建国，孙启忠，马春晖．2004．农牧交错带农牧业可持续发展技术 [M]．北京：化学工业出版社．

韩勇，粟朝芝，李娜，等．2012．光叶紫花苕草粉对杂交肉牛肉质的影响 [J]．贵州农业科学，40（9）：149-153．

何光武，黄海，傅平，等．2006．凉山光叶紫花苕原种生产技术 [J]．四川草原（5）：62，54．

何光武，张瑞珍，何丕阳，等．2006．冬牧 70 黑麦和特高多花黑麦草产草量比较 [J]．四川草原（3）：21-23．

何萍，傅平，敖学成，等．2004．刈割次数对光叶紫花苕产草量和产种量的观察试验 [J]．中央民族大学学报（自然科学版），13（2）：150-153．

贺能万，蒋光辉，王大可，等.2005.不同氮肥施用量对多花黑麦草种子生产的影响 [J].草业与畜牧 (9)：31-33.

候建杰，赵桂琴，焦婷，等.2013.6 个燕麦品种（系）在甘肃夏河地区的适应性评价 [J].草原与草坪，33 (2)：26-32, 37.

胡礼芝，杨永华，和义忠，等.2017.光叶紫花苕净种还田对化肥减量的影响力研究 [J].河南农业 (7)：11-12.

吉拉维石.2001.光叶紫花苕的种植与利用效益 [J].草业科学，18 (3)：68-69.

孔伟，储刘专，鲁剑巍，等.2013.光叶紫花苕子不同翻压期对烤烟生长发育的影响 [J].中国农学通报，29 (1)：150-154.

孔伟，耿明建，储刘专，等.2011.光叶紫花苕子在烟田中的腐解及养分释放动态研究 [J].中国土壤与肥料 (1)：64-68.

寇玲玲，耿明建，孔伟，等.2011.不同施肥量对苕子生长发育的影响 [J].湖北农业科学，50 (13)：2623-2625.

雷荷仙，赵建刚，张进国，等.2011.品种及茬次对多花黑麦草营养成分的影响 [J].草业与畜牧 (10)：11-14.

李博.1999.普通生态学 [M].北京：高等教育出版社.

李红玉，刑毅.2008.不同品种多花黑麦草营养成分比较 [J].当代畜牧 (6)：41-43.

李天平，李石友，王世雄，等.2018.不同播种方式对特高黑麦草产量及营养成分的影响 [J].养殖与饲料 (4)：40-41.

李元华，刘能，鲁日坡，等.2012.烤烟与光叶紫花苕轮作大有可为 [J].四川畜牧兽医 (11)：15, 17.

李元华，张新跃，宿正伟，等.2007.多花黑麦草饲养肉兔效果研究 [J].草业科学，24 (11)：70-72.

李元华.1994.优质豆科牧草——光叶紫花苕 [J].四川畜牧兽医 (6)：37-38.

李元姬，顾洪如，沈益新，等.2005.多花黑麦草抽穗期干物质体外消化率在品系间的差异 [J].江苏农业学报，21 (1)：53-58.

李志强.2013.燕麦干草质量评价 [J].中国奶牛 (19)：1-3.

凉山州畜牧局.1986.四川省凉山州草地植物名录 [M].西昌：西昌人民出版社.

凉山州畜牧局编，凉山州编译局译.1991.凉山牧草栽培与利用.成都 [M].四川民族出版社.

梁正蓉，梁正华.2012.不同播量对光叶紫花苕鲜草产量的影响 [J].现代农业科技 (9)：311, 313.

凌新康.1998.凉山光叶紫花苕的种子繁育技术 [J].四川畜牧兽医，89 (1)：40.

凌新康.1998.凉山州大种光叶紫花苕发展养羊业 [J].草与畜杂志 (1)：26.

凌新康. 1999. 光叶紫花苕种植措施［J］. 四川畜牧兽医，94（2）：30.

凌新康. 2004. 光叶紫花苕种植技术及经济价值［J］. 四川畜牧兽医，31（4）：42.

刘刚，赵桂琴. 2006. 刈割对燕麦产草量及品质影响的初步研究［J］. 草业科学，23（11）：41-45.

刘洪岭，李香兰，梁一民. 1998. 禾本科及豆科牧草对黄土丘陵区台田土壤培肥效果的比较研究［J］. 西北植物学报，18（2）：287-291.

刘凌，何萍，马家林，等. 1999. 四川凉山州光叶紫花苕良种选育及推广研究［J］. 草业科学，16（3）：8-11.

刘彦明，南铭，任生兰，等. 2015. 12 个燕麦品种在定西的引种试验［J］. 甘肃农业科技（3）：16-20.

刘永钢，徐载春，王洪桐. 1992. 不同比例光叶紫花苕草粉饲喂生长肥育猪的效果［J］. 中国畜牧杂志，28（1）：3-7.

刘云霞，段瑞林，康永槐. 2002. 会东县光叶紫花苕种植技术配套组装与推广应用［J］. 四川畜牧兽医，29（8）：41-42.

柳茜，陈国祥. 2005. 凉山光叶紫花苕自然繁殖植株性状相关程度的通径分析［J］. 四川草原（8）：21-23.

柳茜，傅平，敖学成，等. 2016. 冬闲田多花黑麦草+光叶紫花苕混播草地生产性能与种间竞争的研究［J］. 草地学报，24（1）：42-46.

柳茜，傅平，苏茂，等. 2015. 不同氮肥基施对多花黑麦草产量的影响［J］. 草业与畜牧（3）：18-20.

柳茜，傅平，姚明久，等. 2016. 攀西蓝花子在西昌地区种植的生产性能研究［J］. 四川畜牧兽医（3）：35-37.

柳茜，孙启忠，卢寰宗，等. 2017. 冬闲田不同燕麦品种生产性能的初步分析［J］. 中国奶牛（10）：51-53.

柳茜，孙启忠，卢寰宗，等. 2017. 冬闲田不同燕麦品种生产性能的初步分析［J］. 中国奶牛（10）：51-54.

柳茜，孙启忠，杨万春，等. 2019. 攀西地区冬闲田种植晚熟型燕麦的最佳刈割期研究［J］. 中国奶牛（1）：4-8.

柳茜，孙启忠. 2018. 攀西饲草［M］. 北京：气象出版社.

柳茜，王红梅，傅平，等. 2013. 多花黑麦草+光叶紫花苕混播草地生产力特征［J］. 草业科学，30（10）：1584-1588.

柳茜，王清郦，傅平，等. 2013. 光叶紫花苕种子贮藏蛋白分析［J］. 草原与草坪，33（4）：28-33.

卢寰宗，陈国祥，王同军，等. 2011. 凉山圆根（芜菁）施肥试验［J］. 牧草与饲料，5（1）：39-40.

卢寰宗，刘晓波 . 2014. 不同播种期对凉山圆根植株性状及产量的影响 ［J］. 四川畜
  牧兽医（9）：24-25，28.

卢寰宗，柳茜，刘晓波，等 . 2017. 冬闲田种植燕麦生产性能研究 ［J］. 草学（3）：
  55-58.

陆桂耀 . 2000. 苕子种子发芽试验初探 ［J］. 种子世界（12）：27.

吕玉兰，王跃全，杨蓓，等 . 2013. 施氮对多花黑麦草叶片叶绿素和鲜草产量的影响
  ［J］. 草业科学，30（4）：606-609.

洛古有夫 . 1993. 光叶紫花苕免耕栽培技术要点 ［J］. 四川农业科技（3）：28-29.

马春晖，韩建国，李鸿祥，等 . 1999. 冬牧 70 黑麦+箭舌豌豆混播草地生物量、品质
  及种间竞争的动态研究 ［J］. 草业学报，8（4）：56-64.

马春晖，韩建国 . 2001. 一年生饲用作物最佳刈割期的研究 ［J］. 草业科学，18（3）：
  25-29.

马海天才 . 1994. 光叶紫花苕与大麦混播比例的研究 ［J］. 草与畜杂志（2）：22.

马红，熊景发，谢雪山，等 . 2010. 多花黑麦草品比试验 ［J］. 草业与畜牧（1）：
  16-18.

毛凯，周寿荣，刘忠，等 . 1996. 箭筈豌豆与多花黑麦草混播群落氮素动态研究 ［J］.
  草业科学，13（1）：19-21.

卯升华，董恩省，胡建华，等 . 2017. 高海拔地区光叶紫花苕鲜草高产栽培技术研究
  ［J］. 现代农业科技（12）：8-9.

卯升华，董恩省，彭瑶，等 . 2017. 光叶紫花苕对土壤肥力及后续作物产量的影响
  ［J］. 现代农业科技（11）：102，104.

孟庆辉，柳茜，罗燕，等 . 2011. 德昌县实施烟草畜结合烟地轮作光叶紫花苕调查分
  析 ［J］. 草业与畜牧（8）：8-10.

莫木田，陈瑞祥，龙忠富，等 . 2009. 多花黑麦草的引种及其生产性能 ［J］. 贵州农
  业科学，37（2）：108-109.

且沙此咪 . 2005. 布拖县光叶紫花苕丰产试验研究 ［J］. 四川草原（12）：16-18.

全国牧草品种审定委员会 . 1999. 中国牧草登记品种集 ［M］. 北京：中国农业大学出
  版社 .

全国牧草品种审定委员会 . 2008. 中国审定登记草品种集 ［M］. 北京：中国农业
  出版社 .

全国畜牧总站 . 2017. 草业生产实用技术 2017 ［M］. 北京：中国农业出版社 .

全国畜牧总站 . 2017. 中国审定草品种集 ［M］. 北京：中国农业出版社 .

全国畜牧总站 . 2018. 中国草种管理 ［M］. 北京：中国农业出版社 .

任继周主编 . 2008. 草业大辞典 ［M］. 北京：中国农业出版社 .

沈益新，梁祖铎 . 1993. 两个黑麦草种生产性能的比较 ［J］. 南京农业大学学报，16

（1）：78-83.

石永红，符义坤，李阳春，等 . 2000. 半荒漠地区绿洲混播牧草群落稳定性与调控研究 ［J］. 草业学报，9（3）：1-7.

舒健虹，李辰琼，尚以顺，等 . 2006. 多花黑麦草品种比较试验 ［J］. 贵州畜牧兽医，30（3）：8-9.

四川草原工作总站 . 1986. 四川省天然草地植物名录及营养成分 ［M］. 成都：四川省草原工作总站 .

四川省畜牧局编 . 四川草地资源 . 1989. 全国草地资源调查丛书四川省天然草地资源调查成果之一 ［M］成都：四川民族出版社 .

四川植被协作组 . 1980. 四川植被 ［M］. 成都：四川人民出版社 .

宋恒 . 2012. 凉山州燕麦栽培技术 ［J］. 草业与畜牧（8）：19-20.

孙爱华，鲁鸿佩，马绍慧 . 2003. 高寒地区箭筈豌豆+燕麦混播复种试验研究 ［J］. 草业科学，20（8）：37-38.

孙鏖，傅胜才，张佰忠，等 . 2013. 湖南冬闲旱地不同燕麦品种生产性能的初步分析 ［J］. 草地学报，21（1）：123-126.

孙醒东 . 1954. 重要栽培牧草 ［M］. 北京：科学出版社 .

田新会，杜文华，曹致中 . 2003. 猫尾草不同品种的最佳刈割时期 ［J］. 草业科学，20（9）：12-15.

王德猛 . 1999. 越西县光叶紫花苕种植及干草调制技术 ［J］. 四川畜牧兽医，26（10）：29.

王德猛 . 2006. 光叶紫花苕种植技术简介 ［J］. 四川草原（3）：59，61.

王栋 . 1952. 牧草学通论 ［M］. 南京：畜牧兽医图书出版社 .

王栋 . 1956. 牧草学各论 ［M］. 南京：畜牧兽医图书出版社 .

王建光，董宽虎 . 2018. 牧草饲料作物栽培学 ［M］. 北京：中国农业出版社 .

王明蓉，王松，罗富成，等 . 2004. 多花黑麦草品种比较试验 ［J］. 四川草原（5）：15-17.

王平，王天慧，周道玮 . 2007. 松嫩地区禾豆混播草地生产力研究 ［J］. 中国科技论文在线，2（2）：121-128.

王平，周道玮，张宝田 . 2009. 禾豆混播草地种间竞争与共存 ［J］. 生态学报，29（5）：2560-2567.

王绍飞，罗永聪，张新全，等 . 2014. 14个多花黑麦草品种（系）在川西南地区生产性能综合评价 ［J］. 草业科学，23（6）：87-94.

王桃，徐长林，张丽静，等 . 2011. 5个燕麦品种和品系不同生育期不同部位养分分布格局 ［J］. 草业学报，20（4）：70-81.

王霞霞，朱德建，李岩，等 . 2016. 南方冬闲田饲用燕麦品种筛选的研究 ［J］. 种子，

35（5）：112-114.

王小山，刘高军，魏臻武，等.2010.不同氮肥用量对多花黑麦草和小麦产量、效益的影响［J］.江苏农业科学（6）：331-333.

王旭，曾昭海，朱波，等.2007.箭筈豌豆与燕麦不同间作混播模式对产量和品质的影响［J］.作物学报，33（11）：1892-1895.

王宇涛，辛国荣，杨中艺，等.2010.多花黑麦草的应用研究进展［J］.草业科学，27（3）：118-123.

王自能.2007.多花黑麦草与野生杂草饲喂肉鹅对比试验初报［J］.现代农业科技（8）：99，111.

温方，孙启忠，陶雅.2007.影响牧草再生性的因素分析［J］.草原与草坪（1）：73-77.

文建国，杨应东.2013.攀枝花干热河谷地带多花黑麦草引种试验［J］.草业与畜牧（2）：4-7.

吴亚楠，李志强.2015.饲用燕麦不同生育期养分含量动态变化分析［J］.中国奶牛（3）：60-63.

希斯，（黄文惠，苏加楷，张玉发等译）.1992.牧草——草地农业科学（第四版）［M］.北京：农业出版社.

夏先林，汤丽琳，龙燕，等.2004.光叶紫花苕草粉作为肉鸡饲料原料的饲用价值研究［J］.贵州畜牧兽医，28（4）：5-6.

夏先林，汤丽琳，熊江林，等.2004.光叶紫花苕草粉的营养测定及养猪试验研究［J］.贵州：畜牧兽医，28（3）：4-5.

夏先林，汤丽琳，熊江林，等.2004.紫花苕绿肥不同部位的营养价值研究［J］.四川草原（12）：1-3.

夏先林，汤丽琳，熊江林，等.2005.光叶紫花苕的营养价值与饲用价值研究［J］.草业科学，22（2）：52-56.

肖雪君，周青平，陈有军，等.2017.播种量对高寒牧区林纳燕麦生产性能及光合特性的影响［J］.草业科学，34（4）：761-771.

谢开云，赵云，李向林，等.2013.豆—禾混播草地种间关系研究进展［J］.草业学报，22（3）：284-296.

谢昭良，张腾飞，陈鑫珠，等.2013.冬闲田种植2种燕麦的营养价值及土壤肥力研究［J］.草业学报，22（2）：47-53.

熊仿秋，李发良，刘纲，等.2010.燕麦农艺和经济性状及实用价值研究［J］.农业科技通讯（5）：55-57，63.

徐长林，张普金.1989.高寒牧区燕麦与豌豆混播组合的研究［J］.草业科学，6（5）：31-33.

许能祥，顾洪如，丁成龙，等.2009.追施氮对多花黑麦草再生产量和品质的影响[J].江苏农业学报，25（3）：601-606.

杨比哈，杨学武，冷云，等.2012.宁蒗县冷温带气候区光叶紫花苕种子的品质测定[J].草业与畜牧（8）：21-24.

杨成勇，张瑞珍，胡萍，等.2006.广元市多花黑麦草品比试验[J].草业与畜牧（11）：24-27.

杨春华，李向林，张新全，等.2004.秋季补播多花黑麦草对扁穗牛鞭草草地产量、质量和植物组成的影响[J].草业学报，13（6）：80-86.

杨春华，李向林，张新全，等.2006.扁穗牛鞭草+红三叶混播草地生物量及种间竞争的动态研究[J].四川农业大学学报，24（1）：33-36.

杨光荣，且沙此咪，汪洋，等.2004.高寒山区灌水、施肥对光叶紫花苕产草量的影响[J].四川草原（12）：14.

杨海磊，李红斌，马学录，等.2015.陇西南部山区不同燕麦种质适应性研究[J].草原与草坪，35（2）：27-31.

杨胜.1993.饲料分析及饲料质量检测技术[M].北京：北京农业大学出版社.

杨学武，杨比哈，涂蓉，等.2011.宁蒗县稻田免耕播种光叶紫花苕的技术[J]草业与畜牧（9）：30-31.

易成林.1991.大凉山彝族地区种草的经验[J].四川畜牧兽医（2）：29-30.

余世学，曹吉祥，李军，等.2010.凉山州燕麦产业发展现状对策思考[J].杂粮作物，30（5）：375-378.

余雪梅，张学舜，肖开进，等.1990.光叶紫花苕营养成分分析[J].草业与畜牧（3）：32-34.

郁成忠，王厚军.2007.不同播种方式对黑麦草种子产量的影响[J].当代畜牧（2）：46.

袁福锦，薛世民，罗在仁，等.2006.几个栽培因子对特高多花黑麦草种子产量的影响[J].种子，25（6）：65-67.

云锦凤.2001.牧草及饲料作物育种学[M].北京：中国农业出版社.

曾琨.2007.长江2号多花黑麦草种子生产技术研究及PP$_{333}$对种子产量和质量的影响[D].四川农业大学.

张昆，叶川，肖国滨，等.2012.江西丘陵红壤区燕麦引种试验初报[J].安徽农学通报，18（19）：54-55.

张美艳，单贵莲，周鹏，等.2016.5个燕麦品种在迪庆高寒地区的引种适应性评价[J].种子，35（6）：111-114.

张晴，方军，陈科，等.2006.光叶紫花苕不同播量对鲜草产量影响初探[J].耕作与栽培（1）：31-32.

张瑞珍，张新跃，何光武，等．2008．不同刈割高度对多花黑麦草产量和品质的影响[J]．草业科学，25（8）：68-72．

张瑞珍，张新跃，唐一国，等．2010．多花黑麦草品种筛选研究[J]．草业与畜牧（11）：16-20．

张文娟，董召荣，黄婷，等．2014．水稻田冬种豆科牧草的草产量及光合特性[J]．西北农业学报，23（1）：103-107．

张新全，杨春华，彭燕，等．四川省牧草产业发展现状[J]．2009中国草原发展论坛论文集，100-105．

张新全，杨春华，张锦华，等．2002．四川省坡耕地退耕还草与农业综合开发的探讨[J]．草业科学，19（7）：38-41．

张新全，杨春华．2004．多花黑麦草新品系产量及农艺性状研究初探[J]．四川草原（3）：23-26．

张新跃，李向林，唐一国，等．2006．多花黑麦草育肥肉用山羊试验研究[J]．内蒙古草业，18（4）：1-6．

张新跃，李元华，苟文龙，等．2009．多花黑麦草研究进展[J]．草业科学，26（1）：55-60．

张新跃，李元华，何丕阳，等．2003．多花黑麦草的品种比较与生产性能[J]．四川畜牧兽医（30）：30-32．

张新跃，李元华，叶志松，等．2001．多花黑麦草饲喂肉猪效果的研究[J]．草业学报，10（3）：72-78．

张鸭关，薛世明，等．2007．云南北亚热带冬闲田引种优良牧草的灰色关联度分析与综合评价[J]．草业学报，16（3）：69-73．

张鸭关，曾国荣，单贵莲，等．2013．云南冬闲田栽培牧草营养价值综合评价[J]．贵州农业科学，41（6）：140-143．

张鸭关，曾国荣，单贵莲，等．2013．云南冬闲田种植牧草主要农艺性状与生产性能的灰色关联度分析[J]．西南农业学报，26（2）：464-469．

张莹，陈志飞，张晓娜，等．2016．不同刈割期对春播、秋播燕麦干草产量和品质的影响[J]．草业学报，25（11）：124-135．

张永亮，王建丽，胡自治．2007．杂花苜蓿与无芒雀麦混播群落种间竞争及稳定性[J]．草地学报，15（1）：43-49．

赵世锋，田长叶，陈淑萍，等．2005．草用燕麦品种适宜刈割期的确定[J]．华北农学报，20：132-134．

赵庭辉，李树清，邓秀才，等．2010．高海拔地区光叶紫花苕不同生育时期的营养动态及适宜利用期[J]．中国草食动物，30（3）：54-56．

赵庭辉，涂蓉，王国学，等．2010．高海拔地区光叶紫花苕的生产性能及适应性研究

[J]．当代畜牧（2）：40-42．

赵雅姣，田新会，杜文华．2015．饲草型小黑麦在定西地区的最佳刈割期 [J]．草业科学，32（7）：1143-1149．

郑东霞，张瑞珍，高燕蓉，等．2007．杰威多花黑麦草生产试验总结 [J]．草业与畜牧（5）：26-28．

郑洪明，杨喜远，徐文福，等．1991．光叶紫花苕草粉代替部份精料补饲绵羊的效果 [J]．四川畜牧兽医（2）：10-12．

郑伟，朱进忠，加娜尔古丽，等．2011．不同混播方式对豆禾混播草地生产性能的影响 [J]．中国草地学报，33（5）：45-52．

郑伟，朱进忠，加娜尔古丽．2012．不同混播方式豆禾混播草地生产性能的综合评价 [J]．草业学报，21（6）：242-251．

郑伟，朱进忠，库尔班，等．2010．不同混播方式下豆禾混播草地种间竞争动态研究 [J]．草地学报，18（4）：568-575．

郑曦，魏臻武，武自念，等．2013．不同燕麦品种（系）在扬州地区的适应性评价 [J]．草地学报，21（2）：272-279．

周汉章，王新玉，王新栋，等．2015．秋闲田一年生饲用作物品种筛选初报 [J]．畜牧与饲料科学，36（10）：14-19．

周潇，陈刚，陈艳，等．2013．凉山圆根丰产栽培试验研究 [J]．草业与畜牧（1）：23-29．

周自玮，罗再仁，钟声，等．2004．多花黑麦草在云南的生长表现 [J]．云南畜牧兽医（3）：24．

邹文能，董建强，朱辉鸿，等．2009．试论光叶紫花苕在高寒贫困山区的推广应用 [J]．云南畜牧兽医（1）：35-36．